武夷山国家公园
生物资源图鉴
——大型真菌卷
（含地衣）

颜俊清　曾　辉　王晟楠　著

ATLAS OF WUYISHAN NATIONAL PARK

BIOLOGICAL RESOURCES

——MACROFUNGI & LICHENS

海峡出版发行集团
福建科学技术出版社

图书在版编目（CIP）数据

武夷山国家公园生物资源图鉴. 大型真菌卷：含地衣 / 颜俊清, 曾辉, 王晟楠著. -- 福州：福建科学技术出版社, 2025.2. -- ISBN 978-7-5335-7328-7

Ⅰ.Q-64

中国国家版本馆CIP数据核字第20240DJ849号

出 版 人　郭　武
责任编辑　谢娟梅
装帧设计　刘　丽
责任校对　林峰光　王　钦

武夷山国家公园生物资源图鉴——大型真菌卷（含地衣）

著　　者　颜俊清　曾　辉　王晟楠
出版发行　福建科学技术出版社
社　　址　福州市东水路76号（邮编350001）
网　　址　www.fjstp.com
经　　销　福建新华发行（集团）有限责任公司
印　　刷　福州德安彩色印刷有限公司
开　　本　889毫米×1194毫米　1/16
印　　张　31.5
字　　数　580千字
版　　次　2025年2月第1版
印　　次　2025年2月第1次印刷
书　　号　ISBN 978-7-5335-7328-7
定　　价　260.00元

书中如有印装质量问题，可直接向本社调换。
版权所有，翻印必究。

"武夷山国家公园生物资源丛书"编委会

主 任 委 员：王智桢　余文权
副主任委员：方燕鸿　汤　浩　林学理
委　　　员：张惠光　丁　晖　曾　辉　霍光华

主　　　编：颜俊清　曾　辉　王晟楠
副 主 编：魏鑫丽　崔宝凯　盖宇鹏　胡亚萍
　　　　　曾念开　周　艳　娜　琴

其他编著者：（按姓氏拼音排列）
　　　　　蔡　斌　陈林根　贾泽峰　柯斌榕
　　　　　聂澄丰　祁亮亮　许彦鹏　曾志恒
　　　　　郑　笑

内容简介

本书是武夷山国家公园区域内的首部大型真菌著作，是作者和研究团队基于对武夷山国家公园大型真菌长期野外调查、采集，采用经典分类学和现代分子生物学手段对物种准确鉴定基础上的调查研究成果，系统地介绍武夷山国家公园大型真菌的彩色图鉴。本书共收录大型真菌 428 种，隶属于 2 门 8 纲 25 目 85 科 226 属。其中包括作者和研究团队在武夷山国家公园区域内发现并发表的豪斯克菌属、油囊蘑属等 2 个中国新记录属，武夷山小蘑菇、多型油囊蘑等 15 个新种，双型假根毛皮伞、莞岛毛皮伞等 17 个中国新记录种，以及省级新记录种 151 种和武夷山国家公园区域内新记录种 118 种。本书配有物种生态照片 618 张，提供了每个物种的形态特征、区域内生境特征、国内地理分布及经济价值等信息，以便增进读者对该物种的了解。书末还附有部分大型真菌形态特征名称图示、真菌中文名称索引及真菌拉丁学名种加词索引，以便使用者检索查询。

本书是一部对武夷山国家公园大型真菌多样性保护、林下经济开发、野生毒蘑菇误食防范、食用菌产业发展等多个方面具有科学参考价值的工具性书籍，可供真菌分类学、菌物资源学、菌物生态学等领域的科研人员和高等院校师生参考，也可供从事大型真菌资源多样性与保护工作的管理人员、技术人员，以及蘑菇爱好者参考。

著作者

颜俊清 博士

福建省农业科学院食用菌研究所博士后，江西农业大学生物科学与工程学院副教授，硕士生导师，农业微生物种质发掘与利用江西省重点实验室副主任，中国菌物学会菌物多样性及系统学专业委员会委员，江西省菌物学会副秘书长。主要从事大型真菌多样性、分类及分子系统学研究。发现并命名大型真菌新属2属，新物种30余种，发现中国新记录属2属，中国新记录种40余种。主持国家自然基金项目、江西省自然基金项目，省部级平台项目、资源普查类横向项目等7项。

曾 辉 博士

教授级高级工程师（专技二级），硕士生导师，福建省农业科学院食用菌研究所所长，特色食用菌繁育与栽培国家地方联合工程中心主任，福建省科协委员，中国菌物学会常务理事兼双孢蘑菇产业分会会长、福建省食用菌学会常务副理事长。主要从事食用菌种质资源发掘、良种繁育、技术开发和推广应用工作。曾获国家科技进步一等奖、二等奖，中国专利优秀奖，福建省技术发明二等奖，福建省专利二等奖和第六届福建紫金科技创新奖等。

王晟楠 博士

江西农业大学林学院博士后，实验师。主要从事真菌多样性及组学分析。发现并命名大型真菌新属1属，新物种10余种，发现中国新记录属1属。主持国家自然科学基金项目1项，省自然科学基金项目1项，中央高校科研项目1项，横向项目1项。

《武夷山国家公园生物资源图鉴——大型真菌卷（含地衣）》编委会

著作者
颜俊清　曾　辉　王晟楠

编委（按姓氏拼音排列）
陈林根　崔宝凯　盖宇鹏　胡亚萍　贾泽峰
柯斌榕　娜　琴　聂澄丰　祁亮亮　魏鑫丽
曾念开　曾志恒　郑　笑

序 PREFACE

生物物种多样性研究是揭示物种形成机制，理解生态系统复杂规律、物种保护、开发利用等生物学研究的基础，是人类可持续发展所依赖的最重要可再生资源宝库。党中央和国务院高度重视生物多样性工作，发布的《中国生物多样性保护战略与行动计划（2011-2030年）》将生物多样性及保护工作上升为国家战略。目前，动植物物种编目工作已近收尾，而对真菌物种种类的发现及解析，仅完成了预估总量的2%～4%，仍有大量的新分类单元未被人类发现和研究。但是人类自进入工业时代以来，全球生物多样性丧失、物种灭绝速度加快，尽快完成详尽的物种编目是当代乃至后代真菌分类学者亟需完成的艰巨任务和崇高目标。

武夷山有较好的物种多样性研究底蕴和传承。前辈学者胡先骕先生，及至之后的黄年来先生、何宗智先生等均对该区域开展过物种多样性调查。自赵修复先生提出建立武夷山自然保护区后，各学科的科研人员相继开展了大量工作。1979年，由福建省科委组织的"十年科考"综合考察，初步摸清了区域家底，为区域成为"全球意义的生物多样性保护关键区之一"和"我国东南部重要的物种形成和分化中心"奠定了理论基石。

在生命世界的各个类群中，大型真菌是人们生活中既熟悉又陌生的一类生物。在武夷山如此重要的生物热点地区，没有对蘑菇介绍的书籍总让人觉得略有失落，因此，我也曾对该区域开展过物种多样性研究，并曾和国际著名菌物学家Hawksworth夫妇共同踏查了武夷山的山山水水。甲辰年夏初，我的入室弟子曾辉教授贤契送来了他和我的再传弟子们合著的《武夷山国家公园生物资源图鉴——大型真菌卷（含地衣）》，给我带来了惊喜，武夷山的小蘑菇们首次有了彩色的户口簿，终于列入了武夷山生物序列之门，这也弥补了我的一个未了心愿。

该书较好地实现了区域物种多样性研究与书籍编著的结合，400余人次的野外调查，发现15个新种，17个中国新记录种，151个省级新记录种，118个武夷山国家公园区域内新记录种。这是非常难能可贵的，足以看出作者在物种鉴定上投入了很大的精力与时间，研究成果较大程度上丰富和提升了区域内物种认知水平。他们摒弃了那些望文生义、看图识字样式的鉴定，抄来抄去、不求甚解的编写，重分子轻形态、重数量轻质量、求虚名轻实际的做法，不仅误人子弟且贻笑大方。他们深入野外调查，采集，结合经典分类与分子鉴定手段，使得该书在鉴定准确度和发现成果方面都达到了同类图鉴的较高水准，正是"新竹高于旧竹枝"。

我很高兴能看到《武夷山国家公园生物资源图鉴——大型真菌卷（含地衣）》的出版，祝愿本书作者以此为基石，砥砺前行，为我国东南部亚热带及热带地区菌物事业奋斗不懈。期待"下年再有新生者，十丈龙孙绕凤池"！

中国工程院院士

2024 年 6 月

前言　FORWORDS

　　生物多样性是人类赖以生存和发展的基础。科学地开展物种多样性研究是物种资源可持续发展利用的前提条件。真菌自成一界，其通过与植物共生、对昆虫寄生、腐殖质降解等方式，在地球碳循环及维持生态系统的稳定方面扮演着关键角色，是生态系统中的平衡者。但人们对真菌的了解也仅仅只是冰山一角。2018年《世界真菌现状报告》预估全球真菌种类数量在220万~380万种，但到目前为止，仅有14.4万种被描述或记录。大型真菌是指那些能形成大型子实体的真菌，也就是人们常说的蘑菇、覃菌、蕈菇等，目前全世界仅报道3万种左右。我国是世界上生物多样性最丰富的国家之一，大型真菌资源丰富，目前已报道大型真菌数量超1万种，但每年仍有大量的新物种及国家层面的新记录种被报道。

　　武夷山国家公园地处闽赣交界，是国务院认定的全国陆地11个具有全球意义的生物多样性保护关键区之一和国内32个生物多样性优先保育区之一，是我国为遏制生物多样性丧失而首批建设的5个国家公园之一。区域内生物多样性极为丰富，拥有我国保存最完整的亚热带常绿阔叶林及中低山森林生态系统，是我国东南部重要的物种形成和分化中心，在中东部保护区网络中占有极为重要的地位。

　　对武夷山国家公园区域内大型真菌物种多样性大范围采集可追溯到1979~1989年的"十年科考"综合考察。之后10年间鲜有相关文献报道，但近20年研究显著增多，一批学者先后采用随机踏查法开始针对武夷山某一特定区域或某一特定类群进行短期调查，补充报道了大量物种名称，并发现了大量新分类群。但通过对武夷山国家公园区域内文献中已报道的大型真菌物种名称进一步分析发现，各文献间报道的物种种类具有较明显的差异，重复度较差，且早期研究采集到的凭证标本多遗失或损毁，很难进行复查。作为我国生物多样性的重点区域，阶段性澄清区域内物种多样性及资源状况是当代研究者必须要攻克的难关。

　　作者及团队成员从2018年开始逐步开展对武夷山国家公园的调查研究，共计400余人次，踏查样线260余条，总计样线里程203km。采集大型真菌标本1700余份，通过经典分类学与分子系统学相结合的方法对每一份标本进行精准鉴定，共鉴定出大型真菌470余种。我们选择了武夷山国家公园内常见的428个物种，其中包括作者和研究团队在武夷山国家公园区域内发现并发表的豪斯克菌属、油囊蘑属等2个中国新记录属，武夷山小蘑菇、多型油囊蘑等15个新种，双型假根毛皮伞、莞岛毛皮伞等17个中国新记录种，以及省级新记录种151个和武夷山国家公园区域内新记录种118个，并记录了可食用菌63种，可药用菌62种，有毒蘑菇36种，从上万张照片中挑选出618张能较好地反映物种宏观形态特征的照片，编撰成此书。调查过程中发现的新种及中国新记录种，将另以文章形式正式发表。此研究完成了阶段性澄清武夷山国家公园大型真菌物种多样性的时代任务。但武夷山国家公园大型真菌数量肯定远不止于此，随着调查和研究的不断深入，新增加或通过凭证标本核查确定区域内有分布的物种会在之后的版本中逐步补充。

本书参照李玉等（2015）的物种排列方法，将大型真菌物种按照子实体形态分为子囊菌、胶质菌、珊瑚菌、腹菌、多孔菌/革菌/齿菌、鸡油菌、伞菌、牛肝菌、地衣型真菌等9大类，即9个章节进行归类，各章节下的物种按照拉丁学名进行排序，方便查阅对比。书末还附有部分大型真菌形态特征名称图示、真菌中文名称索引及真菌拉丁学名种加词索引，以便使用者检索查询。一些物种在最初发表时或后续研究者的再描述中存在一定的模糊或较明显的差异，本书将这类区域内有分布的物种标记为参照种。一些区域内分布物种与该物种的公认描述或分子序列存在一定差异，但这些差异是否达到区分物种的程度还需要进一步研究，本书将这类物种标记为近缘种。此外还有一些物种名称未经同行评议和合格发表，但武夷山采集到的标本与这类物种的形态特征完全一致，本书将这类物种的拉丁学名采用属名+sp.[种加词+命名人]的格式进行书写，以示区分。

本书中****代表新物种：本书著作者及团队成员以武夷山国家公园采集的标本为主模式或副模式命名及发表的新物种；***代表中国新记录种：在国内首次发现和报道的物种；**代表省级新记录种：在江西省和福建省内均首次发现和报道的物种；*代表武夷山国家公园区域新记录种：在武夷山国家公园区域内首次发现的物种，已标注过的中国新记录种及省级新记录种未包含在内。物种食、药、毒性依据文献报道进行标注，无明确文献报道的未标注。

本书的完成，得到了国家自然科学基金项目（32460326、31960008）、生态环境部南京环境科学研究所委托项目（武夷山脉大型真菌多样性调查与评估）、江西省自然科学基金（20224BAB205003）、福建省科协服务"三创"优秀学会建设项目（开展福建省食用菌资源本底调查）、省级种质资源保护单位建设专项（ZYBHDWZX202212）、福建省农业科学院科技创新平台专项（ZYBHDWZX202305）、福建省自然科学基金项目（2023J01379）等项目的支持。此外，在野外考察过程中，作者及研究团队得到了武夷山国家公园福建管理局和福建武夷山国家公园定位观测研究站的大力支持；在新物种宣传过程中，得到中央广播电视总台《共同关注》《朝闻天下》《今日环球》栏目，及新华社、科技日报、光明网、人民网、福建电视台、东方卫视、福建日报、江西晨报等多家媒体的报道宣传，对相关参与及协助人员表示由衷感谢。

最后需要特别说明的是，武夷山国家公园野生菌种类繁多，有些可食的种类和毒蘑菇在宏观形态上十分相似，极易混淆，有些仅在微观特征上有一定的差异，只有专业人员借助专业设备才能正确区分，因此仅凭宏观形态特征很难进行准确鉴别。本书只作为物种鉴定的参考书，望读者不要随意采食野生蘑菇，更不可仅凭本书对物种的宏观形态描述和照片作为采食野生菌的依据！若因此误食毒蘑菇中毒，本书作者及出版社对误食毒蘑菇所产生的后果不负任何责任。

由于作者业务水平有限，书中难免存在纰漏和错误，敬请读者提出宝贵意见，以便修订改正。

作　者

2024年2月

目录 CONTENTS

第一章　子囊菌　　001

** 网孔环纹炭团菌	*Annulohypoxylon areolatum*	002
金龟子白僵菌	*Beauveria scarabaeidicola* 可药用	002
铜绿绿杯盘菌	*Chlorociboria aeruginosa*	004
* 蝉花虫草	*Cordyceps chanhua* 可食药用	004
蛹虫草	*Cordyceps militaris* 可食药用	006
细脚虫草	*Cordyceps tenuipes* 可食药用	006
启迪轮层炭壳	*Daldinia childiae*	008
小淡盘衣	*Dibaeis absoluta*	008
* 橙红二头孢盘菌	*Dicephalospora rufocornea*	010
荫蔽地舌菌	*Geoglossum umbratile*	010
** 多皱马鞍菌	*Helvella rugosa*	012
** 小晚膜盘菌	*Hymenoscyphus microserotinus*	012
* 润滑锤舌菌	*Leotia lubrica*	014
** 贵州绿僵菌	*Metarhizium guizhouense*	014
*** 大孢小舌菌	*Microglossum macrosporum*	016
** 蚁窝线虫草	*Ophiocordyceps formicarum* 可药用	016
江西线虫草	*Ophiocordyceps jiangxiensis* 可药用 有毒	018

下垂线虫草（椿象线虫草）	*Ophiocordyceps nutans*	可药用	018
尖头线虫草	*Ophiocordyceps oxycephala*	可药用	020
小蝉线虫草	*Ophiocordyceps sobolifera*	可食药用 易引起中毒	020
蜂头线虫草	*Ophiocordyceps sphecocephala*	可药用	022
武夷山线虫草	*Ophiocordyceps wuyishanensis*		022
拟细羽束梗孢	*Paraisaria gracilioides*		024
** 淡紫紫孢霉	*Purpureocillium lilacinum*		024
** 高水紫孢霉	*Purpureocillium takamizusanense*		026
** 琼那盾盘菌	*Scutellinia jungneri*		026
* 独角龙团毛棒虫草	*Tolypocladium dujiaolongae*	神经精神型中毒	028
* 窄孢胶陀盘菌	*Trichaleurina tenuispora*	胃肠炎型中毒	028
** 微扁沃利雅炭皮菌	*Whalleya microplaca*		030
* 长孢沃尔夫盘菌	*Wolfina oblongispora*		030
* 蕉孢炭角菌	*Xylaria allantoidea*		032
** 木生炭角菌	*Xylaria arbuscula*		032
* 棕红炭角菌	*Xylaria brunneovinosa*		034
平滑炭角菌	*Xylaria laevis*		034
* 枫香炭角菌	*Xylaria liquidambaris*	可药用	036
* 黑柄炭角菌	*Xylaria nigripes*	可药用	036
* 地生炭角菌 无性型	*Xylaria terricola*		038
** 五指山炭角菌	*Xylaria wuzhishanensis*		038

第二章　胶质菌　　041

毛木耳	*Auricularia cornea*	可食药用	042
* 短毛木耳	*Auricularia villosula*	可食用	042
角质胶角耳	*Calocera cornea*		044
* 暗色胶角耳	*Calocera fusca*		044
** 脑状花耳	*Dacrymyces cerebriformis*		046
匙盖假花耳	*Dacryopinax spathularia*	可食用	046

** 蔷薇暗色银耳	*Phaeotremella roseotincta*	可食用	048
胶质刺银耳	*Pseudohydnum gelatinosum*	可食药用	048
* 大链担耳	*Sirobasidium magnum*		050
** 车俄金银耳	*Tremella cheejenii*		050
银耳	*Tremella fuciformis*	可食药用	052
* 萨摩亚银耳	*Tremella samoensis*	可药用	052

第三章　珊瑚菌　　055

** 锐角珊瑚菌	*Clavaria acuta*		056
** 散生珊瑚菌	*Clavaria aspersa*		056
脆珊瑚菌	*Clavaria fragilis*	可食用	058
** 九龙江珊瑚菌	*Clavaria* sp. [*jiulongjiangensis*]		058
** 淡紫锁瑚菌	*Clavulina purpurascens*		060
** 皱锁瑚菌少皱变种	*Clavulina* sp. [*rugosa* var. *rugolosa*]		060
环沟拟锁瑚菌（参照种）	*Clavulinopsis* cf. *sulcata*		062
* 束生羽囊菌	*Pterulicium fasciculare*		062
** 淀粉枝瑚菌	*Ramaria amyloidea*	可食用	064
中华丽烛衣	*Sulzbacheromyces sinensis*		064

第四章　腹菌　　067

* 利奥硬皮地星	*Astraeus ryoocheoninii*		068
网纹丽口菌	*Calostoma areolatum*		068
* 锐棘秃马勃	*Calvatia holothuroides*	可食药用	070
白蛋巢菌	*Crucibulum laeve*		070
* 欧石楠马勃	*Lycoperdon ericaeum*		072
** 勐宋马勃	*Lycoperdon mengsongense*		072
网纹马勃	*Lycoperdon perlatum*	可食药用	074
** 近网纹马勃	*Lycoperdon subperlatum*		074
* 辛巴红蛋巢菌	*Nidula shingbaensis*		076
* 纯黄竹荪	*Phallus luteus*	可食用	076

** 三叉鬼笔	*Pseudocolus fusiformis*	可食用	078
*** 灰绒罗叶腹菌	*Rossbeevera griseovelutina*		078
* 光硬皮马勃	*Scleroderma cepa*	可药用　胃肠炎型中毒	080
** 云南硬皮马勃	*Scleroderma yunnanense*	可食用	080

第五章 多孔菌、革菌及齿菌　　083

* 二年残孔菌	*Abortiporus biennis*	可药用	084
** 杉木刺鼻孔菌	*Antrodia taxa*		084
** 微孢小薄孔菌	*Antrodiella nanospora*		086
** 东方耳匙菌	*Auriscalpium orientale*		086
烟管菌	*Bjerkandera adusta*	可药用	088
日本奶酪孔菌	*Butyrea japonica*		088
** 热带角孔菌	*Cerioporus tropicus*		090
卡玛蜡孔菌	*Ceriporia camaresiana*		090
白黄下皮黑孔菌	*Cerrena albocinnamomea*		092
单色下皮黑孔菌	*Cerrena unicolor*	可药用	092
* 华南集毛孔菌	*Coltricia austrosinensis*		094
厚集毛孔菌	*Coltricia crassa*		094
** 流苏集毛孔菌	*Coltricia fimbriata*		096
刺柄集毛孔菌	*Coltricia strigosipes*		096
** 魏氏集毛孔菌	*Coltricia weii*		098
小集毛孔菌	*Coltriciella pusilla*		098
** 缺孢肉平革菌	*Crepatura ellipsospora*		100
奶油滑孔菌	*Cubamyces lactineus*	可药用	100
* 多疣波边革菌	*Cymatoderma elegans*		102
* 被子植物耳壳菌	*Dacryobolus angiospermarum*		102
** 卡斯坦耳壳菌	*Dacryobolus karstenii*		104
* 细长棘刚毛菌	*Echinochaete russiceps*		104
** 略薄盘革耳	*Eichleriella aculeobasidiata*		106
** 窄孔嗜蓝孢孔菌	*Fomitiporia tenuitubus*	可药用	106

* 竹拟层孔菌	*Fomitopsis bambusae*	108
马尾松拟层孔菌	*Fomitopsis massoniana* 可药用	108
** 扁平拟层孔菌	*Fomitopsis resupinata*	110
淡黄褐卧孔菌	*Fuscoporia gilva* 可药用	110
* 近铁色褐孔菌	*Fuscoporia subferrea*	112
** 有柄灵芝	*Ganoderma gibbosum* 可药用	112
* 广西灵芝	*Ganoderma guangxiense*	114
* 灵芝	*Ganoderma lingzhi* 可药用	114
狭长孢灵芝	*Ganoderma orbiforme* 可药用	116
紫灵芝	*Ganoderma sinense* 可药用	116
* 亚弯柄灵芝	*Ganoderma subflexipes*	118
* 阿地胶囊伏革菌	*Gloeocystidiellum aspellum*	118
珊瑚状猴头	*Hericium coralloides* 可食药用	120
* 柔美刺皮耳	*Heterochaete delicata*	120
* 帽形蜂窝菌	*Hexagonia cucullata*	122
** 中国囊孔菌	*Hirschioporus chinensis*	122
*** 裂刺孔菌	*Hydnoporia diffissa*	124
* 针刺孔菌	*Hydnoporia tabacinoides*	124
* 复瓣黑刺革菌	*Hymenochaete adusta*	126
* 非交织刺革菌	*Hymenochaete innexa*	126
大黄刺革菌	*Hymenochaete rheicolor*	128
热带产丝齿菌	*Hyphodontia tropica*	128
白囊耙齿菌	*Irpex lacteus* 可药用	130
** 椭圆巨孔菌	*Jorgewrightia ellipsoidea*	130
* 结晶松肉菌	*Laxitextum incrustatum*	132
桦褶孔菌	*Lenzites betulinus* 可药用	132
* 微灰齿脉菌	*Lopharia cinerascens*	134
** 赭白疏伏革菌	*Lyomyces ochraceoalbus*	134
** 香味齿孔菌	*Metuloidea fragrans*	136
褐小孔菌	*Microporus affinis*	136
褐扇小孔菌	*Microporus vernicipes*	138

黄柄小孔菌	*Microporus xanthopus*	138
** 近烟色墙皮菌	*Murinicarpus subadustus*	140
** 单隔尖朽菌	*Mycoaciella efibulata*	140
白膏新小薄孔菌	*Neoantrodiella gypsea*	142
** 白新棱孔菌	*Neofavolus cremeoalbidus*	142
灰孔新小层孔菌	*Neofomitella fumosipora*	144
紫褐黑孔菌	*Nigroporus vinosus*	144
* 硬白孔层孔菌	*Niveoporofomes spraguei*	146
** 拟杨锐孔菌	*Oxyporus subpopulinus*	146
** 马来隔孢伏革菌	*Peniophora malaiensis*	148
** 伏革拟射脉菌	*Phaeophlebiopsis peniophoroides*	148
* 南方原毛平革菌	*Phanerochaete australis*	150
** 刺囊射脉菌	*Phlebia acanthocystis*	150
** 森林拟射脉菌（参照种）	*Phlebiopsis* cf. *dregeana*	152
* 中华拟射脉菌	*Phlebiopsis sinensis*	152
** 平丝变色卧孔菌	*Physisporinus lineatus*	154
* 短柄黑斑根孔菌	*Picipes brevistipitatus*	154
** 近网柄黑斑根孔菌	*Picipes subdictyopus*	156
* 癞拟层孔菌	*Pilatoporus palustris*	156
梭伦小滴孔菌	*Piptoporellus soloniensis*	158
** 三角小滴孔菌	*Piptoporellus triqueter*	158
** 短担多孔菌	*Polyporus brevibasidiosus*	160
* 单系假薄孔菌	*Pseudoantrodia monomitica*	160
** 厚丝假赖特卧孔菌	*Pseudowrightoporia crassihypha*	162
蓝伏革菌	*Pulcherricium coeruleum*	162
赭紫硬孔菌	*Rigidoporus vinctus*	164
** 漏斗形拟假芝	*Sanguinoderma infundibulare*	164
** 小孢裂伏革菌	*Schizocorticium parvisporum*	166
** 无囊垫革菌	*Scytinostroma acystidiatum*	166
结晶垫革菌	*Scytinostroma incrustatum*	168
* 近肾孢垫革菌	*Scytinostroma subrenisporum*	168

** 牡竹干腐菌	*Serpula dendrocalami*	170
* 橙色齿耳	*Steccherinum aurantilaetum*	170
赭黄齿耳	*Steccherinum ochraceum*	172
** 普洱齿耳	*Steccherinum puerense*	172
** 锈色齿耳	*Steccherinum rubigimaculatum*	174
** 细齿齿耳	*Steccherinum tenuissimum*	174
* 黄褐韧革菌	*Stereum ochraceoflavum*	176
轮纹韧革菌	*Stereum ostrea* 可药用	176
** 华南干巴菌	*Thelephora austrosinensis* 可食用	178
干巴菌	*Thelephora ganbajun* 可食药用	178
* 绿花干巴菌	*Thelephora glaucoflora*	180
** 无量山革菌	*Thelephora wuliangshanensis*	180
** 光栓菌	*Trametes glabrorigens*	182
硬毛栓菌	*Trametes hirsuta* 可药用	182
血红栓菌	*Trametes sanguinea* 可药用	184
变色栓菌（云芝）	*Trametes versicolor* 可药用	184
冷杉附毛孔菌	*Trichaptum abietinum* 可药用	186
二形附毛孔菌	*Trichaptum biforme* 可药用	186
针叶小匙孔菌	*Trullella conifericola*	188
赭白畸孢孔菌	*Truncospora ochroleuca*	188
薄皮干酪菌	*Tyromyces chioneus*	190
** 小干酪菌	*Tyromyces minutulus*	190
** 东方脆孔菌	*Vitreoporus orientalis*	192
浅黄赖特卧孔菌	*Wrightoporia luteola*	192
* 金丝趋木革菌	*Xylobolus spectabilis*	194
** 二裂趋木齿菌	*Xylodon dimiticus*	194
** 卵孢趋木齿菌	*Xylodon ovisporus*	196

第六章　鸡油菌　　　　　　　　　　　　　　　　　　　197

** 白脉鸡油菌	*Cantharellus albovenosus* 可食用	198
** 黄绿鸡油菌	*Cantharellus luteovirens* 可食用	198

** 鞘状鸡油菌	*Cantharellus vaginatus* 可食用	200
** 灰褐喇叭菌	*Craterellus atrobrunneolus* 可食用	200
* 黄喇叭菌	*Craterellus luteus* 可食用	202

第七章　伞菌　203

* 狭囊蘑菇	*Agaricus angusticystidiatus*	204
** 双环蘑菇	*Agaricus duplocingulatus*	204
* 景宁蘑菇	*Agaricus jingningensis*	206
* 黄纤丝蘑菇	*Agaricus luteofibrillosus*	206
* 蛮高蘑菇	*Agaricus mangaoensis*	208
** 黑盖蘑菇	*Agaricus melanocarpus*	208
** 硫色蘑菇	*Agaricus trisulphuratus*	210
小盖蘑菇	*Agaricus tytthocarpus*	210
** 沙橘鹅膏	*Amanita* sp. [*arenluteus*]	212
** 红点杵托鹅膏	*Amanita brunneolimbata*	212
* 草鸡枞鹅膏	*Amanita caojizong* 可食药用	214
格纹鹅膏	*Amanita fritillaria* 可食药用　易引起中毒	214
灰花纹鹅膏	*Amanita fuliginea* 急性肝损害型中毒	216
粉褶鹅膏	*Amanita incarnatifolia* 有毒	216
** 长条棱鹅膏	*Amanita longistriata* 有毒	218
* 红褐鹅膏	*Amanita orsonii* 有毒	218
卵孢鹅膏	*Amanita ovalispora*	220
** 假格纹鹅膏	*Amanita pseudofritillaria*	220
假褐云斑鹅膏	*Amanita pseudoporphyria* 急性肾衰竭型中毒	222
土红粉盖鹅膏	*Amanita rufoferruginea* 神经精神型中毒	222
* 中华鹅膏	*Amanita sinensis* 可食用	224
** 近东方褐盖鹅膏	*Amanita suborientifulva*	224
残托鹅膏有环变型	*Amanita sychnopyramis* f. *subannulata* 神经精神型中毒	226
绒毡鹅膏	*Amanita vestita*	226
锥鳞白鹅膏	*Amanita virgineoides* 有毒	228

** 异刺小菇	*Amparoina heteracantha*	228
褐红炭褶菌	*Anthracophyllum nigritum*	230
* 貂皮丽蘑	*Calocybe erminea*	230
黄白脆柄菇	*Candolleomyces candolleanus* 可药用 神经精神型中毒	232
* 近辛格黄白脆柄菇	*Candolleomyces subsingeri*	232
** 槽盖黄白脆柄菇	*Candolleomyces sulcatotuberculosus*	234
* 盔状毛伞	*Chaetocalathus galeatus*	234
* 皱波斜盖伞	*Clitopilus crispus*	236
* 华柔斜盖伞	*Clitopilus sinoapalus*	236
* 梅内胡拟金钱菌	*Collybiopsis menehune*	238
*** 东方近裸拟金钱菌	*Collybiopsis orientisubnuda*	238
*** 波状拟金钱菌	*Collybiopsis undulata*	240
*** 绒柄拟金钱菌	*Collybiopsis vellerea*	240
** 阿帕锥盖伞	*Conocybe apala* 有毒	242
* 肉色锥盖伞	*Conocybe incarnata*	242
*** 乳突锥盖伞	*Conocybe papillata*	244
白小鬼伞	*Coprinellus disseminatus* 有毒	244
非洲雪白拟鬼伞（近缘种）	*Coprinopsis* aff. *afronivea*	246
*** 近菱双孢拟鬼伞	*Coprinopsis rhombisporoides*	246
平盖靴耳（参照种）	*Crepidotus* cf. *applanatus*	248
** 亚洲靴耳	*Crepidotus asiaticus*	248
**** 齿缘靴耳	*Crepidotus dentatus*	250
**** 假黏靴耳	*Crepidotus pseudomollis*	250
**** 条盖靴耳	*Crepidotus striatus*	252
*** 双型假根毛皮伞	*Crinipellis birhizomorpha*	252
* 龙脑香毛皮伞肉桂色变型	*Crinipellis dipterocarpi* f. *cinnamomea*	254
*** 莞岛毛皮伞	*Crinipellis wandoensis*	254
* 粗糙鳞盖菇	*Cyptotrama asprata*	256
** 无毛鳞盖菇	*Cyptotrama glabra*	256
** 柯克黄囊伞	*Deconica cokeriana*	258
赭色黄囊伞（近缘种）	*Deconica* aff. *umbrina*	258

易逝无环蜜环菌	*Desarmillaria tabescens* 可食药用 易引起中毒		260
** 蓝鳞粉褶菌	*Entoloma azureosquamulosum*		260
* 丛生粉褶菌	*Entoloma caespitosum*		262
**** 乳白粉褶菌	*Entoloma lacticolor*		262
* 近江粉褶菌	*Entoloma omiense* 神经精神型中毒		264
**** 脉褶粉褶菌	*Entoloma phlebophyllum*		264
* 极细粉褶菌	*Entoloma praegracile*		266
粉盖粉褶菌（近缘种）	*Entoloma* aff. *pruinatocutis*		266
** 假近乌黑粉褶菌	*Entoloma pseudosubcorvinum*		268
* 方形粉褶菌	*Entoloma quadratum* 胃肠炎型中毒		268
**** 绒盖粉褶菌	*Entoloma tomentosus*		270
** 阿氏盔孢伞	*Galerina atkinsoniana*		270
** 库鲁瓦老伞	*Gerronema kuruvense*		272
**** 小老伞	*Gerronema microcarpum*		272
林生老伞	*Gerronema nemorale*		274
* 近棒状老伞	*Gerronema subclavatum*		274
**** 诸犍老伞	*Gerronema zhujian*		276
** 叶生黏盖伞	*Gloiocephala epiphylla*		276
* 赭色裸伞	*Gymnopilus ochraceus*		278
** 蒜味裸脚伞	*Gymnopus alliifoetidissimus*		278
点地梅裸脚伞	*Gymnopus androsaceus* 可药用		280
南方半粗毛柄裸脚伞（近缘种）	*Gymnopus* aff. *austrosemihirtipes*		280
** 稀少裸脚伞变细变种	*Gymnopus nonnullus* var. *attenuatus*		282
** 脐状裸脚伞	*Gymnopus omphalinoides*		282
** 白足裸脚伞	*Gymnopus pallipes*		284
* 多色裸脚伞	*Gymnopus variicolor*		284
*** 雀斑豪斯克菌	*Hausknechtia leucosticta*		286
* 光柄径边菇	*Hodophilus glabripes*		286
* 圆孢亚侧耳	*Hohenbuehelia angustata*		288
鸡油湿伞	*Hygrocybe cantharellus* 可食药用		288
灰黑湿伞（近缘种）	*Hygrocybe* aff. *griseonigricans*		290

** 里德湿伞	*Hygrocybe reidii* 可食用	290
** 翘鳞蛋黄丝盖伞	*Inocybe squarrosolutea* 神经精神型中毒	292
紫蜡蘑（近缘种）	*Laccaria* aff. *amethystina*	292
* 双色蜡蘑	*Laccaria bicolor* 可食用	294
** 日本蜡蘑	*Laccaria japonica*	294
** 小蜡蘑	*Laccaria parva*	296
** 弯柄蜡蘑（参照种）	*Laccaria* cf. *prava*	296
热带垂齿伞（近缘种）	*Lacrymaria* aff. *hypertropicalis*	298
** 暗缘乳菇	*Lactarius atromarginatus*	298
** 南方喙囊乳菇	*Lactarius austrorostratus*	300
* 南方轮纹乳菇	*Lactarius austrozonarius*	300
鸡足山乳菇	*Lactarius chichuensis* 可食药用	302
** 金汁乳菇	*Lactarius flaviaquosus*	302
** 美丽乳菇	*Lactarius formosus*	304
*** 平凡乳菇	*Lactarius inconspicuus*	304
** 细小乳菇	*Lactarius liliputianus*	306
** 忽略乳菇	*Lactarius neglectus*	306
* 红褐乳菇	*Lactarius rubrobrunneus* 有毒	308
* 鲜艳乳菇	*Lactarius vividus* 可食用	308
** 假稀褶多汁乳菇	*Lactifluus pseudohygrophoroides* 可食用	310
漏斗韧伞	*Lentinus arcularius* 可食药用	310
环柄韧伞	*Lentinus sajor-caju* 可食药用	312
翘鳞韧伞	*Lentinus squarrosulus* 可食药用	312
** 近栗色环柄菇	*Lepiota subcastanea*	314
** 暗柄环柄菇	*Lepiota thrombophora*	314
** 毒环柄菇	*Lepiota venenata* 有毒	316
易碎白鬼伞	*Leucocoprinus fragilissimus* 有毒	316
** 黄鳞丽丝盖伞	*Leucoinocybe auricoma*	318
** 无节微皮伞	*Marasmiellus enodis*	318
*** 毛足小皮伞	*Marasmius crinipes*	320
* 红盖小皮伞	*Marasmius haematocephalus*	320

中文名	学名	页码
大盖小皮伞	*Marasmius maximus* 可食用	322
** 苍白小皮伞	*Marasmius pellucidus*	322
** 小型小皮伞	*Marasmius pusilliformis*	324
* 轮小皮伞	*Marasmius rotalis*	324
*** 红白小皮伞	*Marasmius ruforotula*	326
干小皮伞	*Marasmius siccus*	326
* 柯氏尿囊菌	*Meiorganum curtisii* 可药用 有毒	328
** 二瓣小蘑菇	*Micropsalliota bifida*	328
* 糠鳞小蘑菇	*Micropsalliota furfuracea*	330
* 球囊小蘑菇	*Micropsalliota globocystis*	330
**** 微小蘑菇	*Micropsalliota minor*	332
**** 近易碎小蘑菇	*Micropsalliota pseudodelicatula*	332
** 假球囊小蘑菇	*Micropsalliota pseudoglobocystis*	334
*** 红柄小蘑菇	*Micropsalliota roseipes*	334
* 红褐小蘑菇	*Micropsalliota rubrobrunnescens*	336
**** 细脚小蘑菇	*Micropsalliota tenuipes*	336
**** 武夷山小蘑菇	*Micropsalliota wuyishanensis*	338
** 东方叉褶菇	*Multifurca orientalis*	338
**** 鸳鸯小菇	*Mycena yuezhuoi*	340
** 南比新伪革菌	*Neonothopanus nambi*	340
* 卵孢奥德蘑	*Oudemansiella raphanipes* 可食用	342
* 假粘小奥德蘑	*Oudemansiella submucida* 可食药用	342
** 亮丝扇菇	*Panellus luxfilamentus*	344
** 小孢扇菇	*Panellus microspermus*	344
** 绒柄革耳	*Panus similis*	346
* 多环鳞伞	*Pholiota multicingulata*	346
** 黄侧火菇	*Pleuroflammula flammea*	348
巨大侧耳	*Pleurotus giganteus* 可食药用	348
* 肺形侧耳	*Pleurotus pulmonarius* 可食药用	350
** 变色光柄菇	*Pluteus variabilicolor*	350
* 平滑边假小孢伞	*Pseudobaeospora lilacina*	352

中文名	学名	页码
** 威帕特假小孢伞	*Pseudobaeospora wipapatiae*	352
** 近栎叶生假小皮伞	*Pseudomarasmius quercophylloides*	354
裂丝盖伞（参照种）	*Pseudosperma* cf. *rimosum* 神经精神型中毒	354
** 卡拉拉裸盖菇	*Psilocybe keralensis* 神经精神型中毒	356
** 裸柄小果皮伞	*Pusillomyces asetosus*	356
** 刺毛小果皮伞	*Pusillomyces funalis*	358
** 印度藓菇	*Rickenella indica*	358
褐岸生小菇	*Ripartitella brunnea* 可食用	360
烟色红菇	*Russula adusta* 可食药用	360
* 贝拉红菇	*Russula bella*	362
** 伯灵格姆红菇	*Russula burlinghamiae* 有毒	362
密集红菇	*Russula compacta* 可食用	364
** 冠状孢红菇	*Russula coronaspora*	364
* 变黄红菇	*Russula flavescens*	366
* 嫩白红菇	*Russula pallidula*	366
** 近紫柄红菇	*Russula paravioleipes*	368
* 假美味红菇	*Russula pseudodelica* 可食药用	368
* 紫疣红菇	*Russula purpureoverrucosa*	370
* 红根红菇	*Russula rufobasalis*	370
*** 龙谷红菇	*Russula ryukokuensis*	372
血红菇	*Russula sanguinea* 可药用	372
点柄黄红菇	*Russula senecis* 可药用 胃肠炎型中毒	374
** 亚黑紫红菇	*Russula subatropurpurea*	374
亚稀褶红菇	*Russula subnigricans* 可药用 横纹肌溶解型中毒	376
** 蛋黄色红菇	*Russula* sp. [xantha]	376
浙江红菇	*Russula zhejiangensis*	378
裂褶菌	*Schizophyllum commune* 可食药用	378
小果蚁巢伞	*Termitomyces microcarpus* 可食药用	380
* 华苦口蘑	*Tricholoma sinoacerbum*	380
**** 多形油囊蘑	*Typhrasa polycystis*	382
* 银丝草菇	*Volvariella bombycina* 可食药用	382

** 库夫曼干脐菇	*Xeromphalina kauffmanii*		384
* 中华干蘑	*Xerula sinopudens* `可食用`		384

第八章　牛肝菌　　387

** 锥鳞金牛肝菌	*Aureoboletus conicus*		388
* 重孔金牛肝菌	*Aureoboletus duplicatoporus* `可食用`		388
长颈金牛肝菌	*Aureoboletus longicollis*		390
* 栗色金牛肝菌	*Aureoboletus marroninus*		390
* 萝卜味金牛肝菌	*Aureoboletus raphanaceus* `可食用`		392
* 红盖金牛肝菌	*Aureoboletus rubellus*		392
** 东方褐盖金牛肝菌	*Aureoboletus sinobadius*		394
** 普陀条孢牛肝菌	*Boletellus putuoensis*		394
* 紫褐牛肝菌	*Boletus violaceofuscus* `可食用`		396
** 象头山美牛肝菌	*Caloboletus xiangtoushanensis*		396
* 绿盖裘氏牛肝菌	*Chiua viridula*		398
** 橙牛肝菌	*Crocinoboletus rufoaureus*		398
** 华粉蓝牛肝菌	*Cyanoboletus sinopulverulentus*		400
* 绿盖粘柄牛肝菌	*Fistulinella olivaceoalba*		400
长囊圆孔牛肝菌	*Gyroporus longicystidiatus* `可食用`		402
* 深褐圆孔牛肝菌	*Gyroporus memnonius*		402
* 褐色圆孔牛肝菌	*Gyroporus paramjitii* `胃肠炎型中毒`		404
** 黄脚牛肝菌	*Harrya chromipes* `可食用`		404
* 日本网孢牛肝菌	*Heimioporus japonicus* `胃肠炎型中毒`		406
** 小假疣柄牛肝菌	*Hemileccinum parvum*		406
** 厚瓢牛肝菌	*Hourangia cheoi* `可食用` `易引起胃肠炎型中毒`		408
* 芝麻厚瓢牛肝菌	*Hourangia nigropunctata* `胃肠炎型中毒`		408
* 大盖兰茂牛肝菌	*Lanmaoa macrocarpa*		410
** 密鳞新牛肝菌	*Neoboletus multipunctatus*		410
厚壁褶孔牛肝菌	*Phylloporus grossus* `可食用`		412
** 潞西褶孔牛肝菌	*Phylloporus luxiensis* `可食用`		412

* 粉被褶孔牛肝菌	*Phylloporus pruinatus*	可食用		414
** 褐点粉末牛肝菌	*Pulveroboletus brunneopunctatus*	胃肠炎型中毒		414
** 暗褐网柄牛肝菌	*Retiboletus fuscus*	可食用		416
* 张飞网柄牛肝菌	*Retiboletus zhangfeii*	可食用		416
** 网柄罗氏牛肝菌	*Royoungia reticulata*			418
松林乳牛肝菌	*Suillus pinetorum*	可食用	易引起胃肠炎型中毒	418
* 江西粉孢牛肝菌	*Tylopilus jiangxiensis*			420
新苦粉孢牛肝菌	*Tylopilus neofelleus*			420
** 大津粉孢牛肝菌	*Tylopilus otsuensis*			422
* 亚小绒盖牛肝菌	*Xerocomus subparvus*			422
* 橙黄臧氏牛肝菌	*Zangia citrina*			424

第九章　地衣型真菌　　　　　　　　　　　　　　　　　　　425

仙人掌绵腹衣	*Anzia opuntiella*	426
** 日本斑叶	*Cetrelia japonica*	426
聚筛蕊	*Cladia aggregata*	428
红头石蕊	*Cladonia floerkeana*	428
粗瓦衣	*Coccocarpia palmicola*	430
粉芽粉盘衣	*Dibaeis sorediata*	430
**** 武夷裂隙衣	*Fissurina wuyinensis*	432
大哑铃孢	*Heterodermia diademata*	432
孔叶衣	*Menegazzia terebrata*	434
*** 棒大叶梅	*Parmotrema claviuliferum*	434
黄假杯点衣	*Pseudocyphellaria aurata*	436
星叶衣	*Punctelia borreri*	436
亚粗星叶衣	*Punctelia subrudecta*	438
圆头珊瑚枝	*Stereocaulon piluliferum*	438
苦木板文衣	*Thecaria quassiicola*	440
** 牛角松萝	*Usnea cornuta*	440
类莲座韦氏橙衣	*Wetmoreana decipioides*	442

附录		443
附录1	部分大型真菌形态特征名称图示	443
附录2	真菌中文名索引	451
附录3	真菌拉丁学名种加词索引	456

参考文献
463

第一章

子囊菌

网孔环纹炭团菌

Annulohypoxylon areolatum (Sacc.) Sir & Kuhnert, Fungal Diversity: [18] (2016)

宏观形态 子座贴生，枕状或垫状；表层颗粒黑色，基部微收缩，宽 1.0~5.5 mm，厚 1.0~1.2 mm，炭质；子囊壳突起不明显，约 1/3 突出于包埋颗粒，表面黑褐色；孔口乳突状，被圆盘环绕，圆盘宽 0.4~0.7 mm。

微观特征 子囊 134~159×5.4~6.9 μm，长柱状，无色透明，内含 8 个单行排列的子囊孢子；顶端孔口长 1.0~1.5 μm，宽 1.5~2.0 μm，环状，淀粉质；子囊孢子 9.2~10.0×3.7~5.2 μm，椭圆形，不等边，光滑，褐色至深褐色，芽缝直，与孢子等长，在碱性溶液中开裂。

区域内生境 夏季群生于阔叶林或针阔混交林腐木。

国内分布 华东，华南。

金龟子白僵菌

可药用

Beauveria scarabaeidicola (Kobayasi) S.A. Rehner & Kepler, IMA Fungus 8 (2): 345 (2017)

宏观形态 子座长 15~40 mm，粗 2.0~3.0 mm，单生，棒状，不分枝；可育部位长 10~20 mm，橙黄色，圆柱形至棒状，表面粗糙，分布于子座上部，与菌柄分界不明显；菌柄呈污白色至淡黄色，光滑。

微观特征 子囊壳 342~399×223~239 μm，橙黄色，杏仁形，半埋生；子囊 96~181×3.1~6.2 μm，细长柱状，具 8 条平行排列的线形子囊孢子，子囊帽半球形增厚；子囊孢子 60~107×1.0~1.5 μm，线形，分隔，断裂形成次生子囊孢子；次生子囊孢子长 9.0~10.0 μm，柱状，两端平截。

区域内生境 夏季单生于金龟科成虫。

国内分布 华东，西南。

第一章
子囊菌

网孔环纹炭团菌

金龟子白僵菌

铜绿绿杯盘菌

Chlorociboria aeruginosa (Oeder) Seaver, Mycologia 28 (4): 391 (1936)

宏观形态 子实体宽 1.5~4.3 mm，厚约 0.5 mm，盘状；子囊盘表面绿色至铜绿色，干后铜绿色至墨绿色，常褪色至白色；囊盘被绿色至铜绿色，颜色深于子囊盘表面；菌柄长 1.0~1.5 mm，粗约 0.3 mm，中生，短柱状。

微观特征 子囊 67~79×4.6~6.3 μm，棒状，具 8 个单行排列的子囊孢子；子囊孢子 9.0~11.0×2.6~3.1 μm，圆柱形至杆状，两端稍尖，薄壁，内含 2 个油滴；侧丝 80~90×1.0~2.0 μm，线形。

区域内生境 夏季群生于针阔混交林腐木。

国内分布 广布种。

蝉花虫草

可食药用

Cordyceps chanhua Z.Z. Li, F.G. Luan, N.L. Hywel-Jones, C.R. Li & S.L. Zhang, Mycosystema 40 (1): 98, 103 (2021)

宏观形态 孢梗束长 36~52 mm，从蝉若虫头部长出 1~3 个柱状菌柄；菌柄新鲜时淡黄色，干燥后深褐色，从基部向上多次总状分枝，分枝淡黄色至橙黄色，干燥后淡黄褐色，顶端淡黄色，由 6~25 个分枝形成鸡冠花状或西蓝花状的致密产孢结构，表面密布白色分生孢子。

微观特征 分生孢子头 20~26×15~22 μm，轮状，具 2~5 个瓶梗；瓶梗瓶形膨大，皆向上形成突然变细的颈部；分生孢子 8.3~9.8×3.2~4.0 μm，长椭圆形至柱状，两端钝圆，偶有弯曲。

区域内生境 夏秋季单生或丛生于蝉若虫。

国内分布 华东，华南，华中，西北，西南。

第一章
子囊菌

铜绿绿杯盘菌

蝉花虫草

蛹虫草

可食药用

Cordyceps militaris (L.) Fr, Observ. mycol. (Havniae) 2: 317（1818）

宏观形态 子座长 17~64 mm，粗 2.0~5.0 mm，单生或数个，橙黄色、淡黄色或橙红色；可育部位长 4.0~25.0 mm，柱状或棒状，表面具明显疣状突起，顶端钝圆或稍尖，分布于子座上部，与菌柄分界不明显；菌柄淡黄色，光滑。

微观特征 子囊壳 360~526×224~419 μm，半埋生，卵圆形；子囊宽约 4.0 μm，柱状，向基部渐细，内具 8 条平行排列的线形子囊孢子；子囊帽半球形加厚；子囊孢子线形，成熟后断裂形成次生子囊孢子；次生子囊孢子 2.9~3.9×0.8~1.0 μm，圆柱形，无色。

区域内生境 夏秋季单生于鳞翅目或膜翅目幼虫或蛹。

国内分布 广布种。

细脚虫草

可食药用

Cordyceps tenuipes (Peck) Kepler, B. Shrestha & Spatafora, IMA Fungus 8 (2): 347 (2017)

宏观形态 孢梗束长 30~40 mm，粗 1.0~1.5 mm，从寄主头部长出多分枝的菌柄；菌柄黄色，顶端形成束状或树枝状的致密产孢结构，密布白色分生孢子。

微观特征 分生孢子头 19~30×15~23 μm，球形或花苞状；瓶梗 3.9~5.8×2.2~2.9 μm，长烧瓶形，基部纺锤形或球形膨大，单生或轮生；分生孢子 3.4~4.3×1.5~2.0 μm，长椭圆形至弯曲的腊肠形，无色，链状排列。

区域内生境 夏秋季单生或簇生于鳞翅目幼虫。

国内分布 华东，华中，西南。

第一章 子囊菌

蛹虫草

细脚虫草

启迪轮层炭壳

Daldinia childiae J.D. Rogers & Y.M. Ju, Mycotaxon 72: 512 (1999)

宏观形态 子实体直径 5.0~11.0 mm，扁球形至球形，无菌柄或具粗壮短菌柄，表面光滑或具明显至不明显颗粒状突起，红棕色至栗色，后期呈黑色；切开后剖面具明显深浅不一的轮纹，炭质。

微观特征 子囊壳 845~1050×343~412 μm，杏仁形，黑色，埋生；子囊 80~131×8.0~10.0 μm，棒状，具 8 个单行排列的子囊孢子；顶端孔口圆饼状，淀粉质；子囊孢子 15~17×6.8~7.8 μm，纺锤形，侧面观不等边，向一侧弯曲，厚壁，光滑，褐色至黑褐色，芽缝直。

区域内生境 夏秋季群生于阔叶林或针阔混交林腐木。

国内分布 华东，华南，华中，东北，西北，西南。

小淡盘衣

Dibaeis absoluta (Tuck.) Kalb & Gierl, Herzogia 9 (3~4): 613 (1993)

宏观形态 子实体宽 0.5~1.0 mm，圆盘状，中央微凹，边缘向上翘起，肉粉色；菌柄长 1.0~2.0 mm，粗 0.2~0.4 mm，中生，中实，柱状，向基部渐粗，肉粉色。

微观特征 子囊 72~89×8.6~11.0 μm，长棒状，具 8 个子囊孢子，顶端孔口淀粉质；子囊孢子 12~15×3.9~4.8 μm，纺锤形，两端稍钝，厚壁，光滑，无色，非淀粉质；侧丝 92~120×1.2~2.5 μm，无色，在梅尔泽溶液中呈青绿色。

区域内生境 春夏季群生于地衣上。

国内分布 华东，华南。

第一章
子囊菌

启迪轮层炭壳

小淡盘衣

橙红二头孢盘菌

Dicephalospora rufocornea (Berk. & Broome) Spooner, Biblthca Mycol. 116: 272 (1987)

宏观形态 子实体宽 0.6~4.5 mm，盘状，具菌柄；子囊盘橘黄色或橘红色，干后深橘黄色至淡黄色；囊盘被淡黄色；菌柄长 0.9~1.6 mm，粗约 0.5 mm，上部淡黄色，基部暗色至黑色。

微观特征 子囊 141~155×8.9~13.0 μm，长棒状至近圆柱形，厚壁，具 8 个双行排列的子囊孢子，顶端孔口淀粉质；子囊孢子 32~47×3.2~5.7 μm，长梭形，两端较尖，无色，内含 5~12 个油滴；侧丝线形，无色透明，顶端略微膨大，具横隔。

区域内生境 春至秋季散生或群生于阔叶林或针阔混交林腐木。

国内分布 华东，华南，华北，西北，西南。

荫蔽地舌菌

Geoglossum umbratile Sacc., Michelia 1 (no. 4): 444 (1878)=*Geoglossum nigritum* (Pers.) Cooke, Mycogr., Vol. 1. Discom. (London) (no. 5): 205 (1878)

宏观形态 子实体呈舌状，通体黑色；可育部位长 7.0~12.0 mm，宽 6.0~10.0 mm，厚 0.8~1.2 mm，分布于子实体上部，与菌柄分界不明显；菌柄长 18~23 mm，柱状，向基部渐细，基部宽 1.7~2.8 mm，表面被纤细绒毛。

微观特征 子实层厚 192~340 μm；子囊棒状，内含 8 个纵向平行排列的子囊孢子，顶端孔口菱形，淀粉质；子囊孢子 71~94×4.5~6.0 μm，杆状，向一侧稍弯，由中间向两端渐细，大多具 7 个横隔，少数 8 个横隔，深褐色；侧丝线形，具横隔，顶端柱状、稍膨大或弯曲。

区域内生境 春夏季散生于阔叶林具苔藓的地上。

国内分布 华东，华南，华北，西北，西南。

第一章
子囊菌

橙红二头孢盘菌

荫蔽地舌菌

多皱马鞍菌 **

Helvella rugosa Q. Zhao & K.D. Hyde, Fungal Diversity 75: 142 (2015)

宏观形态 子囊盘高 15~20 mm，宽 12~20 mm，呈马鞍状，表面光滑，污白色或灰色，具斑点，边缘内折，多处连接菌柄，不育面有不规则皱纹，乳白色；菌柄长 18~30 mm，粗 4.0~7.0 mm，污白色，具规则的纵向沟棱，棱之间不连接或偶见连接。

微观特征 子囊 176~247×11~14 μm，内含 8 个子囊孢子，圆柱形或棒状，基部喙状；子囊孢子 16~19×9.5~11.0 μm，椭圆形，表面光滑，内含 1 个油滴；侧丝线形，稍长于子囊，无色透明，顶端膨大；囊盘被最外层细胞棒状或卵圆形；菌柄表皮栅栏状，无色透明。

区域内生境 春夏季散生于阔叶林地上。

国内分布 华东，华北，西南。

小晚膜盘菌 **

Hymenoscyphus microserotinus (W.Y. Zhuang) W.Y. Zhuang, Mycotaxon 99: 127 (2007)

宏观形态 子实体极小，圆盘状或碗状；子囊盘宽 0.5~1.0 mm，淡黄色至污黄色；囊盘被与子囊盘同色；菌柄长 1.0~1.5 mm，黄棕色，向基部渐深，基部黑色。

微观特征 子囊棒状，内具 8 个双行排列的子囊孢子，顶端孔口帽状加厚，淀粉质，子囊基部弯曲；子囊孢子 18~20×3.0~3.5 μm，杆状，光滑，无色透明，一端尖锐，另一端钝圆稍弯，具 2~4 个小油滴；侧丝线形，具横隔，头部常膨大；外囊盘被由 2~3 层柱状细胞组成。

区域内生境 夏秋季散生或群生于阔叶林或针阔混交林落叶。

国内分布 华东，华中，华北，东北，西北，西南。

第一章
子囊菌

多皱马鞍菌

小晚膜盘菌

润滑锤舌菌 *

Leotia lubrica (Scop.) Pers., Neues Mag. Bot.: 31 (1794)

宏观形态 子囊盘宽 1.2~3.0 mm，厚约 0.5 mm，帽状至扁球形，边缘向内弯曲，黄棕色、灰棕色至稍带绿色色调；菌柄长 8.7~13 mm，粗 1.5~2.0 mm，柱状，向基部渐粗，黄棕色，表面被细小鳞片。

微观特征 子囊 101~136×7.7~9.7 μm，棒状，内具 8 个单行排列的子囊孢子；子囊孢子 14~19×4.9~6.3 μm，圆柱形至杆状，两端稍尖，弯曲，薄壁，具 3 个隔；侧丝具横隔，分枝，顶端膨大。

区域内生境 夏季散生于针阔混交林地上。

国内分布 广布种。

贵州绿僵菌 **

Metarhizium guizhouense Q.T. Chen & H.L. Guo, Acta Mycol. Sin. 5 (3): 181 (1986)

宏观形态 子座长 30~45 mm，粗 2.0~3.0 mm，从虫体的头部生出，单生，偶见双生，近棒状，顶端钝圆，稍窄，子座上部黄色至黄褐色，中下部或多或少具绿色色调；宿主表面被黄色至污黄色菌丝层。

微观特征 子囊壳 372~613×126~253 μm，杏仁形，倾斜埋生；子囊 114~339×1.6~4.2 μm，长柱状；子囊帽 1.3~2.2×2.0~3.1 μm，半球形至近柱状；子囊孢子宽 1.0~1.5 μm，细长柱状，成熟后断裂形成次生子囊孢子；次生子囊孢子长 21~30 μm。

区域内生境 夏季单生或双生于鳞翅目昆虫幼虫。

国内分布 华东，华南，西南。

润滑锤舌菌

贵州绿僵菌

大孢小舌菌

***

Microglossum macrosporum Ekanayaka & K.D. Hyde, Mycosphere 10 (1): 408 (2019)

宏观形态　子实体小型，舌状；可育部位长 3.0~9.0 mm，宽 3.0~6.0 mm，表面光滑，橙黄色，分布于子实体上部，与菌柄分界明显；菌柄长 5.0~12.0 mm，粗 1.5~3.0 mm，柱状，等粗，淡黄色至污黄色。

微观特征　子囊 94~114×12~14 μm，棒状，内含 8 个平行排列的子囊孢子，顶端孔口淀粉质；子囊孢子 55~86×4.0~6.0 μm，杆状，弧形弯曲，两端钝圆；侧丝线形，近基部分枝或不分枝，顶端稍膨大或不膨大。

区域内生境　春夏季散生于阔叶林具苔藓的地上。

国内分布　华东。

蚁窝线虫草

**

可药用

Ophiocordyceps formicarum (Kobayasi) G.H. Sung, J.M. Sung, Hywel-Jones & Spatafora, Stud. Mycol. 57: 43 (2007)

宏观形态　子座长 20~60 mm，单生，橙黄色，弯曲；可育部位长约 2.5 mm，粗 0.6~1.5 mm，椭圆形，分布于子座顶端，与菌柄分界明显；菌柄粗 0.3~0.5 mm，细丝状，淡黄色至黄褐色。

微观特征　子囊壳 664~900×146~195 μm，卵圆形或瓶形，倾斜埋生；子囊 100~150×4.8~12.0 μm，圆柱形，基部渐细；子囊帽 3.0~4.3×4.2~5.2 μm，半球形至扁球形；子囊孢子线形，成熟后断裂形成次生子囊孢子；次生子囊孢子 6.5~8.5×1.0~1.7 μm，长梭形。

区域内生境　夏季单生于蚂蚁上。

国内分布　华东，华南，西南。

第一章
子囊菌

大孢小舌菌

蚁窝线虫草

江西线虫草

可药用
有毒

Ophiocordyceps jiangxiensis (Z.Q. Liang, A.Y. Liu & Yong C. Jiang) G.H. Sung, J.M. Sung, Hywel-Jones & Spatafora, Stud. Mycol. 57: 43 (2007)

宏观形态 子座长 35~50 mm，从寄主头部长出，柱状，常分枝；有性型可育部位表面粗糙，紫色，分布于子座上部，具不育顶端；无性型子座可育部位分布于子座上部，表面粉质，绿色；菌柄污黄色。

微观特征 有性型子囊壳密集，长卵圆形，假埋生；子囊帽扁球形至球形；子囊 125~176×5.3~6.6 μm，圆柱形；子囊孢子长柱状，具横隔，不断裂，隔细胞 5.0~7.0×0.8~1.4 μm，无色；无性型分生孢子梗单轮生；瓶梗基部微膨大，柱状至棒状，3~6 轮生，具短尖；分生孢子 1.5~2.0×1.0~2.0 μm，短柱状，无色透明，连接形成疏松短链。

区域内生境 夏季单生或簇生于丽叩甲幼虫。

国内分布 华东，华南。

下垂线虫草（椿象线虫草）

可药用

Ophiocordyceps nutans (Pat.) G.H. Sung, Stud. Mycol. 57: 45 (2007)

宏观形态 子座长 70~110 mm，丝状；可育部位长 7.0~10.0 mm，粗 2.0~3.0 mm，圆柱形，顶端钝圆，呈橙黄色或橙红色，分布于子座顶端，与菌柄分界明显；菌柄粗 0.7~1.0 mm，细长，弯曲，黑色，近顶端橙黄色或橙红色，质地较韧。

微观特征 子囊壳 730~944×204~301 μm，倾斜埋生，卵圆形，颈部不弯曲或稍弯曲；子囊 487~681×7.0 μm，圆柱形，基部渐细；子囊帽半球形加厚至柱状加厚；子囊孢子线形，成熟后断裂形成次生子囊孢子；次生子囊孢子 6.8~9.2×1.4~1.9 μm，圆柱形。

区域内生境 春夏季单生或双生于椿象成虫。

国内分布 广布种。

江西线虫草

下垂线虫草（椿象线虫草）

尖头线虫草

可药用

Ophiocordyceps oxycephala (Penz. & Sacc.) G.H. Sung, Stud. Mycol. 57: 45（2007）

宏观形态　子座长 50~110 mm，丝状，不分枝；可育头部长 5.0~15.0 mm，粗 1.0~1.5 mm，椭圆形至柱状，表面稍褶皱，分布于子座上部，具短而尖的不育顶端，与菌柄分界不明显；菌柄粗 0.5~1.0 mm，弯曲或稍弯曲，淡土黄色。

微观特征　子囊壳 801~957×322~352 μm，倾斜埋生，长颈瓶状，颈部弯曲；子囊 630~710×7.0~7.5 μm，圆柱形，基部渐细；子囊帽半球形加厚；子囊孢子线形，成熟后断裂形成次生子囊孢子；次生子囊孢子 9.7~13.0×1.4 μm，纺锤形。

区域内生境　春夏季单生于胡蜂或蜜蜂成虫。

国内分布　华东，华南，东北，西南。

小蝉线虫草

可食药用
易引起中毒

Ophiocordyceps sobolifera (Hill ex Watson) G.H. Sung, J.M. Sung, Hywel-Jones & Spatafora, Stud. Mycol. 57: 46 (2007)

宏观形态　子座单生，棒状，不分枝，从寄主头部长出，土黄色至淡褐色；可育部位长 15~20 mm，粗 4.0~5.5 mm，柱状或稍膨大，表面粗糙，分布于子座上部，与菌柄分界不明显；菌柄长 25~45 mm，粗 3.0~4.0 mm，柱状，光滑。

微观特征　子囊壳瓶形至柱状，埋生；子囊宽 5.4~7.2 μm，柱状，基部溢缩；子囊帽半球形加厚；子囊孢子线形，多隔，成熟后断裂形成次生子囊孢子；次生子囊孢子 6.0~7.2×1.2~1.5 μm，圆柱形。

区域内生境　夏季单生于蝉若虫。

国内分布　华东，西南。

第一章 子囊菌

尖头线虫草

小蝉线虫草

蜂头线虫草

可药用

Ophiocordyceps sphecocephala (Klotzsch ex Berk.) G.H. Sung, J.M. Sung, Hywel-Jones & Spatafora, Stud. Mycol. 57: 47 (2007)

宏观形态 子座长 50~75 mm，丝状，不分枝；可育部位长 2.0~3.0 mm，粗 1.5~2.0 mm，近球形或梨形，橙黄色，分布于子座顶端，与菌柄分界明显；菌柄粗 1.0~2.0 mm，细柱状，常弯曲，淡黄色至暗黄色。

微观特征 子囊壳 700~900×300~320 μm，瓶形，倾斜埋生；子囊 650~700×7.0~9.0 μm；子囊帽柱状加厚；子囊孢子成熟后断裂形成次生子囊孢子；次生子囊孢子 5.0~6.0×1.8~2.0 μm，纺锤形，稍弯曲。

区域内生境 夏季单生于蜂成虫。

国内分布 华东，华南，华中，东北，西南。

武夷山线虫草

Ophiocordyceps wuyishanensis (Z.Q. Liang, A.Y. Liu & J.Z. Huang) G.H. Sung, J.M. Sung, Hywel-Jones & Spatafora, Stud. Mycol. 57: 47 (2007)

宏观形态 子座长 15~60 mm，粗 2.0~3.0 mm，柱状，近肉质，上部至中上部多分支，顶端稍尖，幼时黄色至黄褐色，顶端白色，成熟后子囊壳致密表生，呈灰绿色，菌柄与可育部位分界不明显。

微观特征 子囊壳 250~300×130~150 μm，梨形，颈部略弯曲；子囊 150~250×3.0~4.0 μm，柱状；子囊帽宽 2.0~2.5 μm，扁球形加厚；子囊孢子分隔，不断裂，间隔长约 10 μm，宽约 1.0 μm。

区域内生境 春夏季单生或丛生于蝉若虫。

国内分布 华东。

第一章
子囊菌

蜂头线虫草

武夷山线虫草

拟细羽束梗孢

Paraisaria gracilioides (Kobayasi) C.R. Li, M.Z. Fan & Z.Z. Li, Mycosystema 23 (1): 165 (2004)

宏观形态 子座单生，直立，肉质；可育部位直径约 5.0 mm，近球形，黄褐色至淡米黄色，分布于子座顶端，与菌柄分界明显；菌柄长 23~90 mm，粗约 3.0 mm，长柱状，污白色至淡黄褐色。

微观特征 子囊壳 800~900×200~300 μm，橙黄色，杏仁形，埋生；子囊 600~700×5.7~6.7 μm，长柱状；子囊帽球形至扁球形加厚；子囊孢子成熟后断裂形成次生子囊孢子；次生子囊孢子 6.8~8.9×1.1~1.8 μm，杆状，光滑，近无色。

区域内生境 夏季单生于鞘翅目幼虫。

国内分布 华东。

淡紫紫孢霉

Purpureocillium lilacinum (Thom) Luangsa-ard, Houbraken, Hywel-Jones & Samson, FEMS Microbiol. Lett. 321 (2): 144 (2011)

宏观形态 子座长 20~35 mm，粗约 3.5 mm，近棒状，顶端钝或稍尖，分枝或不分枝，黄色至黄绿色，成熟后表面被淡粉色至粉色粉末状分生孢子。

微观特征 分生孢子梗 5.4~9.8×2.0~2.9 μm，圆柱形；瓶梗 5.3~11.0×1.1~3.1 μm，烧瓶形；分生孢子 2.5~3.3×1.7~2.1 μm，长椭圆形至柠檬形，薄壁，光滑，无色。

区域内生境 春夏季单生或双生于蜣螂。

国内分布 华东。

第一章
子囊菌

拟细羽束梗孢

淡紫紫孢霉

高水紫孢霉

Purpureocillium takamizusanense (Kobayasi) S. Ban, Azuma & Hiroki Sato, Int. J. Syst. Evol. Microbiol. 65: 2463 (2015)=*Cordyceps ryogamimontana* Kobayasi, Bull. natn. Sci. Mus., Tokyo 6: 303 (1963)

宏观形态 子座长 6.0~12.0 mm，粗 2.0~3.0 mm，幼时淡黄色至黄色；可育部位棒状，成熟后呈橄榄色，分布于子座上部，与菌柄分界不明显；菌柄黄色至黄褐色。

微观特征 子囊壳 400~460×270~290 μm，完全埋生，卵圆形；子囊帽半球形或扁球形；子囊孢子成熟后断裂形成次生子囊孢子；次生子囊孢子 6.0~10.0×1.0~1.2 μm，圆柱形。

区域内生境 夏季群生于蝉成虫。

国内分布 华东。

琼那盾盘菌

Scutellinia jungneri (Schwein.) Kuntze, Revis. gen. pl. (Leipzig) 2: 869 (1891)

宏观形态 子实体圆盘状；子囊盘宽 2.0~5.0 mm，橙黄色，光滑；子囊盘外缘具较长的黑色刚毛；囊盘被黄褐色；基部溢缩成短菌柄。

微观特征 子囊 123~160×9.5~14.0 μm，近棒状，内含 8 个单行排列的子囊孢子；子囊孢子 17~20×9.5~11.0 μm，椭圆形、长椭圆形或近圆柱形，表面幼时光滑，成熟后具明显瘤状突起；侧丝棒状，有横隔，顶端膨大；外囊盘被由球形或棒状细胞组成，黄褐色；囊盘被刚毛长 315~604 μm，由基部向顶端渐尖，厚壁，横隔均匀分布。

区域内生境 春夏季群生于针阔混交林或阔叶林腐木。

国内分布 华东。

高水紫孢霉

琼那盾盘菌

独角龙团毛棒虫草

神经精神型中毒

Tolypocladium dujiaolongae Y.P. Cao & C.R. Li, Mycotaxon 133 (2): 234 (2018)

宏观形态 子座从寄主头部长出，肉质，不分枝，偶见分枝，直立或弯曲；可育部位长 30~50 mm，粗 10~15 mm，长棒状，顶端钝圆，黄褐色至黑褐色，分布于子座上部，与菌柄分界明显；菌柄长 10~30 mm，粗 5.0~10.0 mm，黄色至黄褐色。

微观特征 子囊壳长瓶状，完全埋生，淡黄色；子囊 323~419×9.1~11.0 μm，线形，内含 8 条平行排列的线形子囊孢子；子囊帽半球形加厚；子囊孢子长 338~406 μm，无色，线形，表面光滑，具横隔，断裂形成次生子囊孢子；次生子囊孢子 3.7~5.0×1.6~2.3 μm，圆柱形。

区域内生境 夏季单生于蝉若虫。

国内分布 华东。

窄孢胶陀盘菌

胃肠炎型中毒

Trichaleurina tenuispora M. Carbone, Yei Z. Wang & Cheng L. Huang, Ascomycete.org 5 (5): 149 (2013)

宏观形态 子实体宽 52~65 mm，高 15~30 mm，陀螺状至盘状；子囊盘灰棕色至深棕色，光滑；囊盘被褐色至黑色，表面有褐色绒毛；菌肉高度胶质化，灰色或灰白色。

微观特征 子囊 405~477×15~16 μm，圆柱形，无色透明，内含 8 个单行排列的子囊孢子；子囊孢子 26~29×10~13 μm，椭圆形至近纺锤形，两端稍锐，无色，具疣状突起，内含 2~4 个油滴；侧丝线形，具横隔，与子囊等长，顶端稍膨大；囊盘被绒毛菌丝具 2 种类型：一种表面光滑，另一种表面有疣状突起。

区域内生境 春夏季散生于阔叶林或针阔混交林腐木或地上。

国内分布 华东，华南，华中，华北，西北，西南。

第一章 子囊菌

独角龙团毛棒虫草

窄孢胶陀盘菌

微扁沃利雅炭皮菌 **

Whalleya microplaca (Berk. & M.A. Curtis) J.D. Rogers, Y.M. Ju & F. San Martín, Mycotaxon 64: 48 (1997)

宏观形态　子座贴生，宽 3.0~16.0 mm，薄垫状、墨迹状，近圆形，紧密贴于腐木上，边缘略微隆起或下陷至腐木内部，黑色。

微观特征　子囊壳 116~182×83~105 μm，近球形，黑色；子囊 43~61×2.6~5.3 μm，棒状，具 8 个单行排列的子囊孢子，顶端孔口淀粉质；子囊孢子 4.5~5.4×2.0~2.6 μm，长椭圆形至圆柱形，不等边，向一侧弯曲，两端稍尖，光滑，淡棕色至深褐色，芽缝直，略短于孢子。

区域内生境　夏季散生于针阔混交林腐木。

国内分布　华东，华中，西北，西南。

长孢沃尔夫盘菌 *

Wolfina oblongispora (J.Z. Cao) W.Y. Zhuang & Zheng Wang, Mycotaxon 67: 361 (1998)

宏观形态　子实体宽 50~70 mm，高 14~16 mm，宽陀螺形至碟状；子实层厚约 3.0 mm，子实上层米黄色，下层白色；菌肉黏稠胶质，烘干后呈木栓质；囊盘被被一层较厚的深棕色绒毛。

微观特征　子囊 482~690×19~22 μm，具 8 个单行排列的子囊孢子；子囊孢子 36~44×17~21 μm，长椭圆形，两端钝圆，透明，厚壁，幼时表面稍具疣突，成熟后表面具纵向或斜向条纹，偶见横向条纹；侧丝线形，具分隔，顶端稍膨大或不膨大；囊盘被绒毛菌丝长柱状，顶端膨大或不膨大，红棕色，厚壁，表面光滑或具疣突。

区域内生境　春夏季散生于阔叶林腐木。

国内分布　华东，西南。

第一章
子囊菌

微扁沃利雅炭皮菌

长孢沃尔夫盘菌

蕉孢炭角菌 *

Xylaria allantoidea (Berk.) Fr., Nova Acta R. Soc. Scient. upsal., Ser. 3, 1 (1): 127 (1851) [1855]

宏观形态 子座长 50~63 mm，粗 10~20 mm，棒状或圆柱形，不分枝，偶见分枝呈鹿角状，质地坚硬；菌柄较短或几乎无菌柄；可育部位顶端钝圆，表面光滑，初期暗褐色，后变为黑色，分布于子座上部，与菌柄分界不明显；子囊壳孔口呈黑色点状；菌肉白色至淡黄色，初期中实，后中空。

微观特征 子囊壳直径 300~700 μm，球形，埋生；子囊 108~148×4.5~6.0 μm，长柱状，内含 8 个单行排列的子囊孢子，顶端孔口长方形，淀粉质；侧丝线形，无横隔，顶端稍膨大；子囊孢子 12~15×5.0~5.5 μm，棕褐色，侧面观不等边，芽缝直。

区域内生境 夏季单生或散生于阔叶林或针阔混交林腐木。

国内分布 华东，华南，华中，西南。

木生炭角菌 **

Xylaria arbuscula Sacc., Michelia 1 (no. 2): 249 (1878)

宏观形态 子座长 6.0~30.0 mm，粗 2.0~3.5 mm，近棒状或宽棒状，不分枝或少分枝；可育部位圆柱形，由子囊壳孔口锐角突起而不光滑，具颗粒感，分布于子座上部，与菌柄分界不明显，顶端较尖，不育；基部近无菌柄、短菌柄或长菌柄，菌柄光滑或有绒毛，黑色。

微观特征 子囊壳 361~473×280~400 μm，近球形或椭圆形，黑色；子囊 63~124×4.6~8.7 μm，棒状，具 8 个单行排列的子囊孢子，顶端孔口长方形，淀粉质；子囊孢子 13~17×4.6~5.9 μm，圆柱形至杆状，不等边，向一侧弯曲，中间稍厚，两端稍尖，光滑，棕褐色，芽缝直。

区域内生境 夏季群生于阔叶林腐木。

国内分布 华东，华南，华中，华北，西南。

第一章
子囊菌

蕉孢炭角菌

木生炭角菌

棕红炭角菌

Xylaria brunneovinosa Y.M. Ju & H.M. Hsieh, Mycologia 99 (6): 941 (2008) [2007]

宏观形态 子座长 30~60 mm，粗 2.0~4.0 mm，圆柱形，扭曲，不分枝或偶见分枝，基部具扭曲的假根；菌肉乌青色，较韧，组织非常硬；有性型可育部位长 25~35 mm，位于子座上部，子囊壳突起明显，黑色至黑棕色；无性型可育部位位于子座上部，顶端尖锐，粉质，土黄色；菌柄灰褐色至葡萄酒红色，与可育部位分界不明显。

微观特征 子囊壳球形，孔口锥状突起；子囊 84~93×4.6~5.8 μm，长柱状，无色透明，内含 8 个单行排列的子囊孢子，顶端孔口环状，淀粉质；子囊孢子 5.7~6.7×2.9~4.1 μm，椭圆形，两侧不等长，暗褐色，表面光滑。

区域内生境 夏季群生于阔叶林地上。

国内分布 华东，西南。

平滑炭角菌

Xylaria laevis Lloyd, Mycol. Notes (Cincinnati) 65 (no. 5): 8 (1918)

宏观形态 子座棒状；可育部位长 17~53 mm，粗 5.0~10.0 mm，表面光滑，无褶皱，完全成熟后具密集点状突起，棕灰色至黑色，分布于子座上部，与菌柄分界不明显；菌肉白色，中实，后中空；菌柄长 7.0~14.0 mm，粗 4.0~8.0 mm，柱状，基部膨大，表面灰棕色，基部黑色。

微观特征 子囊壳直径 700~1000 μm，黑色，近球形或卵圆形，埋生；子囊长 100~200 μm，粗 5.5~6.5 μm，内含 8 个单行排列的子囊孢子，顶端孔口近长方形，淀粉质；子囊孢子 8.4~9.6×3.8~4.6 μm，长椭圆形至圆柱形，一侧弯曲，中间宽，两侧窄，光滑，棕黑色，腹部具芽缝。

区域内生境 春夏季散生于阔叶林腐木。

国内分布 华东，华南，东北，西南。

第一章
子囊菌

棕红炭角菌

平滑炭角菌

枫香炭角菌

可药用

Xylaria liquidambaris J.D. Rogers, Y.M. Ju & F. San Martín [as '*liquidambar*'], Sydowia 54 (1): 92 (2002)

宏观形态　子座长 11~34 mm，粗约 2.0 mm，直立，不分枝，初褐色，后呈黑色；可育部位圆柱形或棒状，分布于子座近顶端，与菌柄分界明显，顶端尖锐，不育；菌柄光滑或稍具绒毛，黑色。

微观特征　子囊壳近球形，埋生，孔口稍突起；子囊 122~146×6.0~6.7 μm，圆柱形，无色透明，内含 8 个子囊孢子，孔口顶生，淀粉质；子囊孢子 13~15×4.7~5.8 μm，褐色，椭圆形至新月形，不等边，光滑，芽缝长，螺旋形。

区域内生境　春夏季单生或丛生于枫香果上。

国内分布　华东，华南，西南。

黑柄炭角菌

可药用

Xylaria nigripes (Klotzsch) Cooke, Grevillea 11 (no. 59): 89 (1883)

宏观形态　子座长 30~100 mm，粗 2.0~4.0 mm，直立，不分枝或偶见分枝，圆柱形；可育部位圆柱形，顶端钝圆或稍尖，表面粗糙，幼时暗黄色，后变为灰色，最后变为暗黑色，分布于子座上部，与菌柄分界明显；菌肉内部黑色；菌柄较长，有纵皱，基部向下延伸形成较长的假根。

微观特征　子囊壳直径 200~500 μm，球形至近球形；子囊圆柱形，内含 8 个子囊孢子，顶端孔口环状，较小，淀粉质；子囊孢子 4.0~5.5×2.0~3.0 μm，褐色，椭圆形，侧面观一侧稍扁，光滑，芽缝直，近孢子长。

区域内生境　春夏季群生于阔叶林地上。

国内分布　华东，华南，华中，西南。

第一章 子囊菌

枫香炭角菌

黑柄炭角菌

地生炭角菌无性型

Xylaria terricola Y.M. Ju, H.M. Hsieh & W.N. Chou, Fungal Science, Taipei 32 (1): 3 (2017)

宏观形态 子座长 60~80 mm；孢梗束树状分枝，形成树杈状或扇形产孢结构，密布灰色分生孢子；菌柄长 30~36 mm，粗 1.1~1.7 mm，较韧，表面黑色。

微观特征 分生孢子梗 9.9~20.0×3.0~4.1 μm，轮生，柱状，顶端尖锐；分生孢子 3.7~4.3×3.0~3.9 μm，球形、近球形或宽椭圆形，薄壁，光滑，无色。

区域内生境 春夏季单生或散生于阔叶林地上。

国内分布 华东，华南。

五指山炭角菌

Xylaria wuzhishanensis Y.P. Wu & Q.R. Li, Phytotaxa 550 (2): 141 (2022)

宏观形态 子座长 5.0~50.0 mm，粗 5.0~20.0 mm，不规则球形至近鸡心状，顶端钝圆或稍尖，表面黑色，具黑色点状突起。

微观特征 子囊壳 450~744×332~571 μm，近球形至卵圆形，黑色；子囊 143~200×7.7~9.7 μm，长棒状，具 8 个单行排列的子囊孢子，顶端孔口长方形，淀粉质；子囊孢子 23~25×7.5~8.6 μm，圆柱形至杆状，不等长，向一侧弯曲，薄壁，光滑，红棕色至黑色，腹部具短芽缝。

区域内生境 夏季丛生或群生于针阔混交林腐木。

国内分布 华东，华南，西南。

第一章
子囊菌

地生炭角菌 无性型

五指山炭角菌

第二章

胶质菌

毛木耳

可食药用

Auricularia cornea Ehrenb., Horae Phys. Berol.: 91 (1820)

宏观形态 子实体宽 40~80 mm，厚 1.0~2.0 mm，新鲜时胶质，不透明，杯状、耳状或盘状，无柄或具短柄，边缘全缘；子实层面光滑，红棕色，干后暗褐色；不育面具明显柔毛，灰色。

微观特征 担孢子 13~16×4.0~5.5 μm，腊肠状，无色，薄壁，光滑，具 1~3 个油滴；担子棒状，具 3 个横隔；菌髓层明显；柔毛 180~450×5.0~10.0 μm，簇生，无色至淡黄色，基部略膨大，厚壁，宽腔或窄腔，顶端渐尖或钝圆；锁状联合存在。

区域内生境 夏秋季群生于阔叶林或针阔混交林腐木。

国内分布 华东，华南，华中，华北，东北，西南。

* 短毛木耳

可食用

Auricularia villosula Malysheva, Nov. sist. Niz. Rast. 48: 174 (2014)

宏观形态 子实体宽 15~100 mm，厚 1.0~2.0 mm，新鲜时胶质，不透明或半透明，杯状或盘状，无柄或具短柄，边缘全缘或浅裂，黄褐色或红褐色，干后灰褐色或深褐色；子实层面光滑；不育面被短柔毛。

微观特征 担孢子 13~14×4.2~6.2 μm，薄壁，透明，表面光滑，近肾形，常具 1~2 个油滴；担子棒状，具 3 个横隔；菌髓层缺失；柔毛 19~135×4.5~8.3 μm，单生，偶簇生，无色至淡黄色，基部略膨大，厚壁，具窄腔，有时分隔，顶端渐尖或钝圆；锁状联合存在。

区域内生境 夏季单生或群生于阔叶林或针阔混交林腐木。

国内分布 华东，华南，华北，西北，西南。

毛木耳

短毛木耳

角质胶角耳

Calocera cornea (Batsch) Fr., Stirp. agri femsion. 5: 67 (1827) [1825~1827]

宏观形态 子实体长 3.0~13.0 mm，粗 0.8~1.7 mm，柱状，不分枝或分枝，顶端渐尖，表面光滑，橙色至橙黄色，老后顶端常皱缩，颜色加深，呈暗橙黄色；基部具白色菌丝垫；菌肉胶质。

微观特征 担孢子 7.8~8.9×3.1~3.7 μm，圆柱形，侧面观向一侧弯曲，不分隔或具 1 横隔，薄壁，光滑，无色，非淀粉质；担子二叉状，25~70×1.8~2.9 μm，上担子近圆柱形；锁状联合缺失。

区域内生境 春夏季群生于阔叶林腐木。

国内分布 广布种。

* 暗色胶角耳

Calocera fusca Lloyd, Mycol. Writ. (Cincinnati) 7 (Letter 75): 1357 (1925)

宏观形态 子实体长 10~14 mm，粗 1.0~2.0 mm，不分枝或偶见分枝，表面光滑，淡黄色至橘黄色，干后黄褐色，圆柱形，顶端稍尖或尖，菌柄不明显。

微观特征 孢子 6.3~9.0×3.0~4.6 μm，椭圆形，侧面观向一侧弯曲，不分隔或具 1 横隔，薄壁，光滑，无色，非淀粉质；担子二叉状，35~50×2.2~3.5 μm，上担子近圆柱形；锁状联合存在。

区域内生境 夏季群生于针阔混交林腐木。

国内分布 华东，东北，西南。

第二章
胶质菌

角质胶角耳

暗色胶角耳

脑状花耳 ✲✲

Dacrymyces cerebriformis F. Wu & Y.P. Lian, Diversity 14 (5, no. 379): 6 (2022)

宏观形态　子实体幼时脓疱状，成熟后脑状，无柄，宽 8.0~9.5 mm，高 7.0~10.0 mm，新鲜时淡橙色，可褪色至近无色，基部常见白色菌丝。

微观特征　担孢子 17~20×6.5~7.4 μm，圆柱形，向一侧弯曲，具 0~7 个横隔，薄壁，无色，非淀粉质；分生孢子 2.1~2.8×1.4~2.4 μm，薄壁，无色，非淀粉质；担子二叉状，上担子 24~36×3.2~5.1 μm，近柱状，顶端稍尖；锁状联合缺失。

区域内生境　春夏季单生或散生于阔叶林腐木。

国内分布　华东，西南。

匙盖假花耳

可食用

Dacryopinax spathularia (Schwein.) G.W. Martin, Lloydia 11: 116 (1948)

宏观形态　子实体长 11~22 mm，匙状，橙红色至橙黄色，胶质；菌柄粗 2.5~3.8 mm，呈柱状，向顶端渐宽，表面被细绒毛，基部栗褐色至黑褐色，延伸入腐木裂缝中。

微观特征　担孢子 8.2~9.5×2.8~4.2 μm，近肾形，一侧稍凹，脐侧附胞明显，常具 1~2 大油滴，无横隔或具 1 横隔，近无色；担子 25~36×2.6~3.7 μm，二分叉，具内含物，上担子长 4.1~13.0 μm，近圆柱形；菌肉菌丝厚壁，锁状联合缺失。

区域内生境　夏季单生或散生于阔叶林腐木。

国内分布　广布种。

第二章
胶质菌

脑状花耳

匙盖假花耳

蔷薇暗色银耳

可食用

Phaeotremella roseotincta (Lloyd) Malysheva, Mycol. Progr. 17 (4): 465 (2018)

宏观形态 子实体长可达 100 mm，高可达 60 mm，花瓣状簇生，无柄，新鲜时胶质，蔷薇色至淡褐色，干后淡褐色至褐色。

微观特征 担孢子 10~12×8.9~10.0 μm，球形至宽椭圆形，薄壁，光滑，无色；下担子 15~22×5.2~9.6 μm，近蒜瓣状；上担子 35~39×2.7~6.8 μm，近柱状，顶端急尖，薄壁，无色；分生孢子大量存在；锁状联合存在。

区域内生境 春至秋季单生于阔叶林腐木。

国内分布 华东，华北，东北，西北。

胶质刺银耳

可食药用

Pseudohydnum gelatinosum (Scop.) P. Karst., Not. Sällsk. Fauna et Fl. Fenn. Förh. 9: 374 (1868)

宏观形态 子实体胶质，具菌盖；菌盖宽 14~17 mm，贝壳形至近半圆形，不黏至稍黏，表面光滑或被细微绒毛，白色、淡灰色至淡褐色；子实层面齿状；小齿圆锥形，胶质，透明，白色至淡灰色；菌柄长 22~23 mm，粗 3.5~4.0 mm，侧生，短柱状，稍白。

微观特征 担孢子 5.5~7.0×4.8~5.9 μm，宽椭圆形至近球形，薄壁，透明，光滑；下担子 9.5~12.0×6.1~9.2 μm，近蒜瓣状；上担子长 4.5~13.0 μm，细长圆柱形；菌髓菌丝薄壁，透明；锁状联合存在。

区域内生境 夏季散生于针阔混交林具苔藓的腐木上。

国内分布 广布种。

第二章
胶质菌

蔷薇暗色银耳

胶质刺银耳

大链担耳 *

Sirobasidium magnum Boedijn, Bull. Jard. bot. Buitenz, 3 Sér. 13: 266 (1934)

宏观形态 子实体胶质，幼时近脑状，多褶皱，成熟后具泡囊状瓣片；瓣片宽 10~20 mm，黄褐色至棕褐色或红褐色，干后棕褐色至棕黑色。

微观特征 担孢子 17~22×4.5~4.8 μm，近纺锤形，稍弯曲，薄壁，无色，非淀粉质；次生孢子 7.0~8.0×7.5~9.0 μm，近扁球形，薄壁，光滑，无色；上担子纺锤形，早落；下担子近球形至纺锤形，4~8 个成链着生，每个下担子具横隔、斜分隔、偶见横隔，分成 2~4 个细胞；菌髓菌丝薄壁，无色；锁状联合存在。

区域内生境 夏季群生于阔叶林腐木。

国内分布 华东，华南，华中，东北，西南。

车俄金银耳 **

Tremella cheejenii Xin Zhan Liu & F.Y. Bai, MycoKeys 47: 82 (2019)

宏观形态 子实体宽 15~30 mm，胶质，脑状，光滑，透明，近无色至淡黄色。

微观特征 担孢子 6.6~9.8×4.8~7.4 μm，球形至长椭圆形，薄壁，光滑，无色；下担子 12~16×5.3~8.1 μm，蒜瓣状；上担子 8.0~27.0×1.7~2.6 μm，柱状，顶端稍膨大；菌髓菌丝圆柱形；锁状联合存在。

区域内生境 春夏季单生于针阔混交林腐木。

国内分布 华东，华南。

第二章
胶质菌

大链担耳

车俄金银耳

银耳

可食药用

Tremella fuciformis Berk., Hooker's J. Bot. Kew Gard. Misc. 8: 277 (1856)

宏观形态　子实体宽 50~100 mm，胶质，半透明，白色，干后乳白色，由许多薄而波状卷褶的瓣片组成，基部连接，基蒂黄色至淡橘黄色。

微观特征　担孢子 6.0~12.0×4.0~7.0 μm，卵圆形，无色，脐侧附胞明显；担子具十字形纵隔；下担子宽 10~13 μm，蒜瓣状，无色；上担子长可达 68 μm，圆柱形，顶端钝圆或稍尖；菌髓菌丝圆柱形；锁状联合存在。

区域内生境　春夏季单生或散生于阔叶林腐木。

国内分布　广布种。

* 萨摩亚银耳

可药用

Tremella samoensis Lloyd, Mycol. Writ. (Cincinnati) 5 (Letter 60): 875 (1919)

宏观形态　子实体宽 12~40 mm，橙黄色至近硫黄色，干后暗黄色，菌肉较厚，柔软胶质，由数个中空皱曲的泡囊状瓣片组成，瓣片扁平，表面近平滑。

微观特征　孢子 5.8~7.9×5.4~7.1 μm，近球形至椭圆形，脐侧附胞明显，常含内含物；担子具"十"字形纵隔；下担子 12~15×8.9~11.0 μm，蒜瓣状；上担子长 10~37 μm，圆柱形，细长；菌髓菌丝圆柱形；锁状联合存在。

区域内生境　夏季散生于针阔混交林腐木。

国内分布　华东，华南，华中，华北，东北，西南。

第二章
胶质菌

银耳

萨摩亚银耳

第三章

珊瑚菌

锐角珊瑚菌

Clavaria acuta Sowerby, Col. fig. Engl. Fung. Mushr. (London) 3 (no. 23): tab. 333 (1801)

宏观形态　子实体长 35~55 mm，粗 1.0~3.0 mm，纺锤形或近柱状，顶端钝圆或稍尖，偶有弯曲，不分枝，向基部渐细，白色、污白色至淡黄色；可育部位幼时表面光滑，成熟后具褶皱或较深的凹痕，与菌柄分界不明显；菌肉较脆。

微观特征　担孢子 6.5~8.4×5.3~7.0 μm，宽椭圆形至椭圆形，少数近球形，薄壁，透明，内具 1 个大油滴，脐侧附胞明显；担子棍棒状，薄壁，透明，内具油滴或颗粒状内含物，具 4 个担子小梗；子实层囊状体缺失；锁状联合缺失。

区域内生境　夏季散生、丛生于阔叶林地上。

国内分布　华东，华中，东北，西南。

散生珊瑚菌

Clavaria aspersa P. Zhang & Jun Yan, Mycol. Progr. 21 (8, no. 67): 4 (2022)

宏观形态　子实体长 25~50 mm，粗 1.0~2.0 mm，细长棒状，表面具明显纵向沟纹，米黄色或乳白色，不分枝，从中部向两端渐细，顶端钝圆，偶见弯曲；菌柄不明显或明显；菌肉较脆。

微观特征　担孢子 4.0~6.5×3.0~4.5 μm，椭圆形，薄壁，透明，脐侧附胞明显，内具 1 个大油滴；担子棒状，薄壁，透明，具 4 个担子小梗；子实层囊状体缺失；锁状联合缺失。

区域内生境　夏季散生于阔叶林或针阔混交林苔藓层。

国内分布　华东，华中。

第三章
珊瑚菌

锐角珊瑚菌

散生珊瑚菌

057

脆珊瑚菌

可食用

Clavaria fragilis Holmsk., Beata Ruris Otia FUNGIS DANICIS 1: 7 (1790)

宏观形态　子实体长 55~100 mm，粗 1.0~3.0 mm，圆柱形或长纺锤形，不分枝，极偶然顶端出现二叉状分枝，幼时白色至象牙白色，老后颜色呈淡黄色，顶端幼时钝圆，成熟后逐渐变尖，颜色加深，呈黄色至黄褐色；可育部位分布于子实体上部，与菌柄分界不明显。

微观特征　担孢子 5.1~6.5×3.5~4.2 μm，宽椭圆形至椭圆形，少数近球形或长椭圆形，薄壁，透明，内具 1 个大油滴，脐侧附胞明显；担子棍棒状，薄壁，透明，内具油滴或颗粒状内含物，具 4 个担子小梗；子实层囊状体缺失；锁状联合缺失。

区域内生境　春夏季散生或群生于阔叶林地上。

国内分布　华东，华南，华中，东北，西南。

九龙江珊瑚菌

**

Clavaria sp. [*jiulongjiangensis* P. Zhang]

宏观形态　子实体长 30~63 mm，粗 1.0~2.5 mm，圆柱形，不分枝，白色；可育部位表面光滑，无明显沟纹或凹痕，顶端钝圆，幼时白色，成熟后稍变黄，与菌柄分界不明显；菌柄较短或不明显，呈细柱状，表面光滑，与可育部位同色或颜色稍浅。

微观特征　担孢子 7.4~9.0×6.6~7.9 μm，近球形至宽椭圆形，薄壁，光滑，无色，非淀粉质；担子棒状，具 4 个担子小梗；拟担子棒状；菌髓由近椭圆形细胞组成；子实层囊状体缺失；担子基部偶见环形锁状联合。

区域内生境　夏季单生至散生于阔叶林地上。

国内分布　华东，华中。

第三章
珊瑚菌

脆珊瑚菌

九龙江珊瑚菌

淡紫锁瑚菌 **

Clavulina purpurascens P. Zhang, Mycol. Progr. 18 (8): 1074 (2019)

宏观形态　子实体长 70~100 mm，粗 2.0~3.0 mm，不分枝或 1~2 次分枝呈树枝状，分枝棍棒状至近圆柱形，老时稍扁平，顶端稍尖；可育部位淡粉红色至淡紫色，与菌柄分界明显；菌柄肉桂色。

微观特征　担孢子 9.6~11.0×8.4~10.0 μm，近球形，表面光滑，薄壁，透明，非淀粉质，内具 1 个大油滴，脐侧附胞明显；担子近棍棒状至近圆柱形，薄壁，透明，具 2 个担子小梗；子实层囊状体缺失；锁状联合存在。

区域内生境　夏季单生或散生于针阔混交林地上。

国内分布　华东，西南。

皱锁瑚菌少皱变种 **

Clavulina sp. [*rugosa* var. *rugolosa* P. Zhang & C.L. Wu]

宏观形态　子实体高 10~30 mm，粗 1.0~2.0 mm，近圆柱形或稍扁平，不分枝或偶见不规则分枝；可育部位白色至米白色，表面具稀疏纵向褶皱或光滑，顶端钝圆或稍尖，随子实体成熟，顶端变为黄褐色；菌柄明显，近圆柱形或扁平，白色；菌肉较韧。

微观特征　担孢子 8.9~10.0×7.7~9.8 μm，近球形或宽椭圆形，表面光滑，薄壁，透明，常具 1 个大油滴，脐侧附胞明显，非淀粉质；担子棍棒状，薄壁，透明，具 1 个大油滴或少量颗粒状内含物，具 2 个担子小梗；菌髓菌丝薄壁，透明，无内含物；子实层囊状体缺失；锁状联合存在。

区域内生境　夏季散生于阔叶林或针阔混交林苔藓层。

国内分布　华东，华中，西南。

第三章
珊瑚菌

淡紫锁瑚菌

皱锁瑚菌少皱变种

环沟拟锁瑚菌（参照种）

Clavulinopsis cf. *sulcata* (S. Ito) S. Ito, Mycol. Fl. Japan 2 (4): 95 (1955)

宏观形态 子实体长 30~100 mm，粗 2.0~7.0 mm，单生，不分枝或近基部分枝，幼时圆柱形，成熟后多呈纺锤形，顶端尖细至钝圆，表面光滑，通体橙红色，中空。

微观特征 担孢子 5.0~6.5×4.5~6.0 μm，薄壁，透明，球形至近球形，非淀粉质，脐侧附胞不明显；担子棒状或近柱状，具 2 个或 4 个担子小梗；菌髓菌丝无色，薄壁；子实层囊状体缺失；锁状联合存在。

区域内生境 夏季散生至群生于苔藓层。

国内分布 华东，华南，华中，西南。

束生羽囊菌

Pterulicium fasciculare (Bres. & Pat.) Leal-Dutra, Dentinger & G.W. Griff., IMA Fungus 11 (no. 2): 15 (2020)

宏观形态 子实体高 18~21 mm，辐射型，常重复分枝，分枝多为二叉状，分枝间角度近"V"形，乳白色，向基部渐变为淡黄色；末端分枝圆柱形，顶端稍尖；菌柄长 5.0~6.0 mm，粗 3.0~4.0 mm，圆柱形。

微观特征 担孢子 9.6~13.0×5.4~6.9 μm，梭形或长椭圆形，透明，薄壁，常具 1 个大油滴，有或无内含物；担子棒状，常具内含物，具 2 个或 4 个担子小梗；菌髓菌丝透明，薄壁；子实层囊状体缺失；锁状联合存在。

区域内生境 夏季散生于阔叶林苔藓层。

国内分布 华东，华北，东北。

环沟拟锁瑚菌（参照种）

束生羽囊菌

淀粉枝瑚菌

可食用

Ramaria amyloidea Marr & D.E. Stuntz, Biblthca Mycol. 38: 53 (1974) [1973]

宏观形态 子实体高 45~80 mm，近菜花状，多重复规则分枝，密集，不扩展，直立，分枝 4~8 次，基部分枝节间略长，次级分枝节间向上渐短，末端分枝顶端多指状，钝圆或略尖；可育部位表面光滑，新鲜时淡黄色至淡橙黄色或淡棕色；菌肉白色，淀粉质；菌柄粗 5.0~15.0 mm，近柱状，新鲜时污白色、米白色至棕色，干后污白色至深棕色。

微观特征 担孢子 8.0~9.3×3.8~5.1 μm，长椭圆形至近柱状，一端较尖，侧面观一侧弯曲，薄壁，微粗糙，淡黄褐色，非淀粉质；担子棒状，具 4 个担子小梗；子实层囊状体缺失；锁状联合存在。

区域内生境 夏季散生于阔叶林或针阔混交林地上。

国内分布 华东，西南。

中华丽烛衣

Sulzbacheromyces sinensis (R.H. Petersen & M. Zang) Dong Liu & Li S. Wang, Mycologia 109 (5): 740 (2017)=*Lepidostroma asianum* Yanaga & N. Maek, Mycoscience 56: 3 (2015)

宏观形态 子实体长 8.0~16.0 mm，粗 2.0~3.0 mm，棒状、圆柱形至纺锤形，不分枝，近顶端极偶见 2~3 分枝，黄色、橙色至橙红色，干燥后变为赭红色，表面光滑，老后具褶皱；菌柄较短，长 0.5~3.0 mm，白色。

微观特征 担孢子 8.5~11.0×4.0~5.3 μm，长椭圆形至柱状，侧面观向一侧稍弯曲，稍呈肾形，薄壁，光滑，无色透明，内具 1~3 个油滴，非淀粉质；担子棒状，具 4 个担子小梗；子实层囊状体缺失；锁状联合存在。

区域内生境 春夏季群生或散生于阔叶林或针阔混交林地衣上。

国内分布 华东，华南，西南。

第三章
珊瑚菌

淀粉枝瑚菌

中华丽烛衣

第四章

腹菌

利奥硬皮地星

Astraeus ryoocheoninii Ryoo, Mycotaxon 132 (1): 68 (2017)

宏观形态　子实体直径 20~40 mm，幼时球形至扁球形；外包被厚 2.5~3.0 mm，外表面稍黏，光滑，成熟后纵向星形开裂，具 15~19 个裂瓣，内表面明显开裂，呈不规则的梯形和菱形；内包被近球形，膜状，顶端具 1 个不规则孔口，表面粗糙，污白色，后变为灰色至棕色；包体幼时白色，成熟后棕色至黑色。

微观特征　担孢子 6.4~8.5×6.0~7.0 μm，球形，偶见宽椭圆形，厚壁，黄褐色，表面具疣突，疣突长 0.6~1.1 μm；弹丝宽 2.3~6.6 μm；外包被菌丝柱状，交织；锁状联合存在。

区域内生境　夏季单生于阔叶林地上。

国内分布　华东。

网纹丽口菌

Calostoma areolatum Y.H. Ma, B. Zhang & Y. Li, Sydowia 70: 230 (2018)

宏观形态　包被直径 10~20 mm，球形或扁平；外包被黄褐色，表面被深褐色疣至刺，疣和刺的周围具细小环形疣突，疣和刺脱落后留下的斑痕与环形疣突构成规则的网纹；内包被淡棕色或淡黄色至棕色，薄，软骨质；子实口缘星形，具 5~6 角，幼时橙红色，成熟后呈朱红色；包体污白色；菌柄长 12~30 mm，粗 7.0~15.0 mm，中生，胶皮质，棕色至暗棕色，表面具不规则隆起的纵向嵴。

微观特征　孢子直径 15~18 μm，淡黄色，球形，表面具宽或窄的疣突；锁状联合缺失。

区域内生境　夏季群生于针阔混交林地上。

国内分布　华东。

第四章 腹菌

利奥硬皮地星

网纹丽口菌

锐棘秃马勃

可食药用

Calvatia holothuroides Rebriev [as '*holothurioides*'], Mikol. Fitopatol. 47 (1): 21 (2013)

宏观形态 子实体高 20~33 mm，宽 21~26 mm，倒梨形，表面粗糙，幼时淡黄棕色至淡红褐色，成熟后呈黄褐色，基部溢缩形成类似菌柄的柱状结构；外包被易从产孢部位剥落。

微观特征 担孢子 3.0~4.5×2.5~3.0 μm，卵圆形至椭圆形，透明，具刺突，非淀粉质；担子梨形至近球形；弹丝宽 2.2~3.7 μm；外包被内层由具隔膜和分枝的菌丝组成，最外层由淡黄色球形、近球形或近柱状菌丝组成，常排列成细长的念珠状；锁状联合存在。

区域内生境 夏季单生或散生于阔叶林地上。

国内分布 华东，华南。

白蛋巢菌

Crucibulum laeve (Huds.) Kambly, Gast. Iowa: 167 (1936)

宏观形态 子实体高 4.0~5.3 mm，宽 7.0~8.0 mm，圆筒形至浅杯状；包被壁厚约 1.0 mm，外表面淡黄棕色至棕色，被绒毛，内表面呈乳白色，光滑，内含 8~10 个小包；小包宽 1.5~2.8 mm，扁饼状，白色至灰白色，具单层皮层和一层无色至淡褐色较厚的膜。

微观特征 担孢子 7.9~9.5×4.4~5.5 μm，椭圆形至长椭圆形，近脐端稍窄，厚壁，光滑，无色；小包壁厚 243~370 μm，最外层菌丝丝状，棕褐色，内层菌丝不规则柱状，分枝或不分枝，淡黄褐色至近无色；外包被外层菌丝柱状或球形膨大，橄榄色至黄褐色，中层菌丝柱状，红棕色，最内层菌丝丝状，淡黄色；锁状联合缺失。

区域内生境 夏季散生于针叶林枯枝落叶。

国内分布 华东，华南，华中，华北，西北，西南。

网纹马勃

可食药用

Lycoperdon perlatum Pers., Observ. mycol. (Lipsiae) 1: 4 (1796)

宏观形态 子实体高 20~80 mm，宽 21~43 mm，近球形至倒梨形，基部溢缩为假菌柄，假菌柄长可达 50 mm，基部具白色假根状菌丝；外包被幼时表面白色至淡黄色，成熟后呈棕色，表面具圆锥状刺，刺长可达 3.0 mm，刺的周围被细小的环形疣突，刺脱落后留下的斑痕与环形疣突构成规则的网纹；假菌柄表面网纹不明显；包体幼时肉质，白色至淡黄色，成熟后丝状，具粉末，淡棕色。

微观特征 担孢子直径 3.0~4.5 μm，球形至近球形，厚壁，表面具刺突，长 0.5~1.0 μm；担子近椭圆形至近棒状，具 2 个或 4 个担子小梗；弹丝厚壁；锁状联合缺失。

区域内生境 春夏季散生于阔叶林地上。

国内分布 广布种。

** 近网纹马勃

Lycoperdon subperlatum Chang S. Kim & S.K. Han, Phytotaxa 260 (2): 112 (2016)

宏观形态 子实体高 16~50 mm，宽 20~43 mm，近球形，梨形至陀螺状，顶端无脐突或轻微脐突，基部溢缩为假菌柄，具白色假根状菌丝；外包被幼时白色，老后棕色至深棕色，表面被坚硬直立的圆锥状刺，刺尖锐，褐色；包体幼时肉质，白色至淡黄色，成熟后丝状，具粉末，橄榄棕色至黄棕色。

微观特征 担孢子 3.7~4.3×3.2~4.1 μm，球形至近球形，淡黄色，透明，稍具刺突，非淀粉质；弹丝厚壁，黄色；外包被由球形至近球形细胞紧密排列组成；刺由球形至近球形细胞组成；锁状联合缺失。

区域内生境 夏季单生于阔叶林地上。

国内分布 华东，华南。

欧石楠马勃

勐宋马勃

欧石楠马勃

Lycoperdon ericaeum Bonord., Bot. Ztg. 15: 628 (1857)

宏观形态 子实体高 20~30 mm，宽 20~40 mm，倒梨形，幼时白色，成熟后棕褐色，顶端开口，表面具易脱落的鳞片，不育基部溢缩成近菌柄的柱状结构，基部有菌丝状的假根。

微观特征 担孢子直径 4.2~5.6 μm，球形至近球形，厚壁，表面具刺突，刺突长 0.3~0.7 μm；弹丝宽 2.3~3.6 μm，稍厚壁；锁状联合缺失。

区域内生境 春夏季散生或群生于针阔混交林地上。

国内分布 华东，华南，西北，西南。

勐宋马勃

Lycoperdon mengsongense L. Ye, P.E. Mortimer, & Karunarathna, Chiang Mai J. Sci. 49 (3): 646 (2022)

宏观形态 子实体直径 7.0~15.0 mm，球形至扁球形，基部具白色菌丝状假根；外包被灰白色至深灰色，顶端稍带紫色，向基部颜色稍浅，表面被细小的黑灰色锥状疣突，主要分布于子实体顶端至近顶端；内包被白色至深棕色，纸质，薄；包体幼时肉质，白色，成熟后丝状，具粉末，淡棕色。

微观特征 担孢子直径 3.5~4.0 μm，球形至近球形，厚壁，表面具刺突，刺突长 0.5~1.0 μm；弹丝稍厚壁；外包被菌丝球形至椭圆形；锁状联合缺失。

区域内生境 夏季散生于针阔混交林腐木。

国内分布 华东，西南。

第四章
腹菌

锐棘秃马勃

白蛋巢菌

网纹马勃

近网纹马勃

辛巴红蛋巢菌

Nidula shingbaensis K. Das & R.L. Zhao, Mycotaxon 125: 54 (2013)

宏观形态 子实体高 4.0~8.0 mm，宽 3.0~5.0 mm，幼时短柱状，成熟后呈杯状，向基部渐细，无菌柄，幼时白色，成熟后稍带淡黄色，外表面被白色柔毛，内表面白色，光滑；小包宽 1.0~1.5 mm，扁饼状，皮质，棕褐色，表面皱缩，易脱落。

微观特征 担孢子 6.8~8.0×4.5~6.0 μm，宽椭圆形至椭圆形，无色，表面具刺突；菌丝淡黄色；锁状联合存在。

区域内生境 夏季散生于阔叶林、针阔混交林或针叶林腐木或枯枝落叶层。

国内分布 华东，西南。

纯黄竹荪

可食用

Phallus luteus (Liou & L. Hwang) T. Kasuya, Mycotaxon 106: 8 (2009) [2008]

宏观形态 菌盖长 20~40 mm，近半球形至钟形，表面具明显隆起的网纹，顶端平截，具一圆孔；孢子液绿褐色至黑褐色，具明显腥臭味；菌裙淡黄色至黄色，长度常超过菌柄，边缘平直，网孔圆形或多角形；菌柄长 80~120 mm，粗 10~15 mm，圆柱形，污白色，中空，海绵状；菌托高 30~50 mm，粗 20~40 mm，污褐色。

微观特征 担孢子 3.0~3.6×1.3~1.8 μm，长椭圆形至圆柱形，光滑，淡黄色至无色；子实层细胞近椭圆形；菌裙细胞近椭圆形，淡黄色；菌柄细胞近椭圆形，淡黄色；外菌幕分为三层：最外层由柱状细胞组成，淡黄色至近无色，中层由近球形细胞与近柱状细胞组成，近球形细胞橙棕色，内具纹饰，近柱状细胞淡橙棕色至橙棕色，最内层由细长柱状菌丝组成，淡黄色；锁状联合存在。

区域内生境 夏季单生于阔叶林地上。

国内分布 华东，华南，华中，西南。

第四章
腹菌

辛巴红蛋巢菌

纯黄竹荪

三叉鬼笔

可食用

Pseudocolus fusiformis (E. Fisch.) Lloyd, Mycol. Writ. (Cincinnati) (7): 53 (1909)

宏观形态 子实体高 40~55 mm，章鱼状，具 3~4 个臂，臂长 29~30 mm，粗 4.0~5.0 mm，橙色至粉红色，内侧具横向嵴突，嵴突上附着绿色黏性孢子，具明显腥臭味，基部菌托高 15~20 mm。

微观特征 担孢子 3.7~4.4×1.4~1.6 μm，圆柱形，薄壁，光滑，无色，非淀粉质；锁状联合缺失。

区域内生境 春夏季单生于阔叶林地上。

国内分布 华东，华中，西南。

灰绒罗叶腹菌

Rossbeevera griseovelutina Orihara [as 'Rosbeeva'], Fungal Diversity 52 (1): 62 + 73 (2012)

宏观形态 子实体高 11~12 mm，宽 13~15 mm，近球形，表面幼时白色，成熟后灰白色至深灰色，常被白色细绒毛，伤后变为黑灰色或蓝绿色；产孢部位形成小而不规则腔室，幼时灰白色，成熟后呈棕色，伤后变为黑灰色或蓝绿色。

微观特征 担孢子 23~27×4.6~5.5 μm，近纺锤形，一端缢缩呈短柄状，黄棕色，厚壁，光滑，具纵向嵴，内含 1~2 个油滴；担子棒状或宽棒状；外包被由柱状菌丝组成，表面具微小刺突，栗褐色；锁状联合缺失。

区域内生境 夏季散生于阔叶林地上。

国内分布 华东。

三叉鬼笔

灰绒罗叶腹菌

光硬皮马勃

可药用
胃肠炎型中毒

Scleroderma cepa Pers., Syn. meth. fung. (Göttingen) 1: 155 (1801)

宏观形态 子实体直径 22~30 mm，球形或倒梨形，黄色至黄褐色，无柄或由一团黄色菌索缢缩成柄状基部固定于地上；包被厚 0.5~1.5 mm，杏黄色，坚硬，韧，近木质，表皮有褐色鳞片，成熟后不规则开裂；孢体幼时白色，松软，随子实体成熟变成紫黑色，粉末状。

微观特征 担孢子 9.8~12.0×9.1~11.0 μm，球形或近球形，褐色，表面具直立的刺，刺长 1.0~2.0 μm；锁状联合缺失。

区域内生境 春夏季散生于阔叶林地上。

国内分布 华东，华南，华中，西北，西南。

云南硬皮马勃

可食用

Scleroderma yunnanense Y. Wang, Mycotaxon 125: 195 (2013)

宏观形态 子实体直径 18~21 mm，球形至扁球形，表面具不规则块状突起，棕褐色，无柄，常由一团黄色菌索固定于地上；外包被厚 2.0~2.5 mm；包体黑色。

微观特征 担孢子 7.5~8.7×5.8~7.6 μm，球形至宽椭圆形，厚壁，表面具刺突，长 0.6~1.2 μm；锁状联合存在。

区域内生境 夏季散生于阔叶林地上。

国内分布 华东，华南，西北，西南。

光硬皮马勃

云南硬皮马勃

第五章

多孔菌、革菌及齿菌

二年残孔菌

可药用

Abortiporus biennis (Bull.) Singer, Mycologia 36 (1): 68 (1944)

宏观形态 子实体一年生，新鲜时革质，干后软木栓质，贴生至平伏反卷，宽 20~30 mm，厚 3.5~4.5 mm；菌盖表面新鲜时淡褐色至褐色，被微绒毛；菌肉污白色，近表面较松软，近菌管较硬，厚约 0.5 mm；菌管长可达 4.0 mm，黄褐色至褐色；孔口多角形，成熟后齿裂，1~2 齿/mm，黄褐色至褐色。

微观特征 单型菌丝系统，仅具生殖菌丝，生殖菌丝薄壁至稍厚壁，少分枝；担孢子 4.9~5.8×3.4~3.8 μm，宽椭圆形至近球形，薄壁，光滑，淡黄色至近无色；担子棒状，具 4 个担子小梗；子实层囊状体缺失；锁状联合存在。

区域内生境 春夏季散生于针阔混交林腐木。

国内分布 华东，华南，华中，西北，西南。

杉木刺鼻孔菌

Antrodia taxa T.T. Chang & W.N. Chou, Mycol. Res. 103 (5): 622 (1999)

宏观形态 子实体一年生，新鲜时木栓质，干后硬木质，侧生，具短柄；菌盖宽 11~35 mm，扇形至半圆形，新鲜时表面黄棕色至棕色，光滑，具环纹，边缘锐至钝；菌肉厚 1.0~2.0 mm，污白色；菌管长约 2.0 mm，白色；孔口圆形，3~5 孔/mm，白色。

微观特征 二型菌丝系统，具生殖菌丝及骨架菌丝；担孢子 3.4~3.8×1.8~2.0 μm，椭圆形，薄壁，光滑，无色；担子棒状，具 4 个担子小梗；子实层囊状体缺失；锁状联合存在。

区域内生境 夏季散生于阔叶林腐木。

国内分布 华东。

二年残孔菌

杉木刺鼻孔菌

**

微孢小薄孔菌

Antrodiella nanospora H.S. Yuan, Mycol. Progr. 13 (2): 360 (2013) [2014]

宏观形态 子实体一年生，软木栓质，平伏贴生、反卷至侧生；菌盖宽 8.0~30.0 mm，厚 4.0~5.0 mm，新鲜时表面淡黄褐色至黄褐色，环带不明显或边缘具环带，光滑，边缘锐；菌肉乳白色；菌管长可达 2.0 mm，乳白色至淡黄色；孔口圆形，7~9 孔 /mm，乳白色至淡黄色。

微观特征 二型菌丝系统，具生殖菌丝及骨架菌丝；担孢子 3.1~3.7×1.9~2.4 μm，宽椭圆形至椭圆形，薄壁，光滑，无色；担子棒状，具 4 个担子小梗；子实层囊状体缺失；锁状联合存在。

区域内生境 夏季散生于阔叶林腐木。

国内分布 华东，华南。

**

东方耳匙菌

Auriscalpium orientale P.M. Wang & Zhu L. Yang, Mycol. Progr. 18 (5): 647 (2019)

宏观形态 子实体一年生，伞形；菌盖宽 20~30 mm，贝壳状，近菌柄处稍隆起，表面黄褐色，边缘白色，被短绒毛，老后光滑；子实层面齿状，菌齿长可达 3.0 mm；菌柄长 40~46 mm，粗 1.0~2.0 mm，侧生，圆柱形，基部稍膨大，褐色，被白色短绒毛。

微观特征 二型菌丝系统，具生殖菌丝和骨架菌丝；担孢子 4.6~6.0×3.8~5.3 μm，近球形，薄壁，表面具杆状至翼状疣突，强淀粉质；担子近棍棒状，具 2 个或 4 个担子小梗；侧生囊状体 19~39×3.5~5.7 μm，长梭形，薄壁，透明至淡黄色；锁状联合存在。

区域内生境 夏季单生于松树球果上。

国内分布 广布种。

第五章
多孔菌、革菌及齿菌

微孢小薄孔菌

东方耳匙菌

烟管菌

可药用

Bjerkandera adusta (Willd.) P. Karst., Meddn Soc. Fauna Flora fenn. 5: 38 (1879)

宏观形态 子实体一年生；新鲜时软革质，干后木质，贴生反卷至扇形；菌盖宽 7.0~21.0 mm，厚 1.7~3.0 mm，表面新鲜时粉黄色至淡黄色，被白色短绒毛，环纹不明显，边缘薄，较钝；菌肉白色；菌管长约 1.0 mm，淡黄色、灰棕色至黑灰色；孔口圆形至多角形，5~6 孔/mm，淡黄色、灰棕色至黑灰色。

微观特征 单型菌丝系统，仅具生殖菌丝，生殖菌丝薄壁至稍厚壁；担孢子 4.2~4.7×2.5~3.0 μm，椭圆形至长椭圆形，薄壁，光滑，无色，透明，内含 1 个至多个油滴；担子棒状，具 4 个担子小梗；子实层囊状体缺失；锁状联合存在。

区域内生境 春至秋季群生或叠生于阔叶林或针阔混交林腐木。

国内分布 广布种。

日本奶酪孔菌

Butyrea japonica (Núñez & Ryvarden) Miettinen & Ryvarden, Ann. bot. fenn. 53 (3~4): 161 (2016)

宏观形态 子实体一年生，贴生，边缘稍反卷，新鲜时肉质，较韧，干后软木栓质，宽可达 55 mm，厚 1.0~1.5 mm；菌肉白色至褐色；菌管长约 1.2 mm，白色、淡褐色至锈褐色；孔口多角形，4~7 孔/mm，白色、淡褐色至锈褐色。

微观特征 二型菌丝系统，具生殖菌丝及骨架菌丝；担孢子 4.0~4.7×2.0~2.2 μm，近柱状，薄壁，光滑，无色，透明；担子棒状，具 4 个担子小梗；子实层囊状体具两种类型，分别为近棒状的薄壁囊状体与棍棒状的厚壁囊状体；锁状联合存在。

区域内生境 夏季群生于针阔混交林腐木。

国内分布 华东，西南。

第五章
多孔菌、革菌及齿菌

烟管菌

日本奶酪孔菌

089

热带角孔菌

Cerioporus tropicus (B.K. Cui, Hai J. Li & Y.C. Dai) Zmitr., Folia Cryptog. Petropolitana (Sankt-Peterburg) 6: 47 (2018)

宏观形态 子实体一年生，侧生，木栓质；菌盖宽 8.0~33.0 mm，厚 7.0~15.0 mm，新鲜时表面黄棕色至棕黑色，边缘淡黄色至黄褐色或棕色，光滑，无环纹；菌肉黄棕色至棕色；菌管长约 2.0 mm，白色至乳白色；孔口圆形，5~6 孔 /mm，白色至乳白色，伤后变为棕色，干后淡灰色。

微观特征 二型菌丝系统，具生殖菌丝及骨架菌丝；担孢子 7.6~8.8×2.7~3.0 μm，圆柱形，薄壁，光滑，无色，透明；担子棒状，具 4 个担子小梗；子实层囊状体缺失；拟囊状体纺锤形；锁状联合存在。

区域内生境 春夏季散生至群生于阔叶林腐木。

国内分布 华东，华南，西南。

卡玛蜡孔菌

Ceriporia camaresiana (Bourdot & Galzin) Bondartsev & Singer [as '*Ceraporia*'], Annls mycol. 39 (1): 50 (1941)

宏观形态 子实体一年生，贴生，边缘稍反卷或不反卷，新鲜时软木栓质，干后木质，长可达 35 mm；菌肉厚约 0.5 mm，污白色，海绵状；菌管长约 2.0 mm，白色至淡黄褐色；孔口多角形，2~4 孔 /mm，白色至淡黄褐色。

微观特征 单型菌丝系统，仅具生殖菌丝，生殖菌丝薄壁至稍厚壁；担孢子 3.6~4.8×1.8~2.3 μm，长椭圆形至柱状，弯曲，薄壁，光滑，无色；担子棒状，具 4 个担子小梗；子实层囊状体缺失；锁状联合缺失。

区域内生境 夏季群生于针阔混交林腐木。

国内分布 华东。

第五章
多孔菌、革菌及齿菌

热带角孔菌

卡玛蜡孔菌

白黄下皮黑孔菌

Cerrena albocinnamomea (Y.C. Dai & Niemelä) H.S. Yuan, Mycol. Progr. 13 (2): 362 (2013) [2014]

宏观形态 子实体一年生，贴生，新鲜时较韧，干后软木栓质，长可达 53 mm，厚约 1.0 mm；菌肉黄褐色；菌管长约 0.8 mm，黄褐色至棕褐色；孔口圆形至多角形，3~5 孔 / mm，黄褐色至棕褐色。

微观特征 二型菌丝系统，具生殖菌丝及骨架菌丝；担孢子 3.5~4.7×2.2~2.8 μm，椭圆形，薄壁，光滑，无色，透明；担子棒状，具 4 个担子小梗；子实层囊状体棒状至倒梨形；锁状联合存在。

区域内生境 春夏季群生于针阔混交林腐木。

国内分布 华东，华北，东北，西北，西南。

单色下皮黑孔菌

可药用

Cerrena unicolor (Bull.) Murrill, J. Mycol. 9 (2): 91 (1903)

宏观形态 子实体一年生，平伏、反卷或扇形，如具菌盖则无柄或具狭窄的基部，常覆瓦状排列，新鲜时柔韧，干后革质；菌盖宽 40~100 mm，厚 2.0~5.0 mm，幼时污白色，后变为黄棕色，表面被粗毛或绒毛，具明显同心环纹；菌肉白色；菌管长约 2.0 mm，幼时污白色至淡黄色，老后变为黄褐色至污褐色；孔口幼时多角形，后呈迷宫状并齿裂，4~6 齿 /mm，幼时污白色至淡黄色，老后变为黄褐色至污褐色。

微观特征 三型菌丝系统，具生殖菌丝、缠绕菌丝及骨架菌丝；担孢子 4.0~4.6×2.7~3.0 μm，椭圆形，薄壁，光滑，无色；担子棒状，具 4 个担子小梗；子实层囊状体缺失；锁状联合存在。

区域内生境 夏季群生或叠生于阔叶林腐木。

国内分布 广布种。

流苏集毛孔菌

Coltricia fimbriata L.S. Bian, M. Zhou & Jian Yu, Mycol. Progr. 21 (4, no. 45): 6 (2022)

宏观形态 子实体一年生，软木栓质；菌盖宽 10~16 mm，漏斗形，黄褐色，表面具辐射状条纹，边缘毛刺状；菌肉厚约 0.5 mm；菌管长约 0.5 mm，污白色；孔口多角形，1~2 孔/mm，污白色，老后褐色；菌柄长 15~34 mm，粗 1.0~2.5 mm，中生，柱状，向基部渐细，棕褐色，表面被绒毛。

微观特征 单型菌丝系统，仅具生殖菌丝，生殖菌丝薄壁至稍厚壁；担孢子 6.7~7.7×4.2~5.0 μm，椭圆形，稍厚壁，无色，光滑；担子棒状至近长圆柱形，具 4 个或 2 个担子小梗；锁状联合缺失。

区域内生境 夏季散生于阔叶林地上。

国内分布 华东。

刺柄集毛孔菌

Coltricia strigosipes Corner, Beih. Nova Hedwigia 101: 151 (1991)

宏观形态 子实体一年生，革质，干后质脆；菌盖宽 18~35 mm，扇形至漏斗形，红棕色至深棕色，边缘白色，表面具辐射状条纹和同心环纹；菌肉厚约 0.5 mm，暗褐色；菌管长 0.5~0.8 mm，新鲜时红褐色，干后黄褐色；孔口圆形或多角形，2~3 孔/mm，与菌管同色；菌柄长 17~20 mm，粗 2.0~4.5 mm，中生、偏生至侧生，柱状，向基部渐细，基部稍膨大，红棕色至深棕色，表面被硬毛。

微观特征 单型菌丝系统，仅具生殖菌丝，生殖菌丝薄壁至稍厚壁；担孢子 5.4~6.7×4.3~5.2 μm，宽椭圆形至椭圆形，厚壁，光滑；担子棒状至近圆柱形，具 4 个或 2 个担子小梗；子实层囊状体缺失；锁状联合缺失。

区域内生境 夏秋季群生于阔叶林或针阔混交林地上。

国内分布 华东，华南，华中，华北，西南。

第五章
多孔菌、革菌及齿菌

华南集毛孔菌

厚集毛孔菌

华南集毛孔菌

Coltricia austrosinensis L.S. Bian & Y.C. Dai, Mycol. Progr. 15 (3/27): 4 (2016)

宏观形态 子实体一年生，新鲜时软木栓质；菌盖宽约 20 mm，厚约 3.5 mm，新鲜时表面红棕色至深棕色，光滑或被短绒毛，具同心环纹和辐射状条纹；菌肉淡灰褐色；菌管长可达 3.0 mm，淡黄色至黄褐色；孔口多角形，2~3 孔 /mm，淡黄色至黄褐色；菌柄长 20~30 mm，粗约 4.0 mm，灰棕色，中生，被密集短绒毛。

微观特征 单型菌丝系统，仅具生殖菌丝，生殖菌丝薄壁至稍厚壁；担孢子 7.5~9.1×4.5~5.1 μm，椭圆形，厚壁，光滑，淡黄褐色；担子棒状，具 4 个担子小梗；子实层囊状体缺失；锁状联合缺失。

区域内生境 夏季散生于针阔混交林地上。

国内分布 华东，华南，西南。

厚集毛孔菌

Coltricia crassa Y.C. Dai, Fungal Diversity 45: 140 (2010)

宏观形态 子实体一年生，软木栓质；菌盖宽 30~60 mm，近圆形，表面黄褐色至红棕色，被红棕色至深棕色硬毛；菌肉厚约 10 mm，淡黄褐色至深褐色；菌管长 2.0~3.0 mm，乳白色至淡黄色；孔口多角形，1~2 孔 /mm，乳白色至淡黄色；菌柄长 10~50 mm，粗 10~20 mm，柱状，偏生至中生，锈褐色，光滑。

微观特征 单型菌丝系统，仅具生殖菌丝，生殖菌丝薄壁至稍厚壁；担孢子 10~11×5.0~6.0 μm，椭圆形，稍厚壁，光滑，淡黄色；担子棒状至近柱状，具 4 个担子小梗；子实层囊状体缺失；锁状联合缺失。

区域内生境 夏秋季单生于针阔混交林地上。

国内分布 华东，华南，华中，西南。

第五章
多孔菌、革菌及齿菌

白黄下皮黑孔菌

单色下皮黑孔菌

093

第五章
多孔菌、革菌及齿菌

流苏集毛孔菌

刺柄集毛孔菌

097

魏氏集毛孔菌

Coltricia weii Y.C. Dai, Sydowia 62 (1): 16 (2010)

宏观形态 子实体一年生，革质；菌盖宽 20~32 mm，平展，中央下凹，边缘略微不规则，表面密被短绒毛，具同心环纹，黄褐色至棕褐色，中央色深，边缘颜色稍浅；菌管长约 1.0 mm，土黄色；孔口多角形至圆形，2~3 孔/mm，棕褐色；菌柄长 25~30 mm，粗 2.0~3.0 mm，中生，柱状，向基部渐细，棕褐色至棕色。

微观特征 单型菌丝系统，仅具生殖菌丝，生殖菌丝薄壁至稍厚壁；担孢子 5.4~6.3×4.3~5.0 μm，宽椭圆形至椭圆形，厚壁，光滑，淡黄褐色；担子宽棒状，具 4 个或 2 个担子小梗；子实层囊状体缺失；锁状联合缺失。

区域内生境 夏季单生或散生于针阔混交林地上。

国内分布 华东，华南，华中，华北，西南。

小集毛孔菌

Coltriciella pusilla (Imazeki & Kobayasi) Corner, Beih. Nova Hedwigia 101: 50 (1991)

宏观形态 子实体一年生，匙形，革质至软木栓质；菌盖宽 5.0~34.0 mm，半圆形，表面干燥，深棕色，边缘橙褐色至淡黄色，具不明显同心环纹或无环纹，密被短绒毛；菌肉厚约 1.0 mm；菌管长约 1.5 mm，淡黄色至锈褐色；孔口多角形，2~3 孔/mm，淡黄色至褐色；菌柄长 4.2~8.6 mm，粗 0.8~1.5 mm，侧生，柱状，等粗，密被深棕色短绒毛。

微观特征 单型菌丝系统，仅具生殖菌丝，生殖菌丝薄壁至稍厚壁；担孢子 6.5~7.8×3.0~4.5 μm，椭圆形，淡黄色，厚壁，表面具小疣突，少数拟糊精质；担子棍棒状，具 4 个担子小梗；子实层囊状体缺失；锁状联合缺失。

区域内生境 夏季单生或散生于针阔混交林地上。

国内分布 华东，华南，华中，西南。

魏氏集毛孔菌

小集毛孔菌

缺孢肉平革菌

Crepatura ellipsospora C.L. Zhao, Mycol. Progr. 18 (6): 791 (2019)

宏观形态 子实体一年生，贴生，纸质，长 3.0~17.0 mm，厚 0.2~0.4 mm；菌肉白色至褐色；菌管长约 0.1 mm；孔口圆形，5~6 孔/mm，乳白色至淡黄色，干后黄色至黄棕色。

微观特征 单型菌丝系统，仅具生殖菌丝，生殖菌丝薄壁至稍厚壁；担孢子 6.5~7.4×3.5~4.5 μm，椭圆形，厚壁，光滑，无色透明；担子棒状，具 2 个担子小梗；子实层囊状体缺失；锁状联合存在。

区域内生境 夏季散生于阔叶林腐木。

国内分布 华东，西南。

奶油滑孔菌

可药用

Cubamyces lactineus (Berk.) Lücking, Willdenowia 50 (3): 396 (2020)

宏观形态 子实体一年生，无柄，侧生，软木栓质；菌盖宽 45~55 mm，厚 5.0~7.0 mm，新鲜时表面白色，光滑，具不规则隆起；菌肉污白色，海绵状；菌管长约 4.0 mm，白色至淡黄色；孔口多角形，3~5 孔/mm，白色至淡黄色。

微观特征 三型菌丝系统，具生殖菌丝、缠绕菌丝及骨架菌丝；担孢子 6.2~7.2×2.8~3.8 μm，椭圆形，薄壁，光滑，淡黄褐色；担子棒状，具 4 个担子小梗；子实层囊状体缺失；锁状联合存在。

区域内生境 夏季单生于阔叶林腐木。

国内分布 华东。

第五章
多孔菌、革菌及齿菌

缺孢肉平革菌

奶油滑孔菌

101

* 多疣波边革菌

Cymatoderma elegans Jungh., Tijdschr. Nat. Gesch. Physiol. 7: 290 (1840)

宏观形态 子实体一年生，无柄或具短柄，侧生，木栓质；菌盖宽 20~80 mm，近漏斗形，表面乳白色至橙褐色，干燥，被绒毛，有时具瘤突或乳突，边缘锐；菌肉厚 5.0~10.0 mm，污白色；子实层面白色至淡黄色，具放射状棱纹，棱纹上具密集片状突起，孔口极小且致密。

微观特征 二型菌丝系统，具生殖菌丝及骨架菌丝；担孢子 7.3~8.4×3.9~4.9 μm，椭圆形，薄壁，光滑，淡黄褐色；担子棒状，具 4 个担子小梗；子实层囊状体缺失；锁状联合存在。

区域内生境 夏季散生于阔叶林或灌木绿地腐木或枯枝。

国内分布 华东，华南，西南。

* 被子植物耳壳菌

Dacryobolus angiospermarum S.H. He, Phytotaxa 365 (2): 190 (2018)

宏观形态 子实体贴生，长 53~65 mm，宽 17~23 mm，蜡质至膜质，柔韧，干燥后呈木栓质，边缘稍反卷，光滑且形状不规则；子实层面不光滑，白色至稍带黄色，具瘤状突起或褶皱，孔口极小且致密。

微观特征 二型菌丝系统，具生殖菌丝及骨架菌丝；担孢子 4.6~5.8×1.2~2.0 μm，窄柱状或杆状，向一侧稍弯，透明，表面光滑，薄壁；担子棒状，具 4 个担子小梗；骨架囊状体长可达 200 μm，宽 5.0~6.5 μm，圆柱形，透明；锁状联合存在。

区域内生境 夏季散生于阔叶林或针阔混交林腐木。

国内分布 华东，华中。

第五章
多孔菌、革菌及齿菌

多疣波边革菌

被子植物耳壳菌

** 卡斯坦耳壳菌

Dacryobolus karstenii (Bres.) Oberw. ex Parmasto, Consp. System. Corticiac. (Tartu): 98 (1968)

宏观形态 子实体一年生，平伏，贴生，长可达 56 mm，厚约 2.5 mm，新鲜时蜡质至膜质，干后软木栓质；菌肉污白色，海绵状；菌管长约 1.0 mm，白色至淡黄褐色；孔口圆形，极小且致密，白色至淡黄褐色。

微观特征 二型菌丝系统，具生殖菌丝及骨架菌丝；担孢子 4.5~6.6×1.1~1.5 μm，杆状，薄壁，光滑，无色透明；担子棒状，具 4 个担子小梗；子实层囊状体具两种类型：一种长棒状、厚壁、顶端薄壁，另一种棒状、薄壁、表面被晶粒；锁状联合存在。

区域内生境 夏季散生于针阔混交林腐木。

国内分布 华东，东北。

* 细长棘刚毛菌

Echinochaete russiceps (Berk. & Broome) D.A. Reid, Kew Bull. 17 (2): 285 (1963)

宏观形态 子实体一年生，菌柄极短或无，侧生，软木栓质；菌盖宽 37~60 mm，厚 1.0~2.7 mm，新鲜时表面白色至带红褐色或黄色，幼时被绒毛，后光滑；菌肉污白色；菌管长约 1.7 mm，棕色至锈棕色；孔口多角形，2~4 孔/mm，棕色至锈棕色。

微观特征 二型菌丝系统，具生殖菌丝及骨架菌丝；担孢子 9.0~11.0×3.4~4.1 μm，圆柱形，薄壁，光滑，无色透明；担子棒状，具 4 个担子小梗；子实层囊状体缺失；锁状联合存在。

区域内生境 夏秋季单生或散生于阔叶林或针阔混交林腐木。

国内分布 华东，华南，西北。

第五章
多孔菌、革菌及齿菌

卡斯坦耳壳菌

细长棘刚毛菌

105

略薄盘革耳

**

Eichleriella aculeobasidiata Hui Wang, Dong Qiong Wang, C.L. Zhao, Kew Bull. 77: 326 (2022)

宏观形态 子实体一年生，平伏，贴生，木栓质，长 7.0~50.0 mm；菌肉厚 0.5~1.0 mm，棕色；子实层面乳白色至淡黄褐色，被密集细小突起，6~7 个 /mm。

微观特征 二型菌丝系统，具生殖菌丝及骨架菌丝；担孢子 10~13×4.5~7.0 μm，宽椭圆形，薄壁，光滑，淡黄褐色；担子棒状，具 4 个担子小梗；子实层囊状体 15~40×4.0~10.0 μm，棒状；锁状联合存在。

区域内生境 春夏季散生于阔叶林或针阔混交林腐木。

国内分布 华东，华中，西南。

窄孔嗜蓝孢孔菌

**

可药用

Fomitiporia tenuitubus L.W. Zhou, Mycol. Progr. 11 (4): 910 (2012)

宏观形态 子实体多年生，无柄，侧生，硬木质；菌盖宽 130~170 mm，厚 15~30 mm，新鲜时表面暗棕褐色，光滑，具环纹，边缘钝；菌肉黄棕色；菌管长 1.0~2.0 mm，黄棕色；孔口圆形至多角形，6~9 孔 /mm，黄棕色。

微观特征 二型菌丝系统，具生殖菌丝及骨架菌丝；担孢子 6.6~7.1×6.0~6.8 μm，近球形，厚壁，光滑，淡黄色至近无色；担子棒状，具 4 个担子小梗；子实层囊状体缺失；拟囊状体锥形，薄壁，无色；锁状联合缺失。

区域内生境 夏季单生于阔叶林腐木。

国内分布 华东，华南。

略薄盘革耳

窄孔嗜蓝孢孔菌

竹拟层孔菌

*

Fomitopsis bambusae Y.C. Dai, Meng Zhou & Yuan Yuan, MycoKeys 82: 186 (2021)

宏观形态 子实体一年生，无柄，侧生，新鲜时软木质；菌盖宽约 25 mm，平展，外延可达 17 mm，新鲜时蓝灰色，老后鼠灰色至灰褐色，表面具纵向皱纹，光滑或稍具绒毛，无环带，边缘锐；菌管长约 1.5 mm；孔口圆形至多角形，6~9 孔 /mm，污白色。

微观特征 二型菌丝系统，具生殖菌丝及骨架菌丝；担孢子 4.0~6.5×2.0~2.5 μm，椭圆形、长椭圆形至柱状，薄壁，光滑；担子近柱状或近棒状，具 4 个担子小梗；子实层囊状体缺失；锁状联合存在。

区域内生境 夏季单生于腐朽的竹子上。

国内分布 华东，华南。

马尾松拟层孔菌

可药用

Fomitopsis massoniana B.K. Cui, M.L. Han & Shun Liu, Frontiers in Microbiology 12 (no. 644979): 11 (2021)

宏观形态 子实体一年生，侧生，无柄，硬木栓质，干燥时重量轻；菌盖 40~80 mm，半圆形至不规则，表面光滑，具漆光，新鲜时淡黄色至杏橙色，干后呈淡黄色至棕色，稍具环沟，无环纹，边缘钝，乳白色；菌肉污白色至淡黄色，厚约 10 mm；菌管长约 4.0 mm，乳白色至污白色；孔口圆形，5~7 孔 /mm，乳白色至污白色。

微观特征 二型菌丝系统，具生殖菌丝及骨架菌丝；担孢子 6.0~7.5×3.5~4.0 μm，长椭圆形，无色，薄壁；子实层囊状体缺失；拟囊状体 14~35×4.0~6.0 μm，窄囊状至近梭形；锁状联合存在。

区域内生境 夏季散生或叠生于松树腐木。

国内分布 华东，华南。

第五章
多孔菌、革菌及齿菌

竹拟层孔菌

马尾松拟层孔菌

109

扁平拟层孔菌

Fomitopsis resupinata B.K. Cui & Shun Liu, Frontiers in Microbiology 13 (no. 859411): 5 (2022)

宏观形态 子实体一年生，贴生，新鲜时软木质，干后木质，较脆，长可达 60 mm；菌肉厚 0.7 mm，白色；菌管长约 1.0 mm，白色至淡黄褐色；孔口多角形，3~5 孔/mm，白色至淡黄褐色。

微观特征 二型菌丝系统，具生殖菌丝及骨架菌丝；担孢子 7.2~9.0×2.5~3.5 μm，长椭圆形至圆柱形，弯曲，薄壁，光滑，无色；担子倒梨形，具 2 个担子小梗；子实层囊状体缺失；锁状联合存在。

区域内生境 夏季散生于阔叶林腐木。

国内分布 华东，华南。

淡黄褐卧孔菌

可药用

Fuscoporia gilva (Schwein.) T. Wagner & M. Fisch., Mycologia 94 (6): 1013 (2002)

宏观形态 子实体多年生，平伏反卷至有菌盖，常瓦状叠生，新鲜时木栓质，干后硬木栓质；菌盖宽 4.0~10.0 mm，半圆型至贝壳型，表面灰棕色至黄褐色，光滑至褶皱；菌肉黄棕色；菌管长约 2.0 mm，灰棕色；孔口圆形至多角形，6~8 孔/mm，暗褐色至灰棕色。

微观特征 二型菌丝系统，具生殖菌丝及骨架菌丝；担孢子 4.5~5.5×2.9~3.5 μm，椭圆形，薄壁，光滑；担子棒状，具 4 个担子小梗；子实层囊状体缺失；子实层刚毛 25~35×4.0~7.0 μm，丰富，窄锥形，不分隔，厚壁，暗褐色；孔口边缘和子实层的一些生殖菌丝被有可溶于碱性溶液的结晶；锁状联合缺失。

区域内生境 夏季群生于阔叶林腐木。

国内分布 广布种。

扁平拟层孔菌

淡黄褐卧孔菌

近铁色褐孔菌

Fuscoporia subferrea Q. Chen bis & Yuan Yuan, Mycosphere 8 (6): 1241 (2017)

宏观形态　子实体一年生，贴生，新鲜时软木栓质，干后硬木质，长可达 34 mm，厚 2.0~2.7 mm；菌肉暗棕色；菌管长约 1.5 mm，黄棕色；孔口多角形，7~9 孔 /mm，黄棕色。

微观特征　二型菌丝系统，具生殖菌丝及骨架菌丝；担孢子 5.0~6.0×2.0~2.2 μm，长椭圆形，薄壁，光滑，无色；担子棒状，具 4 个担子小梗；子实层囊状体缺失；子实层刚毛 16~35×5.0~7.0 μm，锥形，深棕色，厚壁；锁状联合缺失。

区域内生境　夏季散生于阔叶林或针阔混交林腐木。

国内分布　华东，华南，西南。

有柄灵芝

可药用

Ganoderma gibbosum (Blume & T. Nees) Pat., Ann. Jard. Bot. Buitenzorg, suppl. 1: 114 (1897)

宏观形态　子实体多年生，侧面宽贴生于基物上或具柄，木栓质；菌盖宽 20~200 mm，外延可达 150 mm，半圆形至近扇形，表面被一皮壳，老时开裂，无漆光，干燥，光滑，凹凸不平，具环纹，幼时基部淡灰色，中央黄灰色至淡黄色，成熟后棕色至橙棕色，边缘白色；菌管长 5.0~15.0 mm；孔口多角形，4~7 孔 /mm，白色至淡黄色，老后变为棕色至红棕色。

微观特征　三型菌丝系统，具生殖菌丝、缠绕菌丝及骨架菌丝；担孢子 8.0~9.7×5.9~6.2 μm，椭圆形，具两层壁，内壁具刺突，外壁光滑，黄棕色；担子棒状，具 4 个担子小梗；子实层囊状体缺失；锁状联合缺失。

区域内生境　春夏季单生于阔叶林或针阔混交林腐木。

国内分布　华东，华南，西南。

第五章
多孔菌、革菌及齿菌

近铁色褐孔菌

有柄灵芝

广西灵芝 *

Ganoderma guangxiense B.K. Cui, J.H. Xing & Y.F. Sun, Stud. Mycol. 101: 342 (2022)

宏观形态　子实体一年生，无柄，侧面贴生于基物上，硬木质；菌盖宽 20~35 mm，近扇形，表面干燥，具明显凹环，棕褐色；菌管长约 20 mm；孔口圆形，5~7 孔 /mm，幼时白色，老后棕褐色。

微观特征　三型菌丝系统，具生殖菌丝、缠绕菌丝及骨架菌丝；担孢子 8.0~9.5×4.6~6.5 μm，椭圆形至长椭圆形，具两层壁，内壁具小刺突，外壁光滑，淡黄褐色；担子棒状，具 4 个担子小梗；子实层囊状体缺失；锁状联合存在。

区域内生境　夏季单生或散生于阔叶林或针阔混交林腐木。

国内分布　华东，华南，西南。

灵芝 *

可药用

Ganoderma lingzhi Sheng H. Wu, Y. Cao & Y.C. Dai, Fungal Diversity 56 (1): 54 (2012)

宏观形态　子实体一年生，软木质；菌盖宽 40~50 mm，厚约 20 mm，半圆形，肾形至圆形，表面漆状光泽，幼时淡黄褐色，成熟后黄褐色至红褐色，常具同心环痕；菌管褐色或深褐色，不分层；孔口圆形，5~6 孔 /mm，白色至淡黄色，被触摸后变为褐色或深褐色；菌柄长可达 200 mm，粗可达 30 mm，近圆柱形，侧生或偏生，幼时橙黄色至淡黄褐色，成熟时变为红褐色至紫黑色。

微观特征　三型菌丝系统，具生殖菌丝、缠绕菌丝及骨架菌丝；担孢子 9.0~10.0×5.6~7.5 μm，椭圆形，具两层壁，内壁有小刺突，外壁光滑，淡黄褐色，顶端平截；担子棒状，具 4 个担子小梗；子实层囊状体缺失；锁状联合存在。

区域内生境　夏季单生于阔叶林及针阔混交林腐木。

国内分布　在国内被广泛栽培。

第五章
多孔菌、革菌及齿菌

广西灵芝

灵芝

115

狭长孢灵芝

可药用

Ganoderma orbiforme (Fr.) Ryvarden [as '*orbiformum*'], Mycologia 92 (1): 187 (2000)=*Ganoderma densizonatum* J.D. Zhao & X.Q. Zhang, Acta Mycol. Sin. 5 (2): 86 (1986)

宏观形态 子实体一年生,无柄,侧生,木栓质;菌盖宽 20~84 mm,基部厚约 25 mm,新鲜时表面黄棕色至红棕色,光滑,漆状光泽,边缘乳白色,钝至稍锐;菌肉褐色至红棕色;菌管长可达 15 mm,棕色;孔口近圆形,4~6 孔 /mm,白色,被触摸或老后呈棕色。

微观特征 三型菌丝系统,具生殖菌丝、缠绕菌丝及骨架菌丝;担孢子 9.1~9.7×5.9~6.4 μm,椭圆形,具两层壁,内壁具刺突,外壁光滑,淡黄褐色;担子棒状,具 4 个担子小梗;子实层囊状体缺失;锁状联合缺失。

区域内生境 夏季叠生于阔叶林或针阔混交林腐木。

国内分布 华东,华南。

紫灵芝

可药用

Ganoderma sinense J.D. Zhao, L.W. Hsu & X.Q. Zhang, Acta microbiol. sin. 19 (3): 272 (1979)

宏观形态 子实体一年生,木栓质;菌盖宽 25~80 mm,新鲜时表面紫褐色至紫黑色,光滑,具漆状光泽、同心环纹和放射状皱纹,边缘钝;菌肉厚 5.0~8.0 mm,褐色至深褐色;菌管长 6.0~10.0 mm,褐色至棕褐色;孔口圆形,3~5 孔 /mm,幼时白色,老后或伤后变深;菌柄长 30~50 mm,粗约 15 mm,近圆柱形,侧生,幼时红褐色,成熟时变为紫黑色。

微观特征 三型菌丝系统,具生殖菌丝、缠绕菌丝及骨架菌丝;担孢子 10~12×7.2~8.3 μm,卵圆形,具两层壁,外壁无色,光滑,内壁棕褐色,具小刺突;担子棒状,具 4 个担子小梗;子实层囊状体缺失;锁状联合存在。

区域内生境 夏季散生于阔叶林腐木。

国内分布 广布种。

狭长孢灵芝

紫灵芝

*亚弯柄灵芝

Ganoderma subflexipes B.K. Cui, J.H. Xing & Y.F. Sun, Stud. Mycol. 101: 350 (2022)

宏观形态　子实体一年生，硬木栓质；菌盖宽 15~28 mm，厚 6.0~8.0 mm，新鲜时表面深黄色至黄棕色，漆状光泽，光滑，边缘钝；菌肉黄棕色；菌管长可达 6.7 mm，米黄色；孔口圆形至多角形，5~6 孔 /mm，污白色；菌柄长 9.0~12.0 mm，粗 4.0~5.8 mm，侧生，常弯曲，深红色，中实。

微观特征　三型菌丝系统，具生殖菌丝、缠绕菌丝及骨架菌丝；担孢子 7.4~8.3×6.5 μm，椭圆形，具两层壁，内壁具刺突，外壁光滑，棕色；担子棒状，具 4 个担子小梗；子实层囊状体缺失；锁状联合存在。

区域内生境　夏秋季散生于阔叶林或针阔混交林腐木。

国内分布　华东，华南。

*阿地胶囊伏革菌

Gloeocystidiellum aspellum Hjortstam, Mycotaxon 28 (1): 27 (1987)

宏观形态　子实体贴生，近泥质或蜡质，宽 20~50 mm，厚约 0.5 mm；子实层面淡橙色至橙色，光滑或轻微结节，老后开裂。

微观特征　单型菌丝系统，仅具生殖菌丝，生殖菌丝薄壁至稍厚壁；担孢子 6.0~8.0×3.0~3.5 μm，椭圆形，薄壁，光滑，淡黄褐色；担子棒状，具 4 个担子小梗；子实层囊状体管状或圆柱形，稍弯曲，通常向顶端逐渐变窄，具橙黄色油状内含物；锁状联合存在。

区域内生境　夏季散生于阔叶林腐木。

国内分布　华东，西南。

第五章
多孔菌、革菌及齿菌

亚弯柄灵芝

阿地胶囊伏革菌

珊瑚状猴头

可食药用

Hericium coralloides (Scop.) Pers., Neues Mag. Bot. 1: 109 (1794)

宏观形态 子实体肉质，形似珊瑚，分枝纤细，基部具短柄；菌齿长 2.5~9.0 mm，粗 0.5~1.3 mm，细且排列紧密，呈梳子状，下垂，新鲜时白色，干后易碎，呈乳白色至棕色；菌柄短，表面偶具小绒毛，新鲜时白色，干后呈乳白色。

微观特征 担孢子 3.5~4.2×2.9~3.4 μm，宽椭圆形，薄壁，光滑，无色，淀粉质；担子棒状，具 4 个担子小梗；胶化囊状体 80~100×5.0~6.0 μm，由菌髓突出子实层；锁状联合存在。

区域内生境 夏秋季单生于阔叶林腐木。

国内分布 华东，华中，华北，东北，西北，西南。

柔美刺皮耳

Heterochaete delicata Bres., Hedwigia 53 (1~2): 77 (1912) [1913]

宏观形态 子实体一年生，平伏，贴生，革质，长 12~53 mm；子实层面新鲜时乳白色至淡黄色，干后呈暗赭色至肉桂色，表面具细小刺柱状突起，刺柱散生，不规则分布，褐色。

微观特征 二型菌丝系统，具生殖菌丝及骨架菌丝；孢子 18~20×5.0~7.0 μm，圆柱形，侧面观一侧弯曲，常含内含物；担子纵隔形成 2 个细胞，每个细胞具 2 个担子小梗；囊状体蝌蚪状，顶端钝圆膨大，向基部渐细；锁状联合存在。

区域内生境 春夏季散生于阔叶林腐木。

国内分布 华东，华南，西南。

第五章
多孔菌、革菌及齿菌

珊瑚状猴头

柔美刺皮耳

121

* 帽形蜂窝菌

Hexagonia cucullata (Mont.) Murrill, Bull. Torrey bot. Club 31 (6): 332 (1904)

宏观形态 子实体一年生，无柄，侧生，木栓质；菌盖宽约 21 mm，新鲜时表面淡黄色，光滑；菌肉厚约 1.0 mm，淡黄色；菌管长可达 2.0 mm，黄褐色至褐色；孔口多角形至六边形，1~3 孔/mm，乳白色至暗褐色。

微观特征 二型菌丝系统，具生殖菌丝及骨架菌丝；担孢子 13~15×4.0~5.6 μm，近柱形，薄壁，光滑，无色；担子棒状，具 4 个担子小梗；子实层囊状体缺失；锁状联合存在。

区域内生境 夏秋季单生于阔叶林或针阔混交林腐木。

国内分布 华东，华南，西南。

** 中国囊孔菌

Hirschioporus chinensis Y.C. Dai, Yuan Yuan & Meng Zhou, Mycoscience 14 (1): 852 (2023)

宏观形态 子实体一年生，平伏反卷至侧生或叠生，革质至软木质；菌盖宽 11~16 mm，新鲜时表面白色至污白色，或生苔藓呈绿色，被纤毛，具同心环纹；菌肉厚约 1.0 mm，淡黄色；菌管长约 1.0 mm，黄褐色；孔口多角形，常开裂呈齿状，2~4 孔/mm，黄褐色。

微观特征 二型菌丝系统，具生殖菌丝及骨架菌丝；担孢子 5.4~7.6×2.6~3.3 μm，长椭圆形至圆柱形，弯曲，薄壁，光滑，无色；担子棒状，具 4 个担子小梗；子实层囊状体棒状或近纺锤形，厚壁，顶端被晶粒；锁状联合存在。

区域内生境 夏季群贴生于阔叶林枯木。

国内分布 华东，西南。

帽形蜂窝菌

中国囊孔菌

★★★ 裂刺孔菌

Hydnoporia diffissa Spirin & Miettinen, Fungal Systematics and Evolution 4: 88 (2019)

宏观形态 子实体多年生，贴生，皮革质，宽可达 88 mm，厚约 0.5 mm；菌肉棕色，海绵状；子实层面干燥，灰色至灰棕色，成熟后明显开裂，孔口细密。

微观特征 单型菌丝系统，仅具生殖菌丝，生殖菌丝薄壁至厚壁；担孢子 5.0~6.2×2.7~3.2 μm，椭圆形，薄壁，光滑，无色；担子棒状，具 4 个担子小梗；子实层囊状体缺失；锁状联合缺失。

区域内生境 夏季散生至群生于阔叶林腐木。

国内分布 华东。

★ 针刺孔菌

Hydnoporia tabacinoides (Yasuda) Miettinen & K.H. Larss., Fungal Systematics and Evolution 4: 94 (2019)

宏观形态 子实体一年生，平伏反卷，常覆瓦状叠生；菌盖宽 7.0~21.0 mm，厚 1.0~1.5 mm，淡黄褐色至暗红褐色，被绒毛并具同心环纹；菌肉锈棕色；子实层面齿状，齿长 2.0~3.5 mm，1~2 齿/mm，黄棕色。

微观特征 二型菌丝系统，具生殖菌丝及骨架菌丝；担孢子 4.7~5.3×1.4~1.9 μm，圆柱形至杆状，稍弯曲，薄壁，光滑，无色；担子棒状，具 4 个担子小梗；子实层囊状体缺失；锁状联合缺失。

区域内生境 春季群生于针阔混交林腐木。

国内分布 华东，华南，华中，西南。

裂刺孔菌

针刺孔菌

复瓣黑刺革菌

Hymenochaete adusta (Lév.) Har. & Pat., J. Bot., Paris 17: 7 (1903)

宏观形态 子实体一年生，覆瓦状，新鲜时革质，干后木质，稍脆；菌盖宽 18~30 mm，厚 0.5~1.0 mm，半圆形至扇形，新鲜时表面褐色至深褐色，被绒毛，具环纹；菌肉棕褐色；子实层面光滑，有时具疣状突起，通常不开裂，棕色至污褐色，孔口细密。

微观特征 二型菌丝系统，具生殖菌丝和骨架菌丝；担孢子 2.2~3.0×1.4~2.0 μm，椭圆形，薄壁，光滑，无色；担子棒状，具 4 个担子小梗；子实层囊状体缺失；锁状联合缺失。

区域内生境 夏季叠生于阔叶林或针阔混交林腐木。

国内分布 华东，华南，华中，西南。

非交织刺革菌

Hymenochaete innexa G. Cunn., Trans. Roy. Soc. N.Z. 85 (1): 47 (1957)

宏观形态 子实体平伏，紧密贴生，干后坚硬，木质，长可达 150 mm；子实层面光滑，无环纹，新鲜时褐色至锈褐色，干后棕色至暗褐色，孔口细密。

微观特征 单型菌丝系统，仅具生殖菌丝，生殖菌丝薄壁至稍厚壁；担孢子 5.0~6.8×2.7~3.3 μm，椭圆形，薄壁，光滑，无色；担子近棒状，具 4 个担子小梗；子实层囊状体缺失；锁状联合缺失。

区域内生境 夏季散生于阔叶林腐木。

国内分布 华东，华南，华中，西南。

第五章
多孔菌、革菌及齿菌

复瓣黑刺革菌

非交织刺革菌

大黄刺革菌

Hymenochaete rheicolor (Mont.) Lév., Annls Sci. Nat., Bot., sér. 3 5: 151 (1846)

宏观形态　子实体一年生，平伏反卷，新鲜时革质，干后木质，稍脆；菌盖宽 10~36 mm，厚 0.5~1.5 mm，半圆形至扇形，新鲜时表面锈色至深褐色，被绒毛，具环纹；菌肉棕色；子实层面光滑，土黄色至棕色，通常不开裂，孔口细密。

微观特征　二型菌丝系统，具生殖菌丝和骨架菌丝；担孢子 5.6~6.3×2.7~3.0 μm，圆柱形，薄壁，光滑，无色；担子棒状，具 4 个担子小梗；子实层囊状体缺失；锁状联合缺失。

区域内生境　春夏季叠生或群生于阔叶林腐木。

国内分布　华东，华南，华中，西南。

热带产丝齿菌

Hyphodontia tropica Sheng H. Wu, Mycotaxon 76: 62 (2000)

宏观形态　子实体一年生，贴生，新鲜时软木质，干后木质，长可达 80 mm，厚 1.0~4.0 mm；菌肉乳白色至淡黄色，海绵状；菌管长可达 2.0 mm，污白色至淡黄色；孔口圆形至多角形，2~4 孔 /mm，污白色至淡黄色。

微观特征　二型菌丝系统，具生殖菌丝和骨架菌丝；担孢子 3.6~4.8×2.6~3.5 μm，椭圆形，薄壁，光滑，无色；担子棒状，具 4 个担子小梗；子实层囊状体 27~35×7.0~10.0 μm，薄壁或稍厚壁，棒状，顶端膨胀近球形；锁状联合存在。

区域内生境　夏季散生或群生于阔叶林或针阔混交林腐木。

国内分布　华东，华南，华中，西南。

第五章
多孔菌、革菌及齿菌

大黄刺革菌

热带产丝齿菌

白囊耙齿菌

可药用

Irpex lacteus (Fr.) Fr., Elench. fung. (Greifswald) 1: 142 (1828)

宏观形态 子实体一年生，平伏至反卷，新鲜时革质，干后木质，稍脆；菌盖外延宽可达 20 mm，厚 2.0~3.0 mm，有时覆瓦状，表面白色，具短绒毛；菌肉污白色；子实层面由菌齿组成，菌齿白色。

微观特征 二型菌丝系统，具生殖菌丝及骨架菌丝；担孢子 4.0~5.4×2.0~2.2 μm，椭圆形至近柱状，稍弯曲，薄壁，光滑，无色；担子棒状，具 4 个担子小梗；子实层囊状体宽棒状，被密集晶粒，基部光滑；锁状联合存在。

区域内生境 夏季散生或叠生于阔叶林及针阔混交林腐木。

国内分布 广布种。

椭圆巨孔菌

**

Jorgewrightia ellipsoidea (B.K. Cui & P. Du) C.R.S. Lira & Gibertoni [as '*elipsoidea*'], Mycosphere 12 (1): 1167 (2021)

宏观形态 子实体一年生，贴生，新鲜时肉质，干后软木栓质，易碎，长可达 70 mm，厚 2.0~3.0 mm；菌肉橙色，海绵状；菌管长约 1.3 mm，乳白色至橙黄色；孔口椭圆形至多角形，1~2 孔 /mm，乳白色至橙黄色。

微观特征 二型菌丝系统，具生殖菌丝和骨架菌丝；担孢子 14~17×4.4~6.2 μm，圆柱形，薄壁，光滑，无色；担子棒状，具 4 个担子小梗；子实层囊状体 26~45×11~15 μm，葫芦状；锁状联合存在。

区域内生境 夏季散生于阔叶林腐木。

国内分布 华东，华南。

微灰齿脉菌

Lopharia cinerascens (Schwein.) G. Cunn., Trans. Roy. Soc. N.Z. 83 (4): 622 (1956)=*Lopharia mirabilis* (Berk. & Broome) Pat., Bull. Soc. mycol. Fr. 11 (1): 14 (1895)

宏观形态 子实体一年生，贴生，新鲜时木栓质，干后木质，长 12~15 mm；菌肉厚约 1.2 mm，白色至乳白色；菌管长约 1.0 mm，乳白色至淡黄色；孔口多角形，0.5~1.0 mm，围成环状，乳白色至淡黄色。

微观特征 二型菌丝系统，具生殖菌丝和骨架菌丝；担孢子 8.6~9.7×5.2~6.2 μm，椭圆形，薄壁，幼时光滑，成熟后具纹饰，无色；担子棒状，具 4 个担子小梗；子实层囊状体近纺锤形，被晶粒鞘；锁状联合存在。

区域内生境 夏季散生于阔叶林枯枝。

国内分布 华东，华南，华中，华北，西北，西南。

赭白疏伏革菌

Lyomyces ochraceoalbus C.L. Zhao, Nordic Jl Bot. (e03414): 7 (2021)

宏观形态 子实体一年生，贴生，新鲜时皮质，干燥时变为膜质，长可达 200 mm，宽可达 30 mm，厚 6.4~13.0 mm，开裂；子实层面光滑，新鲜时呈灰白色，干燥后呈淡黄色至淡赭色，边缘狭窄，灰白色，孔口细密。

微观特征 单型菌丝系统，仅具生殖菌丝，生殖菌丝薄壁至稍厚壁；担孢子 5.1~6.0×2.5~3.1 μm，长椭圆形至柱状，薄壁，无色，光滑；担子棒状，具 4 个担子小梗；子实层囊状体缺失；拟囊状体 18~30×2.8~4.8 μm，棒状至近梭形；锁状联合存在。

区域内生境 夏季散生于阔叶林腐木。

国内分布 华东，西南。

第五章
多孔菌、革菌及齿菌

结晶松肉菌

桦褶孔菌

结晶松肉菌 *

Laxitextum incrustatum Hjortstam & Ryvarden, Mycotaxon 13 (1): 35 (1981)

宏观形态 子实体一年生，平伏反卷或无柄侧生，新鲜时木栓质，干后木质；菌盖宽可达 40 mm，厚 4.0~5.0 mm，新鲜时表面褐色，边缘污白色至淡黄色，被绒毛，具不规则隆起；菌肉白色，海绵状；菌管长可达 0.5 mm，白色至乳白色；孔口多角形，2~3 孔 /mm，白色至乳白色。

微观特征 单型菌丝系统，仅具生殖菌丝；担孢子 3.9~4.6×2.4~2.9 μm，椭圆形至长椭圆形，薄壁，光滑，无色，透明；担子棒状，具 4 个担子小梗；子实层囊状体 51~81×8.8~10.0 μm，近圆柱形，表面光滑；锁状联合存在。

区域内生境 夏季群生或叠生于阔叶林腐木。

国内分布 华东，华中，西南。

桦褶孔菌

可药用

Lenzites betulinus (L.) Fr. [as 'betulina'], Epicr. syst. mycol. (Upsaliae): 405 (1838) [1836~1838]

宏观形态 子实体一年生，贴生或反卷具菌盖，新鲜时革质，干后较硬；菌盖宽 5.0~30.0 mm，半圆形至扇形，新鲜时表面乳白色至淡褐色，被绒毛，具环纹；菌肉厚 1.0~1.3 mm，污白色；菌孔开裂呈菌褶状，厚可达 1.0 mm，少分枝，白色至淡黄褐色，褶缘白色。

微观特征 三型菌丝系统，具生殖菌丝、缠绕菌丝及骨架菌丝；担孢子 4.7~6.0×1.7~2.3 μm，圆柱形，弯曲，薄壁，光滑，无色；担子棒状，具 4 个担子小梗；子实层囊状体缺失；锁状联合存在。

区域内生境 春至秋季群生或叠生于阔叶林腐木。

国内分布 广布种。

第五章
多孔菌、革菌及齿菌

白囊耙齿菌

椭圆巨孔菌

第五章
多孔菌、革菌及齿菌

微灰齿脉菌

赭白疏伏革菌

香味齿孔菌

Metuloidea fragrans (A. David & Tortič) Miettinen, Ann. bot. fenn. 53 (3~4): 165 (2016)

宏观形态 子实体一年生，无柄，侧生，新鲜时木栓质，干后硬木质；菌盖宽 15~20 mm，厚 1.0~1.8 mm，新鲜时表面暗红棕色，光滑，具环纹，边缘钝，白色；菌肉棕色；菌管长约 1.0 mm，白色至乳白色；孔口圆形，6~7 孔 /mm，白色至乳白色，老后淡褐色。

微观特征 三型菌丝系统，具生殖菌丝、缠绕菌丝及骨架菌丝；担孢子 3.0~3.6×2.0~3.0 μm，宽椭圆形，薄壁，光滑，淡黄褐色；担子棒状，具 4 个担子小梗；子实层囊状体缺失；锁状联合存在。

区域内生境 夏季散生或叠生于阔叶林腐木。

国内分布 华东，西南。

褐小孔菌

Microporus affinis (Blume & T. Nees) Kuntze, Revis. gen. pl. (Leipzig) 3 (3): 494 (1898)

宏观形态 子实体一年生，具侧生菌柄或几乎无柄，新鲜时革质，干后木质；菌盖宽 20~40 mm，扇形至半圆形，新鲜时表面淡褐色至红褐色，光滑，具明显漆光和环纹；菌肉厚 0.5~1.0 mm，白色；菌管长 2.0~3.0 mm，白色；孔口圆形，6~8 孔 /mm，白色；菌柄侧生，长 5.0~10.0 mm，暗褐色至褐色，光滑，粗约 3.0 mm。

微观特征 三型菌丝系统，具生殖菌丝、缠绕菌丝及骨架菌丝；担孢子 2.9~4.3×1.6~2.9 μm，椭圆形至腊肠形，薄壁，光滑，无色；担子棒状，具 4 个担子小梗；子实层囊状体缺失；锁状联合存在。

区域内生境 春夏季散生或群生于阔叶林或针阔混交林腐木。

国内分布 华东，华南，华中，西南。

香味齿孔菌

褐小孔菌

褐扇小孔菌

Microporus vernicipes (Berk.) Kuntze, Revis. gen. pl. (Leipzig) 3 (3): 497 (1898)

宏观形态 子实体一年生，具侧生柄，干后软木质；菌盖宽可达 50 mm，厚约 3.0 mm，扇形、匙形至半圆形，表面红褐色至黑褐色，光滑，具同心环纹，边缘锐；菌肉白色，干后淡粉黄色；菌管长约 0.8 mm，白色；孔口多角形，7~8 孔 /mm，乳白色；菌柄长 8.0~10.0 mm，粗约 3.0 mm，中生，表面淡酒红色，光滑。

微观特征 三型菌丝系统，具生殖菌丝、缠绕菌丝及骨架菌丝；担孢子 6.6~7.6×2.2~3.1 μm，圆柱形，薄壁，光滑，无色；担子棒状，具 4 个担子小梗；子实层囊状体缺失；锁状联合存在。

区域内生境 春夏季散生或群生于阔叶林腐木。

国内分布 华东，华南，华中，西南。

黄柄小孔菌

Microporus xanthopus (Fr.) Kuntze, Revis. gen. pl. (Leipzig) 3 (3): 494 (1898)

宏观形态 子实体一年生，新鲜时韧革质，干后木栓质；菌盖宽 40~80 mm，漏斗形，表面新鲜时淡黄褐色至黄褐色，光滑，具同心环纹，边缘锐；菌肉淡黄棕色；菌管长约 2.0 mm；孔口多角形，8~10 孔 /mm，新鲜时白色，干后淡黄褐色；菌柄长 10~20 mm，粗 1.5~2.5 mm，中生至偏生，淡黄褐色，光滑。

微观特征 三型菌丝系统，具生殖菌丝、缠绕菌丝及骨架菌丝；孢子 6.0~7.0×2.0~2.5 μm，长椭圆形，略弯曲，无色，薄壁，光滑；担子棒状，具 4 个担子小梗；子实层囊状体缺失；锁状联合存在。

区域内生境 春夏季散生于阔叶林腐木。

国内分布 华东，华南，华中，华北，西北，西南。

第五章
多孔菌、革菌及齿菌

褐扇小孔菌

黄柄小孔菌

近烟色墙皮菌

Murinicarpus subadustus (Z.S. Bi & G.Y. Zheng) B.K. Cui & Y.C. Dai, Fungal Diversity 97: 255 (2019)

宏观形态 子实体一年生，新鲜时木栓质，干后木质；菌盖宽 15~38 mm，新鲜时表面橙黄色至黄褐色，被微绒毛，老后光滑；菌肉橙色；菌管长约 1.8 mm，暗橙色；孔口多角形，1~2 孔 /mm，白色，被触摸后变为黄褐色；菌柄长 15~30 mm，粗 3.0~6.0 mm，侧生至偏生，被微绒毛。

微观特征 二型菌丝系统，具生殖菌丝和骨架菌丝；担孢子 8.3~8.9×5.0~5.6 μm，椭圆形，厚壁，光滑，无色；担子棒状，具 4 个担子小梗；子实层囊状体 25~45×12~15 μm，纺锤形，厚壁；拟囊状体纺锤形，薄壁；锁状联合存在。

区域内生境 夏季单生于阔叶林地上。

国内分布 华东，华南，华中，华北。

单隔尖朽菌

Mycoaciella efibulata C.C. Chen & Sheng H. Wu, Fungal Diversity 111: 429 (2021)

宏观形态 子实体一年生，贴生，干后木质，长可达 60 mm，厚 1.0 mm；菌肉乳白色至淡黄色；菌管长约 1.0 mm，黄棕色至棕色；孔口多角形，3~4 孔 /mm，黄棕色至棕色。

微观特征 二型菌丝系统，具生殖菌丝和骨架菌丝；担孢子 3.3~4.4×1.9~2.3 μm，椭圆形，薄壁，光滑，无色；担子棒状，具 4 个担子小梗；子实层囊状体缺失；锁状联合缺失。

区域内生境 夏季散生于阔叶林或针阔混交林腐木。

国内分布 华东，华南。

第五章
多孔菌、革菌及齿菌

近烟色墙皮菌

单隔尖朽菌

141

白膏新小薄孔菌

Neoantrodiella gypsea (Yasuda) Y.C. Dai, B.K. Cui, Jia J. Chen & H.S. Yuan, Fungal Diversity: [202] (2015)

宏观形态 子实体一年生，无柄，侧生，新鲜时软木栓质，干后木质；菌盖宽 5.0~36.0 mm，厚 2.0~3.0 mm，新鲜时表面淡黄褐色，光滑，具不明显环纹；菌肉白色；菌管长可达 2.0 mm，白色；孔口多角形，5~6 孔/mm，白色至乳白色。

微观特征 二型菌丝系统，具生殖菌丝和骨架菌丝；担孢子 3.0~3.5×1.2~1.6 μm，长椭圆形，薄壁，光滑，无色；担子棒状，具 4 个担子小梗；子实层囊状体尖锐，薄壁至稍厚壁，顶端不规则；锁状联合存在。

区域内生境 夏季群生或叠生于阔叶林或针阔混交林腐木。

国内分布 华东，东北，西南。

白新棱孔菌 **

Neofavolus cremeoalbidus Sotome & T. Hatt., Fungal Diversity 58: 250 (2012) [2013]

宏观形态 子实体一年生，侧生，具短柄，新鲜时肉质，干后木质，易碎；菌盖宽约 30 mm，厚约 3.0 mm，新鲜时表面白色至乳白色，光滑，边缘锐；菌肉白色；菌管长 2.0 mm，白色至淡黄色；孔口多角形，2~4 孔/mm，白色至乳白色；菌柄短小，长约 5.0 mm，侧生。

微观特征 二型菌丝系统，具生殖菌丝和骨架菌丝；担孢子 7.1~8.8×3.0~3.8 μm，圆柱形，薄壁，光滑，无色；担子棒状，具 4 个担子小梗；子实层囊状体缺失；锁状联合存在。

区域内生境 夏季单生于针阔混交林腐木。

国内分布 华东。

第五章
多孔菌、革菌及齿菌

白膏新小薄孔菌

白新棱孔菌

143

灰孔新小层孔菌

Neofomitella fumosipora (Corner) Y.C. Dai, Hai J. Li & Vlasák, Mycotaxon 129 (1): 12 (2015) [2014]

宏观形态　子实体多年生，平伏反卷或侧生具菌盖，木栓质；菌盖宽 20~80 mm，厚约 12 mm，新鲜时表面棕色，被绒毛，老后光滑，具环棱，边缘钝，白色；菌肉淡黄褐色至黄褐色；菌管长约 2.0 mm，棕色；孔口圆形至多角形，7~9 孔 /mm，白色，被触摸后或老后变为灰褐色。

微观特征　三型菌丝系统，具生殖菌丝、缠绕菌丝及骨架菌丝；担孢子 2.8~3.1×1.8~2.0 μm，椭圆形，薄壁，光滑，无色；担子棒状，具 4 个担子小梗；子实层囊状体缺失；锁状联合存在。

区域内生境　春至秋季单生或群生于阔叶林或针阔混交林腐木。

国内分布　华东，华南。

紫褐黑孔菌

Nigroporus vinosus (Berk.) Murrill, Bull. Torrey bot. Club 32 (7): 361 (1905)

宏观形态　子实体一年生，无柄，侧生，硬木质；菌盖宽 40~100 mm，厚 10~25 mm，新鲜时表面暗棕色至黑色，被微绒毛，具环纹，边缘钝；菌肉棕褐色；菌管长约 1.0 mm，黄褐色至褐色；孔口圆形，10~12 孔 /mm，灰褐色至褐色。

微观特征　二型菌丝系统，具生殖菌丝和骨架菌丝；担孢子 3.5~4.3×1.3~1.7 μm，长椭圆形至圆柱形，弯曲，薄壁，光滑，无色；担子棒状，具 4 个担子小梗；子实层囊状体缺失；锁状联合存在。

区域内生境　夏季散生于阔叶林及针阔混交林腐木。

国内分布　华东，华南，华中，西南。

灰孔新小层孔菌

紫褐黑孔菌

硬白孔层孔菌 *

Niveoporofomes spraguei (Berk. & M.A. Curtis) B.K. Cui, M.L. Han & Y.C. Dai, Fungal Diversity 80: 360 (2016)

宏观形态　子实体一年生，无柄或基部溢缩成近菌柄，木栓质；菌盖宽35~80 mm，外延可达21 mm，扇形，表面隆起，干燥，白色至淡橙黄色，被硬绒毛，边缘较薄，钝或锐，淡橙色至白色；菌管长可达5.0 mm，白色至赭黄色；孔口圆形至多角形，4~6孔/mm，白色。

微观特征　二型菌丝系统，具生殖菌丝和骨架菌丝；担孢子4.0~5.5×3.4~4.5 μm，卵圆形至宽椭圆形，薄壁；担子棒状，具4个担子小梗；子实层囊状体缺失；拟囊状体15~21×3.2~6.2 μm，窄纺锤形，顶端稍尖；锁状联合存在。

区域内生境　夏秋季散生或叠生于针阔混交林具苔藓层腐木。

国内分布　华东，华南，华中。

拟杨锐孔菌 **

Oxyporus subpopulinus B.K. Cui & Y.C. Dai, Mycotaxon 96: 208 (2006)

宏观形态　子实体多年生，无菌柄，侧生，覆瓦状，新鲜时木栓质，干后硬木质；菌盖宽19~27 mm，厚4.0~8.0 mm，新鲜时表面白色至乳白色，被绒毛，具环纹，边缘锐，表面常附生藻类而成绿色；菌肉白色至乳白色；菌管长约2.0 mm，乳白色至淡黄色；孔口圆形至多角形，5~7孔/mm，乳白色至淡黄色。

微观特征　单型菌丝系统，仅具生殖菌丝，生殖菌丝薄壁至稍厚壁；担孢子3.1~4.8×1.9~2.9 μm，椭圆形，薄壁，光滑，无色；担子棒状，具4个担子小梗；子实层囊状体棒状，顶端被晶粒；锁状联合缺失。

区域内生境　夏季群生或叠生于针阔混交林腐木。

国内分布　华东，西北，西南。

第五章
多孔菌、革菌及齿菌

硬白孔层孔菌

拟杨锐孔菌

147

马来隔孢伏革菌

Peniophora malaiensis Boidin, Lanq. & Gilles, Bull. trimest. Soc. mycol. Fr. 107 (3): 137 (1991)

宏观形态 子实体一年生，贴生，新鲜时纸质，长可达 50 mm，厚约 0.2 mm；菌肉白色；子实层面灰白色，光滑，开裂，孔口细密。

微观特征 单型菌丝系统，仅具生殖菌丝，生殖菌丝薄壁至稍厚壁；担孢子 4.8~6.2×1.8~2.3 μm，圆柱形，弯曲，薄壁，光滑，无色；担子棒状，具 4 个担子小梗；子实层囊状体 40~60×9.0~15.0 μm，柱状至近纺锤形，厚壁；锁状联合缺失。

区域内生境 夏季散生于阔叶林或针阔混交林腐木。

国内分布 华东，华南。

伏革拟射脉菌

Phaeophlebiopsis peniophoroides (Gilb. & Adask.) Floudas & Hibbett, Fungal Biology 119 (7): 710 (2015)

宏观形态 子实体一年生，贴生，新鲜时肉质，干后软木栓质，长可达 310 mm，厚 0.2~0.3 mm；子实层面橙褐色至橙棕色，孔口细密。

微观特征 单型菌丝系统，仅具生殖菌丝，生殖菌丝薄壁至稍厚壁；担孢子 3.8~4.6×2.2~2.8 μm，椭圆形，薄壁，光滑，无色；担子棒状，具 4 个担子小梗；子实层囊状体纺锤形，被结晶鞘；锁状联合缺失。

区域内生境 夏季散生于阔叶林腐木。

国内分布 华东，西南。

第五章
多孔菌、革菌及齿菌

马来隔孢伏革菌

伏革拟射脉菌

南方原毛平革菌

Phanerochaete australis Jülich, Bot. J. Linn. Soc. 81 (1): 43 (1980)

宏观形态 子实体一年生，贴生，新鲜时纸质，长可达 60 mm，厚 0.1~0.2 mm；子实层面白色至乳白色，光滑，孔口细密。

微观特征 单型菌丝系统，仅具生殖菌丝，生殖菌丝薄壁至稍厚壁；担孢子 4.3~5.4×2.3~2.8 μm，椭圆形，薄壁，光滑，无色；担子棒状，具 4 个担子小梗；子实层囊状体顶端膨大；锁状联合缺失。

区域内生境 夏季散生于阔叶林腐木。

国内分布 华东，华南，华中，东北，西南。

刺囊射脉菌

Phlebia acanthocystis Gilb. & Nakasone, Folia cryptog. Estonica 33: 85 (1998)

宏观形态 子实体一年生，平伏，贴生，新鲜时肉质，干后软木栓质，易碎，长可达 120 mm，厚 1.0~2.0 mm；子实层面齿状，菌齿长约 1.6 mm，3~4 齿/mm，白色至淡橙褐色。

微观特征 单型菌丝系统，仅具生殖菌丝，生殖菌丝薄壁至稍厚壁；担孢子 3.6~4.8×2.4~2.6 μm，椭圆形，薄壁，光滑，无色；担子棒状，具 4 个担子小梗；子实层囊状体 15~25×4.0~5.0 μm，近纺锤形，顶端不规则；锁状联合存在。

区域内生境 春夏季散生于阔叶林腐木。

国内分布 华东，华北。

第五章
多孔菌、革菌及齿菌

南方原毛平革菌

刺囊射脉菌

森林拟射脉菌（参照种）

**

Phlebiopsis cf. *dregeana* (Berk.) Nakasone & S.H. He, Frontiers in Microbiology 12 (no. 622460): 14 (2021)

宏观形态　子实体一年生，平伏反卷或侧生具菌盖，革质；菌盖宽 20~40 mm，新鲜时表面黄褐色，边缘白色，被绒毛，无环纹；菌肉厚 1.0~1.6 mm，白色；菌管长约 1.5 mm，紫色；孔口多角形，1~2 孔 /mm，紫色。

微观特征　二型菌丝系统，具生殖菌丝和骨架菌丝；担孢子 5.0~6.6×3.3~3.9 μm，椭圆形，薄壁，光滑，淡黄褐色；担子棒状，具 4 个担子小梗；子实层囊状体柱状或纺锤形，顶端钝圆；锁状联合缺失。

区域内生境　夏季单生或散生于阔叶林腐木。

国内分布　华东，西南。

中华拟射脉菌

*

Phlebiopsis sinensis Y.N. Zhao & S.H. He, Frontiers in Microbiology 12 (no. 622460): 13 (2021)

宏观形态　子实体一年生，无柄，贴生，纸质至革质，长可达 40 mm，厚约 0.2 mm；菌肉灰色至淡黄棕色；子实层面新鲜时棕褐色，光滑，孔口细密。

微观特征　单型菌丝系统，仅具生殖菌丝，生殖菌丝薄壁至稍厚壁；担孢子 5.8~7.8×2.5~3.5 μm，圆柱形，薄壁，光滑，无色；担子棒状，具 4 个担子小梗，子实层囊状体 30~60×8.0~13.0 μm，纺锤形，厚壁，顶端被大量晶粒；锁状联合缺失。

区域内生境　夏季散生于阔叶林枯枝。

国内分布　华东，华中，东北，西北，西南。

第五章
多孔菌、革菌及齿菌

森林拟射脉菌（参照种）

中华拟射脉菌

平丝变色卧孔菌 **

Physisporinus lineatus (Pers.) F. Wu, Jia J. Chen & Y.C. Dai, Mycologia 109 (5): 760 (2017)

宏观形态 子实体一年生，无柄，覆瓦状叠生，木栓质；菌盖长 25~73 mm，宽 10~40 mm，厚可达 10 mm，扇形至半圆形，表面干燥，光滑，具不规则隆起和明显突起的环纹，新鲜时白色至乳白色，老后苍白色至肉桂色；菌管长 1.0~3.0 mm；孔口圆形至多角形，2~4 孔 /mm，新鲜时白色至乳白色，干燥后肉桂色。

微观特征 单型菌丝系统，仅具生殖菌丝，生殖菌丝薄壁至稍厚壁；担孢子 4.5~5.3×3.7~5.6 μm，球形至宽椭圆形，无色，非淀粉质；担子棒状，具 4 个担子小梗；子实层囊状体缺失；锁状联合缺失。

区域内生境 夏季群生或叠生于针阔混交林腐木。

国内分布 华东，华南，西北，西南。

短柄黑斑根孔菌 *

Picipes brevistipitatus B.K. Cui, Xing Ji & J.L. Zhou, Mycosphere 13 (1): 26 (2022)

宏观形态 子实体一年生，新鲜时软木栓质，干后硬木质；菌盖宽 10~30 mm，厚 2.0~3.0 mm，表面乳白色至黄褐色，光滑；菌肉白色至乳白色；菌管长约 2.0 mm，污白色；孔口圆形，4~6 孔 /mm，污白色，伤后或老后呈淡褐色；菌柄长 10~20 mm，粗 4.0~5.0 mm，侧生，黄褐色。

微观特征 三型菌丝系统，具生殖菌丝、缠绕菌丝及骨架菌丝；担孢子 6.1~6.7×2.7~3.1 μm，圆柱形，薄壁，光滑，无色；担子棒状，具 4 个担子小梗；子实层囊状体缺失；锁状联合存在。

区域内生境 春夏季单生或散生于阔叶林或针阔混交林腐木。

国内分布 华东，华南。

第五章
多孔菌、革菌及齿菌

平丝变色卧孔菌

短柄黑斑根孔菌

近网柄黑斑根孔菌 **

Picipes subdictyopus (H. Lee, N.K. Kim & Y.W. Lim) B.K. Cui, Xing Ji & J.L. Zhou, Mycosphere 13 (1): 37 (2022)

宏观形态　子实体一年生；菌盖宽 25~39 mm，厚约 2.0 mm，半圆形至扇形或漏斗形，幼时白色至淡黄色，成熟后褐色至黄褐色；菌肉薄，污白色；菌管长约 0.5 mm，白色；孔口圆形至多角形，4~6 孔 /mm，白色；菌柄长 3.5~10.0 mm，粗约 3.0 mm，偏生至侧生，短柱状，光滑，有较少的褶皱，幼时白色，随成熟变为黄色至黑褐色。

微观特征　二型菌丝系统，具生殖菌丝和缠绕菌丝；孢子 6.5~9.0×2.2~3.5 μm，柱状至长椭圆形，光滑，透明，内含 1~2 个油滴，非淀粉质；担子棒状，具 4 个担子小梗；锁状联合存在。

区域内生境　春夏季单生至散生于阔叶林腐木。

国内分布　华东，华中，华北。

癞拟层孔菌 *

Pilatoporus palustris (Berk. & M.A. Curtis) Kotl. & Pouzar, Česká Mykol. 44 (4): 230 (1990)

宏观形态　子实体一年生，平伏至反卷或覆瓦状叠生，新鲜时软木栓质，干后硬木质；菌盖宽 27~50 mm，厚 5.0~8.0 mm，表面白色至乳白色，干后呈淡黄色至黄褐色，具不明显环带和纵条纹，被细绒毛或光滑，边缘钝或锐；菌肉乳白色至淡黄色；菌管长约 5.0 mm，乳白色至淡黄色；孔口圆形至多角形，3~5 孔 /mm，乳白色至淡黄色。

微观特征　三型菌丝系统，具生殖菌丝、缠绕菌丝及骨架菌丝；担孢子 5.4~6.8×1.7~2.5 μm，圆柱形，薄壁，光滑，无色透明；担子棒状，具 4 个担子小梗；子实层囊状体缺失；锁状联合存在。

区域内生境　夏季散生或叠生于阔叶林腐木。

国内分布　华东，华南。

第五章
多孔菌、革菌及齿菌

近网柄黑斑根孔菌

癞拟层孔菌

梭伦小滴孔菌

Piptoporellus soloniensis (Dubois) B.K. Cui, M.L. Han & Y.C. Dai, Fungal Diversity 80: 361 (2016)

宏观形态 子实体一年生，无柄，侧生，新鲜时软肉质，干后软革质；菌盖宽 40~120 mm，新鲜时表面橙色，被绒毛至无毛，无环带，多皱纹；菌肉厚约 15 mm，乳白色；菌管长约 5.0 mm，乳白色至淡黄色；孔口圆形至多角形，2~4 孔 /mm，乳白色至淡黄色。

微观特征 二型菌丝系统，具生殖菌丝和骨架菌丝；担孢子 4.5~6.2×2.0~3.0 μm，椭圆形，薄壁，光滑，无色；担子棒状，具 4 个担子小梗；子实层囊状体缺失；锁状联合存在。

区域内生境 春夏季单生或叠生于阔叶林腐木。

国内分布 华东，西南。

** 三角小滴孔菌

Piptoporellus triqueter M.L. Han, B.K. Cui & Y.C. Dai, Fungal Diversity 80: 362 (2016)

宏观形态 子实体一年生，无柄或溢缩成短柄，侧生，新鲜时软木栓质，干后木质；菌盖宽 20~30 mm，厚约 5.0 mm，新鲜时表面乳白色至棕褐色，光滑，无环带，边缘锐；菌肉乳白色至粉黄色；菌管长约 1.0 mm，乳白色至淡褐色；孔口圆形至多角形，3~4 孔 /mm，乳白色至淡褐色。

微观特征 二型菌丝系统，具生殖菌丝和骨架菌丝；担孢子 3.4~5.0×1.9~2.7 μm，椭圆形，薄壁，光滑，无色；担子棒状，具 4 个担子小梗；子实层囊状体缺失；锁状联合存在。

区域内生境 夏季单生或叠生于针阔混交林腐木。

国内分布 华东，华南，西南。

第五章
多孔菌、革菌及齿菌

梭伦小滴孔菌

三角小滴孔菌

159

短担多孔菌 **

Polyporus brevibasidiosus H. Lee, N.K. Kim & Y.W. Lim, Fungal Diversity 83: 220 (2017)

宏观形态 子实体一年生，新鲜时肉质至近革质，干后易碎；菌盖宽 26~35 mm，厚 1.0~1.6 mm，近漏斗形，深凹，新鲜时表面杏仁色，边缘乳白色，光滑；菌肉淡黄色；菌管长约 0.5 mm，淡黄色；孔口圆形至多角形，8~9 孔/mm，白色；菌柄长 26~35 mm，粗约 2.0 mm，中生至偏生，黑色，被灰白色微绒毛。

微观特征 二型菌丝系统，具生殖菌丝和骨架菌丝；担孢子 5.6~6.8×2.7~3.6 μm，椭圆形至圆柱形，薄壁，光滑，无色；担子棒状，具 4 个担子小梗；子实层囊状体缺失；锁状联合存在。

区域内生境 夏秋季散生于阔叶林或针阔混交林腐木。

国内分布 华东，西北，西南。

单系假薄孔菌 *

Pseudoantrodia monomitica B.K. Cui, Yuan Y. Chen & Shun Liu, Fungal Diversity: [56] (2022)

宏观形态 子实体一年生，贴生于树桩基部，新鲜时软木质，干后脆，长可达 100 mm，宽可达 50 mm；菌肉极薄；菌管长可达 5.0 mm，白色至淡黄色；孔口多角形或圆形，1~3 孔/mm，白色至淡黄色。

微观特征 单型菌丝系统，仅具生殖菌丝，生殖菌丝薄壁至稍厚壁；担孢子 4.0~5.3×2.0~2.7 μm，椭圆形、长椭圆形至近柱状，薄壁，光滑；担子近柱状或近棒状，具 4 个担子小梗；子实层囊状体缺失；拟囊状体 9.0~11×2.5~4.0 μm，近棒状或向顶端渐细；锁状联合存在。

区域内生境 夏季散生于针阔混交林腐木。

国内分布 华东，华南。

赭紫硬孔菌

Rigidoporus vinctus (Berk.) Ryvarden, Norw. Jl Bot. 19 (2): 143 (1972)

宏观形态 子实体一年生至多年生，平伏，贴生，新鲜时革质，干后木质，长可达 120 mm；菌肉厚 1.0~2.0 mm，淡黄色，海绵状；菌管长约 1.0 mm，黄棕色至橙棕色；孔口多角形，9~10 孔/mm，黄棕色至橙棕色。

微观特征 二型菌丝系统，具生殖菌丝和骨架菌丝；担孢子 3.8~4.3×3.2~3.6 μm，宽椭圆形，薄壁，光滑，无色；担子棒状，具 4 个担子小梗；子实层囊状体棒状，无色被结晶；拟囊状体纺锤形；锁状联合缺失。

区域内生境 夏季散生于阔叶林或针阔混交林腐木。

国内分布 华东，华南，西南。

** 漏斗形拟假芝

Sanguinoderma infundibulare B.K. Cui & Y.F. Sun, Stud. Mycol. 101: 390 (2022)

宏观形态 子实体一年生，木栓质；菌盖宽 30~80 mm，浅漏斗形，表面红褐色至黑褐色，被绒毛，具明显同心环带和放射状细皱纹，边缘钝；菌肉厚约 4.0 mm，淡木色至灰褐色；菌管长约 2.0 mm，淡灰色至灰棕色；孔口圆形至多角形，4~6 孔/mm，灰白色，伤后变为血红色，然后快速变暗；菌柄长 70~90 mm，粗 3.0~7.0 mm，中生至偏生，柱状，黑色。

微观特征 三型菌丝系统，具生殖菌丝、缠绕菌丝及骨架菌丝；担孢子 10~12×9.0~10.0 μm，宽椭圆形至近球形，薄壁，光滑，无色；担子棒状，具 4 个担子小梗；子实层囊状体缺失；锁状联合存在。

区域内生境 春夏季单生或散生于阔叶林或针阔混交林地上或腐木。

国内分布 华东，华南。

第五章
多孔菌、革菌及齿菌

厚丝假赖特卧孔菌

蓝伏革菌

厚丝假赖特卧孔菌

Pseudowrightoporia crassihypha Y.C. Dai, Jia J. Chen & B.K. Cui, Persoonia 37: 28 (2015) [2016]

宏观形态 子实体一年生，贴生，新鲜时软木栓质，干后木栓质，长可达 60 mm；菌肉厚 1.0~2.0 mm，锈棕色，海绵状；菌管长约 0.5 mm，淡黄色至黄棕色；孔口圆形至多角形，7~8 孔/mm，淡黄色至淡黄棕色。

微观特征 二型菌丝系统，具生殖菌丝和骨架菌丝；担孢子 2.6~3.8×2.1~2.7 μm，宽椭圆形，薄壁，具不明显小刺突，无色；担子棒状，具 4 个担子小梗；子实层囊状体 16~25×4.0~6.0 μm，薄壁，纺锤形，无色；锁状联合存在。

区域内生境 夏季散生于针阔混交林腐木。

国内分布 华东，华南。

蓝伏革菌

Pulcherricium coeruleum (Lam.) Parmasto, Consp. System. Corticiac. (Tartu): 132 (1968)

宏观形态 子实体一年生，平伏，贴生，新鲜时革质，长可达 50 mm，厚约 0.5 mm；子实层面光滑或具结节，蓝色至深蓝色，孔口细密。

微观特征 单型菌丝系统，仅具生殖菌丝，生殖菌丝薄壁至稍厚壁；担孢子 7.0~9.0×4.0~6.0 μm，椭圆形，薄壁，光滑，无色；担子棒状，具 4 个担子小梗；子实层囊状体棒状，顶端树枝状不规则分枝；锁状联合存在。

区域内生境 春夏季散生于针阔混交林或阔叶林枯枝。

国内分布 华东，华中，华北，西北，西南。

短担多孔菌

单系假薄孔菌

第五章
多孔菌、革菌及齿菌

赭紫硬孔菌

漏斗形拟假芝

小孢裂伏革菌

Schizocorticium parvisporum Sheng H. Wu & C.L. Wei, Mycol. Progr. 20 (6): 777 (2021)

宏观形态 子实体一年生，贴生，新鲜时软木栓质，长 23~50 mm，厚约 0.7 mm；菌肉污白色，海绵状；子实层面白色至淡黄色，孔口细密。

微观特征 单型菌丝系统，仅具生殖菌丝，生殖菌丝薄壁至稍厚壁；担孢子 5.0~7.0×2.5~3.4 μm，宽椭圆形，薄壁，光滑，淡黄褐色；担子棒状，具 4 个担子小梗；子实层囊状体缺失；褶缘菌丝珊瑚状；锁状联合存在。

区域内生境 夏季散生于阔叶林腐木。

国内分布 华东，西南。

无囊垫革菌

Scytinostroma acystidiatum Q.Y. Zhang, L.S. Bian & Q. Chen, Frontiers in Microbiology 13(no. 1189600)：(2023)

宏观形态 子实体一年生，贴生，新鲜时革质，长 25~70 mm，厚约 0.5 mm；菌肉白色；新鲜时子实层面污黄色至黄色，边缘白色，孔口细密。

微观特征 二型菌丝系统，具生殖菌丝和骨架菌丝；担孢子 4.7~7.0×3.5~4.7 μm，宽椭圆形，薄壁，光滑，淡黄褐色，淀粉质；担子棒状，具 4 个担子小梗；子实层囊状体缺失；锁状联合缺失。

区域内生境 夏季散生于阔叶林腐木。

国内分布 华东，西南。

第五章
多孔菌、革菌及齿菌

小孢裂伏革菌

无囊垫革菌

结晶垫革菌

Scytinostroma incrustatum (S.H. He, S.L. Liu & Nakasone) K.H. Larss., IMA Fungus 12 (no. 22): 20 (2021)

宏观形态 子实体一年生，贴生至反卷，新鲜时膜质，干后纸质，易碎，长可达 70 mm；新鲜时菌盖表面黄褐色至淡黄褐色，光滑；菌肉厚约 1.0 mm，白色，薄，膜质；子实层面淡黄色至淡黄褐色，光滑或稍具瘤突，孔口细密。

微观特征 二型菌丝系统，具生殖菌丝和骨架菌丝；担孢子 17~18×16~18 μm，球形，厚壁，光滑，无色；担子棒状，具 4 个担子小梗；子实层囊状体具 2 种类型，棒状的薄壁囊状体和近棒状或圆柱形的被结晶厚壁囊状体；锁状联合缺失。

区域内生境 春季散生于阔叶林腐木。

国内分布 华东，西南。

*近肾孢垫革菌

Scytinostroma subrenisporum Yue Li, S.L. Liu & S.H. He, MycoKeys: 147 (2023)

宏观形态 子实体一年生，贴生，新鲜时纸质，长可达 55 mm，厚约 0.2 mm；菌肉淡黄色；子实层面乳白色至淡黄色，光滑，孔口细密。

微观特征 二型菌丝系统，具生殖菌丝和骨架菌丝；担孢子 5.6~6.8×3.4~4.4 μm，椭圆形，薄壁，光滑，无色；担子棒状，具 4 个担子小梗；子实层囊状体缺失；锁状联合缺失。

区域内生境 夏季散生于阔叶林或灌木绿地腐木。

国内分布 华东，华南，华中，西南。

第五章
多孔菌、革菌及齿菌

结晶垫革菌

近肾孢垫革菌

牡竹干腐菌 **

Serpula dendrocalami C.L. Zhao, Cryptog. Mycol. 40 (5): 88 (2019)

宏观形态 子实体一年生，无柄，侧生，新鲜时肉质，干后软木栓质；菌盖宽 55~80 mm，厚 10~23 mm，新鲜时表面乳白色至淡褐色，被微绒毛，老后光滑；菌肉污白色，海绵状；菌管长约 5.0 mm，黄褐色至褐色；孔口多角形，2~3 孔/mm，幼时污白色，后呈黄褐色。

微观特征 二型菌丝系统，具生殖菌丝和骨架菌丝；担孢子 4.8~5.5×3.6~4.3 μm，宽椭圆形，薄壁，光滑，淡黄褐色；担子棒状，具 4 个担子小梗；子实层囊状体缺失；锁状联合存在。

区域内生境 夏季群生于竹子基部。

国内分布 华东，华南，西南。

橙色齿耳 *

Steccherinum aurantilaetum (Corner) Bernicchia & Gorjón, Romar: 795 (2020)

宏观形态 子实体一年生，无柄，侧生或叠生，新鲜时软木栓质，干后木栓质；菌盖宽 19~50 mm，新鲜时表面淡黄色至淡橙红色，被白色绒毛；菌肉厚约 3.0 mm，橙红色；菌管长约 1.3 mm，橙红色；孔口多角形，1~3 孔/mm，橙红色。

微观特征 二型菌丝系统，具生殖菌丝和骨架菌丝；担孢子 3.3~3.7×1.6~2.2 μm，椭圆形，薄壁，光滑，淡黄褐色；担子棒状，具 4 个担子小梗；子实层囊状体棒状，厚壁；拟囊状体纺锤形；锁状联合存在。

区域内生境 夏秋季散生于阔叶林或针阔混交林腐木。

国内分布 华东。

第五章
多孔菌、革菌及齿菌

牡竹干腐菌

橙色齿耳

赭黄齿耳

Steccherinum ochraceum (Pers. ex J.F. Gmel.) Gray, Nat. Arr. Brit. Pl. (London) 1: 651 (1821)

宏观形态 子实体一年生，贴生、平伏反卷或具菌盖，新鲜时革质，干后木质；菌盖宽 5.0~30.0 mm，厚约 1.0 mm，扇形至半圆形，新鲜时表面乳白色至淡黄色，具环纹和沟纹，边缘锐；菌肉白色，海绵状；菌齿长约 0.6 mm，4~6 齿 /mm，黄褐色至褐色。

微观特征 二型菌丝系统，具生殖菌丝和骨架菌丝；担孢子 2.4~3.0×1.5~2.4 μm，椭圆形，薄壁，光滑，无色；担子棒状，具 4 个担子小梗；子实层囊状体厚壁，棒状，被结晶；锁状联合存在。

区域内生境 夏季散生或群生于阔叶林枯枝。

国内分布 广布种。

普洱齿耳

Steccherinum puerense Y.X. Wu, J.H. Dong & C.L. Zhao, Nova Hedwigia 113 (1~2): 252 (2021)

宏观形态 子实体一年生，贴生，新鲜时膜质，干后纸质，易碎，长可达 130 mm，厚 0.2~0.5 mm；子实层面新鲜时白色至淡粉色，干后呈乳白色至淡黄色，边缘白色至乳白色，孔口细密。

微观特征 二型菌丝系统，具生殖菌丝和骨架菌丝；担孢子 2.5~3.4×1.7~2.0 μm，椭圆形，薄壁，光滑，无色；担子棒状，具 4 个担子小梗；子实层囊状体长棒状，具 2 种类型，一种厚壁、顶端钝圆、被晶粒，另一种薄壁、无晶粒、光滑；锁状联合存在。

区域内生境 夏秋季散生于阔叶林或针阔混交林腐木。

国内分布 华东，西南。

赭黄齿耳

普洱齿耳

锈色齿耳

Steccherinum rubigimaculatum Y.X. Wu, J.H. Dong & C.L. Zhao, Nova Hedwigia 113 (1~2): 250 (2021)

宏观形态 子实体一年生，贴生，纸质，易碎，长 5.0~20.0 mm，厚约 0.5 mm；菌肉白色；菌齿长约 0.3 mm，3~5 齿/mm，白色至淡粉色。

微观特征 二型菌丝系统，具生殖菌丝和骨架菌丝；担孢子 2.6~2.9×1.5~2.0 μm，椭圆形，薄壁，光滑，无色；担子棒状，具 4 个担子小梗；子实层囊状体棒状，顶端钝圆；锁状联合存在。

区域内生境 夏季群生或散生于阔叶林腐木。

国内分布 华东，西南。

细齿齿耳

Steccherinum tenuissimum C.L. Zhao & Y.X. Wu, PLoS ONE 16 (1): e0244520, 7 (2021)

宏观形态 子实体一年生，贴生，新鲜时软木栓质，干后木质，易碎，长可达 120 mm，厚 0.5~1.0 mm；菌齿长约 0.5 mm，3~4 齿/mm，白色至乳白色，干后苍白色至锈棕色。

微观特征 二型菌丝系统，具生殖菌丝和骨架菌丝；担孢子 4.0~5.2×2.7~3.1 μm，椭圆形，薄壁，光滑，无色；担子棒状，具 4 个担子小梗；子实层囊状体棒状，厚壁，顶端被晶粒；锁状联合存在。

区域内生境 夏季散生于阔叶林枯枝。

国内分布 华东，西南。

第五章
多孔菌、革菌及齿菌

锈色齿耳

细齿齿耳

黄褐韧革菌

*

Stereum ochraceoflavum (Schwein.) Sacc. [as 'ochraceo-flavum'], Syll. fung. (Abellini) 6: 576 (1888)

宏观形态 子实体一年生至多年生，无柄，贴生至反卷或具菌盖，革质，长 30~65 mm，厚 1.0~1.6 mm；菌盖半圆形至扇形，表面苍白色至淡橙黄色，被纤毛，具环纹；菌肉白色至乳白色；子实层面平滑，具褶皱，淡粉黄色或淡肉色，孔口细密。

微观特征 二型菌丝系统，具生殖菌丝和骨架菌丝；担孢子 7.0~8.7×2.3~3.2 μm，圆柱形，薄壁，光滑，无色，淀粉质；担子棒状，具 4 个或 2 个担子小梗；子实层囊状体棒状，厚壁，顶端薄壁，钝圆或具小的球形乳突；锁状联合缺失。

区域内生境 夏秋季群生或叠生于阔叶林或针阔混交林腐木。

国内分布 广布种。

轮纹韧革菌

可药用

Stereum ostrea (Blume & T. Nees) Fr., Epicr. syst. mycol. (Upsaliae): 547 (1838) [1836~1838]

宏观形态 子实体一年生，无柄或具短柄，侧生，新鲜时木栓质，干后木质，易碎；菌盖宽 79~120 mm，厚约 1.0 mm，新鲜时表面亮黄色至淡褐色，被绒毛，具同心环纹，边缘锐；子实层肉粉色至淡红褐色，孔口细密。

微观特征 单型菌丝系统，仅具生殖菌丝，生殖菌丝薄壁至稍厚壁；担孢子 4.8~5.9×1.9~2.2 μm，长椭圆形至圆柱形，薄壁，光滑，无色；担子棒状，具 4 个担子小梗；子实层囊状体具两种类型：一种长柱状、厚壁、顶端薄壁、稍膨大、可见乳突，另一种长柱状、薄壁、顶端尖锐；锁状联合缺失。

区域内生境 夏秋季散生于阔叶林或针阔混交林腐木。

国内分布 广布种。

第五章
多孔菌、革菌及齿菌

黄褐韧革菌

轮纹韧革菌

华南干巴菌

**

可食用

Thelephora austrosinensis T.H. Li & T. Li, Phytotaxa 471 (3): 212 (2019)

宏观形态　子实体一年生，花瓣状，新鲜时革质；瓣片宽 4.0~5.9 mm，表面淡灰黑色至灰黑色，光滑，边缘波浪状，白色至淡黄褐色；菌肉白色；子实层面灰棕色至灰黑色，孔口细密；菌柄污白色。

微观特征　单型菌丝系统，仅具生殖菌丝，生殖菌丝薄壁至稍厚壁；担孢子 5.9~6.5×4.3~5.4 μm，椭圆形具瘤状突起至星形，厚壁，黄褐色；担子棒状，具 4 个担子小梗；子实层囊状体缺失；锁状联合存在。

区域内生境　夏秋季簇生于阔叶林地上。

国内分布　华东，华南。

干巴菌

可食药用

Thelephora ganbajun M. Zang, Acta bot. Yunn. 9 (1): 85 (1987)

宏观形态　子实体一年生，花瓣状，新鲜时革质，宽 30~90 mm，高可达 120 mm；瓣片表面灰褐色至灰黑色，光滑，边缘白色至乳白色；菌肉白色；子实层面污白色至灰黑色，孔口细密；菌柄短柱状，侧生，分枝，棕色至淡黄棕色。

微观特征　单型菌丝系统，仅具生殖菌丝，生殖菌丝薄壁至稍厚壁；担孢子 5.5~6.0×3.8~4.0 μm，椭圆形具瘤状突起至星形，厚壁，淡黄褐色至近无色；担子棒状，具 4 个担子小梗；子实层囊状体棒状；锁状联合存在。

区域内生境　夏季散生或群生于阔叶林或针阔混交林腐木。

国内分布　华东，华南，华中，西北，西南。

第五章
多孔菌、革菌及齿菌

华南干巴菌

干巴菌

绿花干巴菌

Thelephora glaucoflora S.R. Yang & H.S. Yuan, Frontiers in Microbiology 14 (no. 1109924): 6 (2023)

宏观形态　子实体一年生，新鲜时革质，由基部较厚的干片向上依次裂成瓣片；瓣片宽可达 30 mm，扇形，光滑，表面灰色至灰绿色，边缘白色；子实层面灰黑色，孔口细密；菌柄短柱状，灰黑色，侧生。

微观特征　单型菌丝系统，仅具生殖菌丝，生殖菌丝薄壁至稍厚壁；担孢子 5.2~6.1×3.7~4.7 μm，椭圆形具瘤状突起至星形，厚壁，光滑，黄棕色；担子棒状，具 4 个担子小梗；子实层囊状体缺失；锁状联合存在。

区域内生境　夏季散生或群生于阔叶林或针阔混交林地上。

国内分布　华东，华南，西南。

无量山革菌

Thelephora wuliangshanensis C.L. Zhao & X.F. Liu, Diversity 13 (12, no. 646): 16 (2021)

宏观形态　子实体一年生，无柄，侧生，新鲜时革质，干后木栓质；菌盖宽 27~40 mm，扇形，光滑，干燥，新鲜时表面淡黄色，黄棕色至淡褐色，边缘白色，具明显环纹；子实层面黄褐色至褐色，孔口细密。

微观特征　单型菌丝系统，仅具生殖菌丝，生殖菌丝薄壁至稍厚壁；担孢子 5.3~6.8×4.4~5.9 μm，椭圆形具瘤状突起至星形，厚壁，淡黄褐色；担子棒状，具 4 个担子小梗；子实层囊状体厚壁，近棒状，顶端稍尖；锁状联合存在。

区域内生境　夏秋季群生或叠生于阔叶林腐木。

国内分布　华东，西南。

绿花干巴菌

无量山革菌

光栓菌

**

Trametes glabrorigens (Lloyd) Zmitr., Wasser & Ezhov, International Journal of Medicinal Mushrooms (Redding) 14 (3): 315 (2012)

宏观形态 子实体一年生，无柄，侧生，木质；菌盖宽 24~35 mm，新鲜时表面淡黄色至淡黄褐色，光滑，具环纹；菌肉厚 1.0~2.0 mm，棕褐色；菌管长可达 3.5 mm，灰褐色；孔口多角形，5~6 孔 /mm，褐色，略带粉色。

微观特征 三型菌丝系统，具生殖菌丝、缠绕菌丝及骨架菌丝；担孢子 6.5~7.0×2.0~2.5 μm，椭圆形，薄壁，光滑，无色；担子棒状，具 4 个担子小梗；子实层囊状体缺失；锁状联合存在。

区域内生境 夏季散生于针阔混交林腐木。

国内分布 华东，华南，东北。

硬毛栓菌

可药用

Trametes hirsuta (Wulfen) Lloyd, Mycol. Writ. (Cincinnati) 7 (Letter 73): 1319 (1924)

宏观形态 子实体一年生，无柄，平伏反卷至侧生，软木栓质；菌盖宽 8.0~50.0 mm，厚 1.8~3.6 mm，新鲜时表面白色至黄褐色，被纤毛与绒毛，具同心环纹，边缘锐；菌肉白色至淡黄色；菌管长 0.5~2.4 mm，白色至淡黄色；孔口多角形，2~4 孔 /mm，乳白色至淡黄色。

微观特征 三型菌丝系统，具生殖菌丝、缠绕菌丝及骨架菌丝；担孢子 4.7~6.7×2.3~3.3 μm，长椭圆形至柱状，薄壁，光滑，无色；担子棒状，具 4 个担子小梗；子实层囊状体缺失；锁状联合存在。

区域内生境 春夏季群生于针阔混交林腐木。

国内分布 广布种。

第五章
多孔菌、革菌及齿菌

光栓菌

硬毛栓菌

血红栓菌

可药用

Trametes sanguinea (Fr.) Hai J. Li & S.H. He, Mycosystema 33 (5): 972 (2014)

宏观形态　子实体一年生，无柄或近有柄，侧生，木栓质；菌盖宽 20~70 mm，厚约 3.0 mm，橙黄色或橙红色至近血红色，光滑或具微绒毛，有时具不明显同心环带，边缘薄而锐；菌肉橙黄色至淡红色；菌管长约 2.0 mm，红色至深红色；孔口圆形，5~7 孔 /mm，红色至猩红色。

微观特征　三型菌丝系统，具生殖菌丝、缠绕菌丝及骨架菌丝；担孢子 3.4~3.8×1.9~2.4 μm，长椭圆形，薄壁，光滑，无色；担子棒状，具 4 个担子小梗；子实层囊状体缺失；锁状联合存在。

区域内生境　春至秋季单生或散生于阔叶林或针阔混交林枯枝或腐木。

国内分布　华东，华南，华中，华北，西南。

变色栓菌（云芝）

可药用

Trametes versicolor (L.) Lloyd, Mycol. Writ. (Cincinnati) 6 (note 65): 1045 (1921) [1920]

宏观形态　子实体一年生，无柄，侧生，新鲜时革质，干后木栓质；菌盖宽 15~30 mm，厚 1.0~1.5 mm，新鲜时表面淡黄褐色至淡灰黑色，被绒毛，具同心环纹；菌肉白色；菌管长约 0.8 mm，白色至乳白色；孔口圆形至不规则形，3~5 孔 /mm，白色至乳白色。

微观特征　三型菌丝系统，具生殖菌丝、缠绕菌丝及骨架菌丝；担孢子 6.0~7.5×1.5~2.5 μm，椭圆形至长椭圆形，薄壁，光滑，无色；担子棒状，具 4 个担子小梗；子实层囊状体缺失；锁状联合缺失。

区域内生境　春至秋季单生、散生或群生于阔叶林或针阔混交林腐木。

国内分布　广布种。

血红栓菌

变色栓菌（云芝）

冷杉附毛孔菌

可药用

Trichaptum abietinum (Pers. ex J.F. Gmel.) Ryvarden, Norw. Jl Bot. 19: 237 (1972)

宏观形态 子实体一年生，平伏至反卷，有时具菌盖，新鲜时革质，干后木栓质；菌盖宽 7.0~12.0 mm，半圆形至贝壳状，新鲜时表面苍白色，被柔毛，具环纹，有时因有藻类附生而呈绿色；菌肉厚 1.0~1.3 mm，白色；菌管长约 1.5 mm，常带紫色，渐褪为赭色或淡褐色；孔口常开裂为齿状，1~3 孔/mm，淡黄色至紫色。

微观特征 二型菌丝系统，具生殖菌丝和骨架菌丝；担孢子 5.8~7.6×2.6~3.2 μm，圆柱形，弯曲，薄壁，光滑，无色；担子棒状，具 4 个担子小梗；子实层囊状体缺失；锁状联合存在。

区域内生境 夏季群生或叠生于阔叶林或针阔混交林腐木。

国内分布 广布种。

二形附毛孔菌

可药用

Trichaptum biforme (Fr.) Ryvarden [as 'biformis'], Norw. Jl Bot. 19 (3~4): 237 (1972)

宏观形态 子实体一年生，平伏反卷至侧生，新鲜时革质，干后木质；菌盖宽 5.0~20.0 mm，厚 1.0~2.6 mm，表面新鲜时乳白色至淡黄褐色，光滑，具环纹，边缘锐，瓣状开裂；菌肉白色至淡土黄色；菌管长可达 2.0 mm，白色至淡土黄色；孔口不规则，开裂成齿状，1~2 齿/mm，淡褐色。

微观特征 二型菌丝系统，具生殖菌丝和骨架菌丝；担孢子 4.1~5.2×1.6~2.3 μm，圆柱形，弯曲，薄壁，光滑，无色；担子棒状，具 4 个担子小梗；子实层囊状体纺锤形，厚壁，被结晶；锁状联合存在。

区域内生境 夏季群生于针阔混交林腐木。

国内分布 华东，华南，华中，华北，东北，西南。

冷杉附毛孔菌

二形附毛孔菌

针叶小匙孔菌

Trullella conifericola T. Cao & H.S. Yuan, MycoKeys 78: 177 (2021)

宏观形态 子实体一年生，新鲜时革质，干后木质；菌盖宽 6.0~13.0 mm，扇形至半圆形，具明显环纹，表面被平伏粗糙纤毛，褐色，边缘白色，干燥后污黄色至污白色，光滑；菌肉厚 1.0~1.5 mm，淡黄色；菌管长可达 1.5 mm，淡黄色；孔口多角形，5~6 孔/mm，白色，被触摸后变为土黄色；菌柄长 5.0~20.0 mm，粗 2.0~4.0 mm，光滑，淡黄色。

微观特征 二型菌丝系统，具生殖菌丝和骨架菌丝；担孢子 4.2~5.6×1.7~2.2 μm，圆柱形，稍弯曲，薄壁，光滑，无色；担子棒状，具 4 个担子小梗；子实层囊状体缺失；锁状联合存在。

区域内生境 夏至秋季散生于裸子植物枯木。

国内分布 华东。

赭白畸孢孔菌

Truncospora ochroleuca (Berk.) Pilát, Sb. Nár. Mus. v Praze, Rada B, Přír. Vedy 9 (2): 108 (1953)

宏观形态 子实体一年生，无柄，侧生，新鲜时木栓质，干后木质；菌盖宽 11~20 mm，厚 2.0~4.3 mm，新鲜时表面白色、乳白色至黄褐色，被绒毛，具同心环纹，边缘稍锐；菌肉白色至乳白色，干后土黄色；菌管长可达 3.0 mm，白色至乳白色，干后土黄色；孔口近圆形，4~5 孔/mm，白色至乳白色，干后土黄色。

微观特征 二型菌丝系统，具生殖菌丝和骨架菌丝；担孢子 13~14×5.3~6.5 μm，椭圆形，厚壁，光滑，无色，远脐端平截，具芽孔，拟糊精质；担子棒状，具 4 个担子小梗；子实层囊状体缺失；拟囊状体纺锤形，薄壁，无色；锁状联合存在。

区域内生境 春至秋季散生或群生于阔叶林或针阔混交林腐木。

国内分布 华东，华南，华中，东北，西南。

第五章
多孔菌、革菌及齿菌

针叶小匙孔菌

赭白畸孢孔菌

189

薄皮干酪菌

Tyromyces chioneus (Fr.) P. Karst., Revue mycol., Toulouse 3 (no. 9): 17 (1881)

宏观形态 子实体一年生，无柄，侧生，新鲜时近软木栓质，干后易碎；菌盖宽 20~67 mm，厚 8.0~16.0 mm，新鲜时表面白色，被绒毛，老后光滑；菌肉白色，海绵状；菌管长可达 4.0 mm，白色；孔口多角形，3~4 孔 /mm，白色。

微观特征 二型菌丝系统，具生殖菌丝和骨架菌丝；担孢子 3.4~3.9×1.3~1.7 μm，圆柱形，薄壁，光滑，无色；担子棒状，具 4 个担子小梗；子实层囊状体缺失；锁状联合存在。

区域内生境 夏季单生或散生于阔叶林或针阔混交林腐木。

国内分布 广布种。

** 小干酪菌

Tyromyces minutulus Y.C. Dai & C.L. Zhao, Fungal Diversity: [142] (2020)

宏观形态 子实体一年生，贴生，软木栓质，长 3.0~40.0 mm，厚 1.5~2.0 mm；菌肉白色；菌管长约 1.0 mm，白色至柠檬黄色；孔口圆形至多角形，6~8 孔 /mm，白色至柠檬黄色。

微观特征 单型菌丝系统，仅具生殖菌丝，生殖菌丝薄壁至稍厚壁；担孢子 3.7~5.1×1.3~1.9 μm，圆柱形，薄壁，光滑，无色，透明；担子棒状，具 4 个担子小梗；子实层囊状体缺失；锁状联合存在。

区域内生境 夏季散生于针阔混交林腐木。

国内分布 华东，华南。

*金丝趋木革菌

Xylobolus spectabilis (Klotzsch) Boidin, Revue Mycol., Paris 23 (3): 341 (1958)

宏观形态 子实体一年生，平伏反卷至侧生，新鲜时革质，干后木质，易碎；菌盖宽 7.0~20.0 mm，厚 0.5~1.0 mm，新鲜时表面淡黄色至褐色，光滑，具环纹；菌肉淡黄色；子实层面乳白色至淡黄色，光滑，孔口细密。

微观特征 单型菌丝系统，仅具生殖菌丝，生殖菌丝薄壁至厚壁；担孢子 6.2~7.2×2.5~3.6 μm，长椭圆形，薄壁，光滑，无色；担子棒状，具 4 个担子小梗；子实层囊状体长柱状，顶端膨大，具乳突；锁状联合缺失。

区域内生境 夏季群生或叠生于针阔混交林腐木。

国内分布 华东，华南，华中，东北，西南。

**二裂趋木齿菌

Xylodon dimiticus (Jia J. Chen & L.W. Zhou) Riebesehl & Langer, Mycol. Progr. 16 (6): 645 (2017)

宏观形态 子实体一年生，贴生，新鲜时棉质，干后软木质，长可达 55 mm，厚约 0.2 mm；菌管长约 0.1 mm，乳白色，老后淡黄色；孔口多角形，4~6 孔 /mm，乳白色，老后淡黄色。

微观特征 二型菌丝系统，具生殖菌丝和骨架菌丝；担孢子 4.0~4.6×2.8~3.8 μm，椭圆形，薄壁，光滑，无色；担子棒状，具 4 个担子小梗；子实层囊状体棒状，厚壁，无色；锁状联合存在。

区域内生境 夏季散生于阔叶林腐木。

国内分布 华东，华南。

第五章
多孔菌、革菌及齿菌

东方脆孔菌

浅黄赖特卧孔菌

东方脆孔菌

Vitreoporus orientalis (P.E. Jung & Y.W. Lim) Zmitr., Folia Cryptog. Petropolitana (Sankt-Peterburg) 6: 99 (2018)

宏观形态 子实体一年生，无柄，侧生，新鲜时木栓质，干后易碎；菌盖宽 28~50 mm，新鲜时表面棕色至深棕色，光滑，边缘钝，白色；菌肉厚 1.0~1.5 mm，白色；菌管长约 0.5 mm，栗色；孔口圆形，7~9 孔/mm，栗色，边缘颜色稍浅，呈黄色至黄褐色，老后或被触摸后呈红棕色。

微观特征 单型菌丝系统，仅具生殖菌丝，生殖菌丝薄壁至稍厚壁；担孢子 2.3~3.2×1.5~2.0 μm，椭圆形，薄壁，光滑，无色；担子棒状，具 4 个担子小梗；子实层囊状体缺失；锁状联合存在。

区域内生境 夏季单生于阔叶林腐木。

国内分布 华东，华南。

浅黄赖特卧孔菌

Wrightoporia luteola B.K. Cui & Y.C. Dai, Nova Hedwigia 83 (1~2): 159 (2006)

宏观形态 子实体一年生，贴生，边缘稍反卷，新鲜时棉质，干后软木质，长 60~100 mm；菌肉厚约 1.0 mm，乳白色至淡黄色，海绵状；菌管长约 1.5 mm，淡褐色；孔口多角形至不规则，5~8 孔/mm，乳白色至淡黄色。

微观特征 二型菌丝系统，具生殖菌丝和骨架菌丝；担孢子 2.5~3.1×1.7~2.2 μm，椭圆形，薄壁，光滑，无色；担子棒状，具 4 个担子小梗；子实层囊状体缺失；锁状联合存在。

区域内生境 夏秋季散生于阔叶林腐木。

国内分布 华东，华南，东北。

第五章
多孔菌、革菌及齿菌

薄皮干酪菌

小干酪菌

第五章
多孔菌、革菌及齿菌

金丝趋木革菌

二裂趋木齿菌

卵孢趋木齿菌

Xylodon ovisporus (Corner) Riebesehl & Langer, Mycol. Progr. 16 (6): 648 (2017)

宏观形态 子实体一年生，贴生反卷或具菌盖，新鲜时膜质，干后木质，易碎；菌盖宽 10~25 mm，新鲜时表面乳白色至淡黄色；菌肉厚 0.2 mm，乳白色至淡黄色；菌管长约 0.2 mm，乳白色至淡黄色；孔口多角形，5~9 孔 /mm，白色至污白色。

微观特征 二型菌丝系统，具生殖菌丝和骨架菌丝；担孢子 3.7~4.3×2.8~3.5 μm，宽椭圆形，薄壁，光滑，无色；担子棒状，具 4 个担子小梗；子实层囊状体圆柱形，顶端球形膨大；锁状联合存在。

区域内生境 秋季散生于针阔混交林腐木。

国内分布 华东，西南。

卵孢趋木齿菌

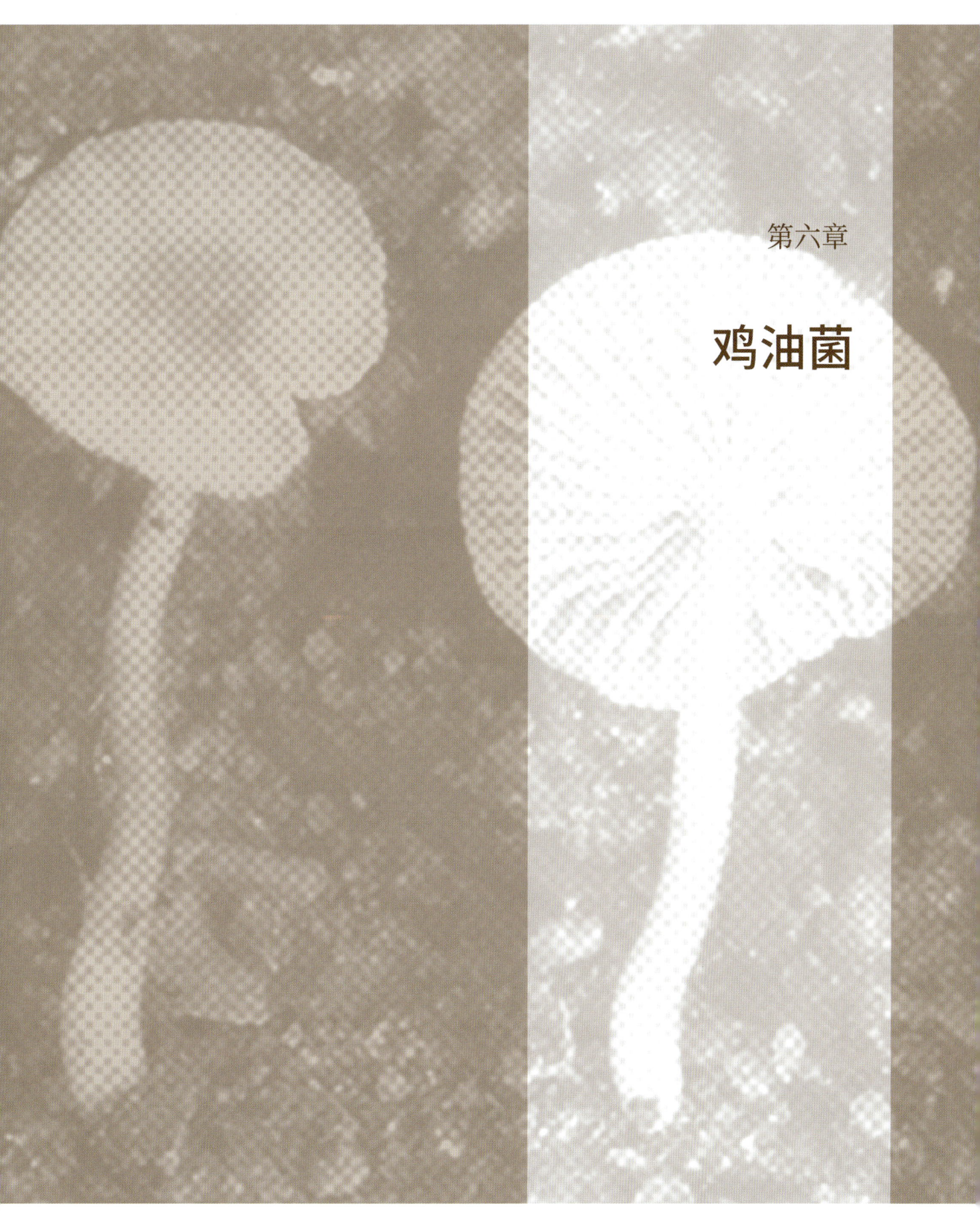

第六章

鸡油菌

白脉鸡油菌

**

可食用

Cantharellus albovenosus Buyck, Antonín & Ryoo, Mycol. Progr. 16 (8): 757 (2017)

宏观形态　菌盖宽 20~40 mm，平展，中央微凹，表面幼时被细绒毛，老后光滑，干燥，橙黄色、深橙黄色至橙红色，边缘向内弯曲且具条纹；子实层面菌褶状隆起，褶幅宽 1.0~1.5 mm，延生，稍密，分叉，具横脉，白色至淡黄色；菌柄长 23~45 mm，粗 4.0~5.0 mm，柱状，向基部渐细，表面幼时被细绒毛，老后光滑，顶端稍白，向下与菌盖同色。

微观特征　担孢子 7.5~8.6×4.3~5.4 μm，椭圆形至长椭圆形，侧面观近豆形，薄壁，光滑，无色，非淀粉质；担子棒状，具 4~6 个担子小梗；子实层囊状体缺失；菌盖表皮表皮型至绒毛型，由近柱状菌丝组成，菌丝厚壁，光滑，橄榄黄色；锁状联合存在。

区域内生境　夏季散生于阔叶林或针阔混交林地上。

国内分布　华东。

黄绿鸡油菌

**

可食用

Cantharellus luteovirens Ming Zhang, C.Q. Wang & T.H. Li, Journal of Fungi 7 (11, no. 919): 20 (2021)

宏观形态　菌盖宽 12~15 mm，幼时中央突起，边缘内卷，成熟时近平展，中央微凹，表面光滑，水浸状至干燥，条纹不明显，淡黄色至橙黄色，中央色深，呈灰橙色至橙棕色；菌肉薄，厚约 1.0 mm，淡黄色；子实层面菌褶状隆起，褶幅宽 1.0~2.0 mm，延生，窄，稀疏，分叉，具明显横脉，淡黄色；菌柄长 23~27 mm，粗 3.0~4.0 mm，中生至略微偏生，柱状，向基部渐粗，无毛，与菌盖同色或稍淡。

微观特征　担孢子 6.0~7.4×4.6~5.5 μm，宽椭圆形至椭圆形，薄壁，光滑，无色，具颗粒状内含物，非淀粉质；担子棒状，具 4~6 个担子小梗；子实层囊状体缺失；菌盖表皮表皮型至绒毛型，由宽柱状菌丝组成，无色至淡黄色；锁状联合存在。

区域内生境　夏季散生于针阔混交林地上。

国内分布　华东，华南。

第六章
鸡油菌

白脉鸡油菌

黄绿鸡油菌

鞘状鸡油菌

可食用

Cantharellus vaginatus S.C. Shao, X.F. Tian & P.G. Liu, Mycotaxon 116: 438 (2011)

宏观形态 菌盖宽 13~35 mm，凸镜形，边缘向内弯曲，柠檬黄色至金黄色，边缘颜色稍浅，表面具棕灰色至棕色鳞片；菌肉厚约 1.0 mm，污白色至污黄色；子实层面菌褶状隆起，褶幅宽约 1.0 mm，延生，稍具横脉，柠檬黄色；菌柄长 25~35 mm，粗 5.0~8.0 mm，柱状，白色，表面被污白色至淡黄色纤毛鳞片。

微观特征 担孢子 6.5~7.7×5.3~6.2 μm，宽椭圆形，薄壁；担子棒状至近柱状，具 2~6 个担子小梗；子实层囊状体缺失；菌盖表皮表皮型至绒毛型，菌丝近柱状，薄壁，黄褐色；锁状联合存在。

区域内生境 夏季散生于阔叶林地上。

国内分布 华东，西南。

灰褐喇叭菌

可食用

Craterellus atrobrunneolus T. Cao & H.S. Yuan, Mycotaxon 136 (1): 64 (2021)

宏观形态 菌盖宽 10~50 mm，宽漏斗形，边缘向内弯曲，近光滑或具辐射状条纹，新鲜时深棕色至黑色，干后灰棕色；菌肉灰色，非常薄；子实层面光滑至网状隆起，延生，灰绿色至灰棕色；菌柄长 25~50 mm，粗 5.0~15.0 mm，柱状，向基部渐细，与菌盖同色，基部光滑或具白色微绒毛。

微观特征 担孢子 6.5~7.7×4.4~5.6 μm，椭圆形，薄壁；担子棒状至近柱状，具 2~6 个担子小梗；子实层囊状体缺失；菌盖表皮表皮型，菌丝柱状，薄壁，光滑，淡黄褐色；锁状联合缺失。

区域内生境 夏季散生于针阔混交林地上。

国内分布 华东，西南。

鞘状鸡油菌

灰褐喇叭菌

黄喇叭菌

可食用

Craterellus luteus T. H. Li & X. R. Zhong, Phytotaxa 360 (1):38 (2018)

宏观形态 子实体长 40~60 mm，近喇叭形，中央下凹至近菌柄基部，橙黄色至油黄色，基部白色；菌盖宽 10~40 mm，边缘稍外翻，有蜡质感，与柄无明显界限；子实层面光滑。

微观特征 担孢子 9.0~11.0×6.0~7.5 μm，椭圆形至卵圆形，光滑，无色或稍带黄色，非淀粉质；担子近柱状；子实层囊状体缺失；锁状联合缺失。

区域内生境 夏季丛生于针阔混交林地上。

国内分布 华东，华南。

黄喇叭菌

第七章

伞菌

狭囊蘑菇

Agaricus angusticystidiatus M.Q. He, Desjardin, K.D. Hyde & R.L. Zhao, MycoKeys 40: 62 (2018)

宏观形态　菌盖宽 30~85 mm，幼时钟形，后平展，橙黄色，表面被黄棕色平伏鳞片；菌肉白色，伤后稍变污红色至棕灰色；菌褶离生，稍密，具 3~4 种类型的小菌褶，幼时白色，成熟后深棕色；菌柄长 50~100 mm，粗 5.0~7.0 mm，中生，中空，柱状，等粗，淡黄色至橙黄色，表面被纵向丛毛鳞片；菌环膜质，单生，上位。

微观特征　担孢子 4.6~6.0×3.0~3.7 μm，船形至近豆形，薄壁，光滑，无芽孔，黄棕色至棕色；侧生囊状体缺失；缘生囊状体 12~18×5.0~7.4 μm，柱状，偶具 1~2 个横隔；菌盖表皮表皮型；锁状联合缺失。

区域内生境　夏季簇生于针阔混交林地上。

国内分布　华东，华南。

双环蘑菇

Agaricus duplocingulatus Heinem., Bull. Jard. Bot. natn. Belg. 50 (1~2): 32 (1980)

宏观形态　菌盖宽 63~90 mm，幼时半球形，后平展，表面干燥，灰白色，被红棕色同心圆状排列的平伏状纤毛鳞片，中央密集；菌肉白色，伤后不变色或触摸变黄、切割时变红；菌褶离生，密，幼时粉色，成熟后褐色，具 5 种类型的小菌褶；菌柄长 30~50 mm，粗 5.0~11.0 mm，柱状，等粗，灰白色，伤后变红；菌环双层，上层宿存，膜质，白色，下层可移动，上表面白色絮状，下表面光滑，边缘棕色。

微观特征　担孢子 4.9~6.2×3.6~4.4 μm，宽椭圆形至椭圆形，侧面观一侧稍扁，稍厚壁，光滑，棕褐色；侧生囊状体缺失；缘生囊状体 14~27×11~21 μm，梨形至近球形，薄壁，无色；菌盖表皮表皮型；锁状联合缺失。

区域内生境　夏季单生或簇生于阔叶林或针阔混交林地上。

国内分布　华东，华南，西南。

蛮高蘑菇 *

Agaricus mangaoensis M.Q. He & R.L. Zhao, Scientific Reports 7 (no. 5122): 17 (2017)

宏观形态 菌盖宽 18~25 mm，凸镜形或平展，白色至淡黄色，中央稍突起，表面被红棕色细小纤维质鳞片，中央密集，向边缘渐稀至消失；菌肉白色，肉质；菌褶离生，密，幼时粉色，成熟后棕色，具 3 种类型的小菌褶，褶缘稍白；菌柄长 30~50 mm，粗 3.5~5.0 mm，中生，柱状，向基部渐粗，白色，基部近球形，具菌索；菌环膜质，上位，下垂，单环，白色，易碎，表面光滑。

微观特征 担孢子 5.0~6.0×2.6~3.4 μm，长椭圆形至近柱状，薄壁，光滑；侧生囊状体缺失；缘生囊状体 12~29×5.7~13.0 μm，宽棒状；菌盖表皮表皮型；锁状联合缺失。

区域内生境 夏季单生于阔叶林或针阔混交林地上。

国内分布 华东，西南。

黑盖蘑菇 **

Agaricus melanocarpus R.L. Zhao [as '*melanocapus*'], Phytotaxa 257 (2): 113 (2016)

宏观形态 菌盖宽 43~60 mm，幼时半球形，后平展，污白色至棕灰色，中央突起，表面干燥，被黑褐色平伏状鳞片，鳞片常呈点状，中央密集，至边缘渐稀疏；菌肉白色，肉质，伤后稍变红；菌褶离生，稍密，幼时污白色，成熟后红棕色，具 5 种类型的小菌褶；菌柄长 50~90 mm，粗 7.0~12.0 mm，中生，柱状，向基部渐粗，被白色纤毛；菌柄基部菌肉伤后呈黄色；菌环双层，膜质，中上位至上位。

微观特征 担孢子 4.2~5.6×2.5~3.5 μm，椭圆形至长椭圆形，厚壁，光滑，棕色；侧生囊状体缺失；缘生囊状体 9.0~15.0×5.0~11.0 μm，短棒状至椭圆形；菌盖表皮表皮型，菌丝柱状，具黄棕色细胞内色素；锁状联合缺失。

区域内生境 夏季单生于阔叶林地上。

国内分布 华东，西南。

景宁蘑菇

黄纤丝蘑菇

景宁蘑菇

Agaricus jingningensis M.Q. He & R.L. Zhao, Scientific Reports 7 (no. 5122): 10 (2017)

宏观形态 菌盖宽 30~60 mm，幼时球形至扁球形，后平展，污白色至淡黄色，表面被大量红棕色平伏状纤毛鳞片，中央密集，至边缘渐稀疏，鳞片易脱落；菌肉白色，肉质，伤后缓慢变为棕色；菌褶离生，幼时白色，成熟后褐色至深褐色，具 3~4 种类型的小菌褶；菌柄长 60~85 mm，粗 5.0~7.0 mm，中生，柱状，等粗，被白色绒毛；菌环单层，膜质，上位。

微观特征 担孢子 4.0~5.0×2.6~3.4 μm，长椭圆形至椭圆形，光滑，棕色；侧生囊状体缺失；缘生囊状体 14~30×7.0~17.0 μm，棒状至椭圆形；菌盖表皮表皮型；锁状联合缺失。

区域内生境 夏季单生于阔叶林地上。

国内分布 华东。

黄纤丝蘑菇

Agaricus luteofibrillosus M.Q. He, Linda J. Chen & R.L. Zhao, Fungal Diversity: [126] (2016)

宏观形态 菌盖宽 57~88 mm，幼时钟形，边缘稍内卷，后平展，表面干燥，白色至淡黄色，被黄褐色辐射平伏状鳞片，中央密集；菌肉白色，伤后稍变黄；菌褶离生，致密，幼时白色至粉色，成熟后呈棕色；菌柄长 66~70 mm，上部宽 6.0~7.0 mm，柱状，向基部渐粗，橙色至淡黄色，基部球形膨大，宽 17~22 mm，菌环以上表面光滑，菌环以下被黄褐色鳞片；菌环膜质，上位，下表面被淡棕色细小絮状绒毛。

微观特征 担孢子 5.5~6.2×3.2~3.8 μm，椭圆形，侧面观一侧稍扁，厚壁，光滑，棕褐色至橄榄黄色；侧生囊状体缺失；缘生囊状体 13~20×8.7~14.0 μm，梨形或短棒状，薄壁，无色；菌盖表皮表皮型；锁状联合缺失。

区域内生境 春夏季散生于阔叶林地上。

国内分布 华东，华南，东北，西南。

第七章
伞菌

狭囊蘑菇

双环蘑菇

蛮高蘑菇

黑盖蘑菇

硫色蘑菇 ★★

Agaricus trisulphuratus Berk., Ann. Mag. nat. Hist., Ser. 5 15: 386 (1885)

宏观形态　菌盖宽 10~50 mm，斗笠状，表面被浓密的硫黄色翘起鳞片，顶端硫黄色，至边缘渐浅；菌肉薄，白色；菌褶离生，较密，幼时淡粉色，后变为深褐色；菌柄长 20~95 mm，粗 3.0~6.0 mm，中空，柱状，向基部渐粗，基部膨大，淡黄色，菌环以下被硫黄色鳞片；菌环上位，膜质。

微观特征　担孢子 5.3~6.2×3.3~4.0 μm，椭圆形至长椭圆形，侧面观一侧稍扁，褐色至淡黄褐色，无芽孔，厚壁，脐侧附胞不明显，非淀粉质；侧生囊状体缺失；缘生囊状体 20~28×7.0~10.0 μm，近柱状、棒状或囊状；菌盖表皮表皮型，淡黄色；锁状联合缺失。

区域内生境　春夏季单生于阔叶林地上。

国内分布　华东，西南。

小盖蘑菇

Agaricus tytthocarpus R.L. Zhao [as 'tytthocapitus'], Phytotaxa 257 (2): 115 (2016)

宏观形态　菌盖宽 13~20 mm，圆锥形至凸镜形，表面被致密的纤毛鳞片，中央棕灰色，至边缘渐浅，呈白色至污白色；菌肉薄，白色；菌褶离生，密，棕色，具 5 种类型的小菌褶；菌柄长 20~50 mm，粗 2.0~3.0 mm，中生，中空，柱状，等粗，白色；菌环膜质，上位。

微观特征　担孢子 5.6~7.1×3.2~4.5 μm，椭圆形至长椭圆形，厚壁，褐色，光滑；子实层囊状体缺失；褶缘不育，由短棒状至倒梨形细胞组成，细胞 10~25×5.3~7.8 μm；菌盖表皮表皮型，菌丝柱状，具淡棕褐色细胞内色素；锁状联合缺失。

区域内生境　夏秋季单生于阔叶林地上。

国内分布　华东。

第七章 伞菌

硫色蘑菇

小盖蘑菇

211

沙橘鹅膏

Amanita sp. [*arenluteus* T. Huang & L.P. Tang]

宏观形态 菌盖宽 117~120 mm，平展，表面光滑，无菌幕残留，中央具乳突，边缘具棱纹，菌盖中央棕褐色，边缘白色至淡黄色；菌肉白色；菌褶离生，稍密，白色至淡黄色，褶缘白色，小菌褶近菌柄端平截；菌柄长 100~150 mm，粗 11~13 mm，中生，柱状，向基部渐粗，光滑，中空，淡黄褐色；菌托袋状，高约 50 mm；菌环膜质，上位。

微观特征 担孢子 9.4~11.0×6.6~7.8 μm，椭圆形，无色，薄壁，光滑，内含 1 个大油滴，非淀粉质；侧生囊状体缺失；褶缘不育，褶缘膨大细胞 16~41×11~28 μm，椭圆形至梨形；菌盖表皮分内外两层，外层菌丝近无色透明，强烈胶质化，内层菌丝黄褐色；锁状联合存在。

区域内生境 夏秋季单生或散生于针阔混交林地上。

国内分布 华东，华南，西南。

红点杵托鹅膏

Amanita brunneolimbata Zhu L. Yang, Y.Y. Cui & Q. Cai, Fungal Diversity 91: 183 (2018)

宏观形态 菌盖宽 40~50 mm，凸镜形，中央具钝乳突或无乳突，灰褐色至鼠灰色，具辐射状隐生条纹，边缘白色，具不明显条纹；菌褶离生，白色，小菌褶近柄端渐窄；菌柄长 70~90 mm，粗 4.0~10.0 mm，中生，柱状，向基部渐粗，白色，菌环之下有时会带有轻微的红褐色斑点，菌柄基部近球形至近杵状，白色夹杂淡红色斑块；菌托常具短喙，污白色至淡褐色；菌环上位，膜质，白色。

微观特征 担孢子 7.7~8.6×7.2~8.3 μm，近球形至宽椭圆形，薄壁，光滑，无色，弱淀粉质；侧生囊状体缺失；褶缘不育，褶缘膨大细胞 18~32×11~20 μm，球茎形至宽棒状；菌盖表皮表皮型，由柱状菌丝组成，黄褐色至淡黄褐色，菌丝末端细胞棒状；锁状联合缺失。

区域内生境 夏季单生于针阔混交林地上。

国内分布 华东，华南。

沙橘鹅膏

红点杵托鹅膏

草鸡枞鹅膏

可食药用

Amanita caojizong Zhu L. Yang, Y.Y. Cui & Q. Cai, Fungal Diversity 91: 138 (2018)

宏观形态 菌盖宽 55~100 mm，幼时近钟形，后平展，灰色至淡褐色，中央色较深，表面光滑，具深色纤丝状隐生花纹，边缘常悬挂白色菌幕残余；菌肉白色；菌褶离生，密，白色，小菌褶近菌柄端渐窄，偶平截；菌柄长 70~120 mm，粗 5.0~20.0 mm，白色，表面常被白色纤毛状至粉末状鳞片，柱状，向基部渐粗，基部腹鼓状至棒状，偶近球形；菌托白色，鞘状，游离托檐可达 40 mm；菌环白色，顶生，膜质，宿存或破碎消失。

微观特征 担孢子 6.5~8.0×5.0~5.7 μm，宽椭圆形至椭圆形，无色，薄壁，光滑，淀粉质；侧生囊状体缺失；褶缘不育，由膨大细胞和菌丝构成，膨大细胞 14~30×6.6~19.0 μm，椭圆形至近球形，偶见柱状；菌盖表皮分内外两层，外层菌丝胶质，近无色透明，内层菌丝黄褐色；锁状联合缺失。

区域内生境 夏季单生于阔叶林地上。

国内分布 华东，华南，西南。

格纹鹅膏

可食药用
易引起中毒

Amanita fritillaria (Sacc.) Sacc., Syll. fung. (Abellini) 9: 2 (1891)

宏观形态 菌盖宽 21~55 mm，幼时近半球形，后平展，淡灰褐色至淡褐色，中央色深，具辐射状隐生纤丝花纹，表面被疣状至颗粒状或连成破布状菌幕残余；菌幕残余灰色、深灰色至近黑色；菌肉白色；菌褶离生，稍密，白色，小菌褶近菌柄端渐窄；菌柄长 27~79 mm，粗 5.0~15.0 mm，表面被淡灰色蛇皮状鳞片，中生，中空，基部膨大；基部上半部被深灰色至近黑色絮状至疣状排成数圈环带状的菌幕残余；菌环上位至近顶生，偶近中生，薄，膜质。

微观特征 担孢子 7.4~8.3×5.8~6.8 μm，宽椭圆形至椭圆形，无色，薄壁，光滑；侧生囊状体缺失；褶缘不育，老时强烈胶化，褶缘细胞 13~21×9.4~17.0 μm，倒梨形至棒状；菌盖表皮分内外两层，外层菌丝胶质，近无色透明，内层菌丝淡黄褐色；锁状联合缺失。

区域内生境 夏秋季散生于阔叶林或针阔混交林地上。

国内分布 华东，华南，华中，东北，西南。

草鸡枞鹅膏

格纹鹅膏

灰花纹鹅膏

Amanita fuliginea Hongo, J. Jap. Bot. 28: 69 (1953)

急性肝损害型中毒

宏观形态 菌盖宽 30~50 mm，幼时钟形，后平展，深灰色至近黑色，中央色较深，具深色纤丝状隐花纹，表面光滑或偶具白色破布状菌幕残余，边缘无沟纹；菌肉白色，较薄；菌褶离生，白色，较密，小菌褶近菌柄端渐窄；菌柄长 50~100 mm，粗 5.0~15.0 mm，近柱形或向上稍变细，白色至淡灰色，常被淡褐色细小鳞片，基部近球形膨大；菌托浅杯状，白色；菌环顶生至近顶生，灰白色，膜质。

微观特征 担孢子 8.0~10.0×7.0~9.5 μm，球形至近球形，无色，光滑，薄壁，淀粉质；褶缘不育，由膨大细胞和胶化的菌丝组成，膨大细胞 25~45×12~20 μm，棒状、宽棒状或梨形，常 2~3 个连成念珠状，无色或具淡灰色细胞内色素；菌盖表皮表面胶化，由近辐射状排列的菌丝组成；锁状联合缺失。

区域内生境 夏季散生于阔叶林或针阔混交林地上。

国内分布 华东，华南，华中，西南。

粉褶鹅膏

Amanita incarnatifolia Zhu L. Yang, Biblthca Mycol. 170: 52 (1997)

有毒

宏观形态 菌盖宽 40~60 mm，幼时扁球形，后平展，中央有时微凹，深褐色，至边缘渐浅，呈灰褐色至污白色，表面光滑或偶具破布状白色菌幕残余，边缘具棱纹；菌肉白色，薄；菌褶离生，粉红色，较密，小菌褶近菌柄端多平截；菌柄长 50~80 mm，粗 5.0~15.0 mm，圆柱形，上部稍细，中空，基部不膨大，菌环之上淡粉色，菌环之下白色，光滑或具纤丝状鳞片；菌托袋状，白色；菌环白色至淡灰色，中上位。

微观特征 担孢子 10~13×7.0~9.0 μm，椭圆形至宽椭圆形，薄壁，光滑，无色，非淀粉质；褶缘不育，由膨大细胞和胶化的菌丝组成，膨大细胞棒状、宽棒状至梨形，单个顶生或几个连成念珠状；菌盖表皮稍胶化至强烈胶化，由较为疏松近辐射状排列的菌丝组成；锁状联合存在。

区域内生境 夏季单生或散生于阔叶林或针阔混交林地上。

国内分布 华东，华南，西南。

灰花纹鹅膏

粉褶鹅膏

长条棱鹅膏

有毒

Amanita longistriata S. Imai, J. Fac. agric., Hokkaido Imp. Univ., Sapporo 43 (1): 11 (1938)

宏观形态 菌盖宽 53~58 mm，宽凸镜形至凸镜形，淡灰色至灰褐色，中央色深褐色，干燥，边缘具长棱纹；菌肉薄，白色；菌褶离生，稍密，肉粉色，小菌褶近菌柄端多平截；菌柄长 68~123 mm，粗 12~14 mm，白色，柱状，向基部渐粗，光滑或具纤丝状鳞片；菌托袋状，高 15~25 mm，白色至污白色；菌环上位，膜质，白色。

微观特征 担孢子 9.8~11.0×7.6~9.0 μm，宽椭圆形，薄壁，光滑，无色，非淀粉质，脐侧附胞明显；侧生囊状体缺失；褶缘不育，由菌丝和膨大细胞构成，膨大细胞 20~32×10~23 μm，棒状、宽棒状至梨形，薄壁，光滑，无色；菌盖表皮外层绒毛型，由稍胶化至强烈胶化柱状菌丝组成，橙褐色；锁状联合存在。

区域内生境 夏季散生于阔叶林地上。

国内分布 华东，华南，华中，西北。

红褐鹅膏

有毒

Amanita orsonii Ash. Kumar & T.N. Lakh., Amanitaceae of India (Dehra Dun): 75 (1990)

宏观形态 菌盖宽 31~100 mm，凸镜形至平展，红褐色至黄褐色，中央色深，被污白色至灰褐色近锥状、粒状至絮状的菌幕残余；菌肉白色，伤后缓慢变红褐色；菌褶离生，小菌褶近菌柄端渐窄，伤后缓慢变红褐色；菌柄长 40~80 mm，粗 6.0~10.0 mm，中生，柱状，向基部渐粗，菌环之下污白色，擦伤后变为红褐色，被淡褐色纤毛状鳞片，基部球形膨大；菌托退化，在基部上半部呈环带状排列，污白色至灰褐色；菌托杯状，白色至淡黄色；菌环中上位。

微观特征 担孢子 7.1~8.6×5.4~6.5 μm，宽椭圆形至椭圆形，薄壁，无色，淀粉质；侧生囊状体缺失；褶缘不育，褶缘细胞 17~39×15~28 μm，球茎形；菌盖表皮表皮型至绒毛型，淡褐色；菌幕细胞近球形；锁状联合缺失。

区域内生境 夏季散生于针阔混交林地上。

国内分布 华东，华中，东北，西南。

长条棱鹅膏

红褐鹅膏

卵孢鹅膏

Amanita ovalispora Boedijn, Sydowia 5 (3~6): 320 (1951)

宏观形态 菌盖宽 30~50 mm，凸镜形至平展，灰褐色，边缘灰色至白色，中央光滑，边缘具长条纹；菌褶离生，白色，稀疏，小菌褶近菌柄端多平截，褶缘轻微锯齿状；菌柄长 20~50 mm，粗 4.0~10.0 mm，中生，柱状，白色至污白色，上半部常被白色粉末状鳞片，具绒毛；菌托袋状至杯状，白色；菌环缺失。

微观特征 担孢子 8.3~10.0×6.9~8.2 μm，宽椭圆形至椭圆形，薄壁，光滑，无色，非淀粉质；侧生囊状体缺失；褶缘细胞 21~41×15~28 μm，球茎形；菌盖表皮绒毛型，无色至淡黄色；锁状联合缺失。

区域内生境 夏季单生于针阔混交林地上。

国内分布 华东，华南，西南。

** 假格纹鹅膏

Amanita pseudofritillaria L.P. Tang, T. Huang & N.K. Zeng, Frontiers in Microbiology 13 (no. 1087756): 13 (2023)

宏观形态 菌盖宽 43~100 mm，幼时半球形，后平展，深灰色，至边缘渐浅，表面被棕灰色疣状至块状菌幕残余；菌褶离生，白色至稍带淡黄色，小菌褶近菌柄端渐窄或平截；菌柄长 52~110 mm，粗 10~20 mm，柱状，向基部渐粗，基部球形膨大，灰白色至棕灰色，表面被鼠灰色至棕灰色纤毛鳞片；菌托退化，在菌柄基部形成灰色至灰黑色同心环纹；菌环膜质，白色，上位。

微观特征 担孢子 7.3~9.4×5.0~7.4 μm，椭圆形，薄壁，无色，淀粉质；侧生囊状体缺失；褶缘不育，由膨大细胞及菌丝组成，膨大细胞 22~43×8.7~21.0 μm，梨形或棒状，薄壁，无色；菌盖表皮外层轻微胶质化或非胶质化，无色；锁状联合缺失。

区域内生境 夏秋季单生于阔叶林地上。

国内分布 华东，华南，西南。

卵孢鹅膏

假格纹鹅膏

假褐云斑鹅膏

急性肾衰竭型中毒

Amanita pseudoporphyria Hongo, J. Jap. Bot. 32: 141 (1957)

宏观形态 菌盖宽 25~100 mm，幼时近钟形，后平展，淡灰色至灰褐色，中央色深，具深色纤丝状隐生花纹，湿时稍黏，干时有光泽，边缘平滑无沟纹；菌肉白色；菌褶离生，白色，稍密，小菌褶近菌柄端渐窄，偶近平截；菌柄长 70~120 mm，粗 12~20 mm，中生，中空，白色，柱状，向基部渐粗，常被白色纤毛状至粉末状鳞片，基部粗 15~40 mm，棒状、腹鼓状至梭形，常呈假根状；菌托浅杯状，白色；菌环膜质，白色，顶生。

微观特征 担孢子 6.5~8.0×4.2~5.6 μm，椭圆形，无色，薄壁，淀粉质，内含 1 个大油滴；褶缘不育，由菌丝和膨大细胞组成，膨大细胞 16~32×10~20 μm，近球形，偶见顶端突起；菌盖表皮外层菌丝胶化，淡黄褐色；锁状联合缺失。

区域内生境 夏季单生于阔叶林地上。

国内分布 华东，华南，华中，西北，西南。

土红粉盖鹅膏

神经精神型中毒

Amanita rufoferruginea Hongo, J. Jap. Bot. 41: 165 (1966)

宏观形态 菌盖宽 12~98 mm，幼时近半球形，成熟后平展，中央稍突起，边缘具明显棱纹，表面被土红色至褐色粉末状、小疣状或絮状菌幕残余，老后渐光滑；菌肉白色至淡黄色；菌褶离生，稍密，白色至淡黄色，小菌褶近菌柄端多平截；菌柄长 43~115 mm，粗 5.5~10.0 mm，中生，内部松软至中空，柱状，基部球形膨大，宽可达 15 mm，表面密被红色、锈红色粉末状鳞片；菌托缺失；菌环上位，膜质，上表面白色，下表面橙红色，易脱落。

微观特征 担孢子 7.5~9.3×6.5~8.0 μm，近球形至宽椭圆形，无色，薄壁，光滑，非淀粉质；子实层囊状体缺失；褶缘不育，褶缘膨大细胞 16~41×12~36 μm，近椭圆形至倒梨形；菌盖表皮近绒毛型，胶化；菌幕残余由不规则膨大细胞和丝状细胞组成；锁状联合缺失。

区域内生境 夏秋季散生于壳斗科林、松林或其混交林地上。

国内分布 华东，华南，华中，华北，西南。

假褐云斑鹅膏

土红粉盖鹅膏

中华鹅膏

可食用

Amanita sinensis Zhu L. Yang, Biblthca Mycol. 170: 23 (1997)

宏观形态 菌盖宽 35~80 mm，幼时半球形，后平展，中央微凹，边缘具棱纹或几乎无棱纹，灰色至灰白色，表面被灰色、深灰色至灰褐色疣状、颗粒状至絮状或毡状菌幕残余；菌肉白色，薄；菌褶离生，稍密，白色，褶缘稍齿状，小菌褶近菌柄端多平截；菌柄长 125~140 mm，粗 10~30 mm，中生，近柱状或向基部渐粗，污白色至淡灰色，内部松软至中空，表面被淡灰色、灰色至深灰色粉状至絮状鳞片；菌环膜质，顶生至近顶生，上表面白色，具细小辐射状沟纹，下表面被淡灰色粉质至纤丝状鳞片，易脱落。

微观特征 担孢子 8.5~11.0×6.0~7.2 μm，宽椭圆形至长椭圆形，无色，薄壁，光滑，非淀粉质；子实层囊状体缺失；褶缘不育，褶缘膨大细胞 9.3~24.0×5.8~18.0 μm，球形、扁球形或近宽棒状，常念珠状排列；菌盖表皮近绒毛型，菌丝无色或具淡褐色细胞内色素，表面具细小颗粒；锁状联合存在。

区域内生境 夏秋季单生或散生于阔叶林地上。

国内分布 广布种。

近东方褐盖鹅膏

Amanita suborientifulva Raspé, Thongbai & K.D. Hyde, Mycosphere 9 (3): 486 (2018)

宏观形态 菌盖宽 26~50 mm，幼时半球形，后平展，湿时稍黏，光滑，深橙色或棕褐色，中央色深，至边缘渐浅，表面光滑，边缘具深棱纹；菌肉白色；菌褶离生，稍密，白色，小菌褶近菌柄端近平截；菌柄长 48~90 mm，粗 9.0~20.0 mm，中生，中空，柱状，向基部渐粗，幼时污白色至淡污黄色，老后灰橙色，表面被淡棕色至淡黄棕色纤毛鳞片；菌托鞘状，白色；菌环缺失。

微观特征 担孢子 8.8~11.0×8.3~10.0 μm，球形至宽椭圆形，无色，薄壁，光滑，非淀粉质；子实层囊状体缺失；褶缘不育，褶缘膨大细胞 20~55×20~30 μm，球形至近球形；菌盖表皮表皮型至绒毛型，外层菌丝近无色透明，内层菌丝具黄褐色细胞内色素；锁状联合缺失。

区域内生境 夏季单生或散生于壳斗科或壳斗科和松树混交林地上。

国内分布 华东，华南。

中华鹅膏

近东方褐盖鹅膏

残托鹅膏有环变型

神经精神型中毒

Amanita sychnopyramis f. *subannulata* Hongo, Memoirs of Shiga University 21: 63 (1971)

宏观形态 菌盖宽 50~80 mm，幼时半球形，后平展，老时中央常微凹，淡褐色至深褐色，至边缘渐浅，呈污白色，表面被易脱落的白色至米色角锥状至圆锥状菌幕残余，边缘具长棱纹；菌肉白色；菌褶离生，稍密，白色，小菌褶近菌柄端多平截；菌柄长 63~100 mm，粗 5.0~11.0 mm，中生，柱状，白色至淡黄色，内部松软至中空，基部球形膨大；基部表面被淡黄色至淡灰色小颗粒状至粉末状的菌幕残余，排列呈不规则同心环状；菌环膜质，中位或中下位。

微观特征 担孢子 6.7~8.2×6.6~7.4 μm，近球形，薄壁，无色，光滑，非淀粉质；子实层囊状体缺失；褶缘不育，老时常强烈胶化，褶缘膨大细胞棒状至球形，单个顶生或少数几个连成念珠状；菌盖表皮外层菌丝黏绒毛型，无色至淡褐色，内层菌丝表皮型，褐色；菌幕细胞椭圆形至倒梨形；锁状联合缺失。

区域内生境 夏季单生于阔叶林或针阔混交林地上。

国内分布 华东，华南，华中，西南。

绒毡鹅膏

Amanita vestita Corner & Bas, Persoonia 2 (3): 252 (1962)

宏观形态 菌盖宽 25~50 mm，扁凸镜形至平展，密被淡褐色至暗褐色疣状、绒状至毡状的菌幕残余，边缘平滑无棱纹，常具絮状物，菌幕残余及絮状物易脱落；菌褶离生，白色至淡黄褐色，小菌褶近菌柄端渐窄；菌柄长 40~60 mm，粗 4.0~9.0 mm，中生，中实，柱状，向基部渐粗，被易脱落的白色丝状至絮状鳞片，基部膨大，腹鼓状至近梭形；菌托退化；菌环膜质，上位易破碎。

微观特征 担孢子 8.1~10.0×5.4~6.7 μm，椭圆形至长椭圆形，薄壁，无色，淀粉质；子实层囊状体缺失；褶缘不育，褶缘膨大细胞 17~27×7.4~10.0 μm，近球形、棒状至椭圆形；菌盖表皮分内外两层，外层黏绒毛型，无色至近无色，内层表皮型，无色至近无色；菌幕残余由不规则排列的菌丝和膨大细胞构成，近无色透明或具淡褐色细胞内色素；锁状联合缺失。

区域内生境 夏秋季单生于阔叶林或针阔混交林地上。

国内分布 华东，华南，华中，西南。

褐红炭褶菌

Anthracophyllum nigritum (Lév.) Kalchbr., Grevillea 9 (no. 52): 137 (1881)

宏观形态 菌盖宽 5.0~30.0 mm，近圆形至扇形，表面赭黄色至肉褐色，渐褪色，边缘具条纹；菌肉极薄，淡棕色；菌褶十分稀疏，红褐色，不等长；菌柄极短或不发育。

微观特征 担孢子 7.7~9.5×4.0~5.3 μm，椭圆形至近圆柱形，薄壁，光滑，在水中无色，在碱性溶液中呈青绿色或灰青褐色，非淀粉质；担子棒状，水中呈橙黄色，在碱性溶液中呈青绿色或灰青褐色；侧生囊状体缺失；缘生囊状体 18~30×2.0~5.0 μm，棒状，近顶端具瘤状突起；菌盖表皮表皮型，由柱状菌丝组成，在碱性溶液中呈青绿色或橙黄色；锁状联合缺失。

区域内生境 春夏季群生于阔叶林枯枝。

国内分布 华东，西南。

*貂皮丽蘑

Calocybe erminea J.Z. Xu & Yu Li, Phytotaxa 425 (4): 224 (2019)

宏观形态 菌盖宽 16~24 mm，平展，中央微凹，边缘向内弯曲或向上翘起，干燥，淡肉色，老后污白色；菌褶直生至稍延生，密，白色，具 4~5 种类型的小菌褶；菌柄长 23~32 mm，粗 2.0~3.0 mm，柱状，等粗，弯曲，淡肉色，老后褐色，表面稍具白色纤毛。

微观特征 担孢子 3.1~3.9×2.4~3.0 μm，近球形至宽椭圆形，薄壁，光滑，无色，非淀粉质；子实层囊状体缺失；菌盖表皮膜皮型，由 1~2 层近球形细胞组成，细胞 11~22×9.4~18.0 μm；部分菌髓菌丝具锁状联合。

区域内生境 春夏季散生于阔叶林地上。

国内分布 华东，东北。

锥鳞白鹅膏

异刺小菇

锥鳞白鹅膏

有毒

Amanita virgineoides Bas, Persoonia 5 (4): 435 (1969)

宏观形态 菌盖宽 70~100 mm，白色，幼时半球形，后平展，表面被白色圆锥状至角锥状菌幕残余；边缘平滑无沟纹，常悬垂絮状物；菌肉白色，稍厚；菌褶离生，白色至污白色，小菌褶近菌柄端渐窄；柄长 100~150 mm，粗 15~30 mm，近圆柱形或向上稍变细，白色，被白色絮状至粉末状鳞片，中实，基部腹鼓状膨大，其上半部被白色絮状至颗粒状的菌幕残余，排列成环带状；菌环膜质，白色，易消失，偶宿存。

微观特征 担孢子 7.7~8.9×5.6~6.8 μm，宽椭圆形至椭圆形，无色透明，光滑，薄壁，淀粉质；子实层囊状体缺失；褶缘不育，由菌丝和膨大细胞构成，膨大细胞 25~37×16~20 μm，倒梨形或近棒状，偶见卵状至近球形，单个顶生或 2~3 个连成念珠状；菌盖表皮分化不明显，菌丝无色，常具反光内含物，只在老时才胶化；锁状联合存在。

区域内生境 夏秋季散生于阔叶林地上。

国内分布 华东，华南，华中，西南。

异刺小菇

**

Amparoina heteracantha Singer, Revue Mycol., Paris 40 (1): 58 (1976)

宏观形态 菌盖宽 2.0~3.5 mm，半球形至钟形，幼时中央具明显钝圆突起，白色，表面被密集白色麸状绒毛，边缘具半透明条纹，形成浅沟纹；菌肉极薄，易碎；菌褶直生至弯生，白色；菌柄长 5.0~11.0 mm，粗 0.5~1.0 mm，中生，白色，柱状，等粗，表面被白色微绒毛。

微观特征 担孢子 6.8~8.0×5.0~6.3 μm，宽椭圆形至长椭圆形，薄壁，光滑，非淀粉质；侧生囊状体缺失；缘生囊状体 23~34×19~27 μm，倒梨形，具密集刺状疣突；菌盖表皮表皮型，菌丝末端常存在具长刺的近球形至椭圆形细胞；柄生囊状体 110~307×8.0~12.0 μm，圆柱形至长棍棒状，表面被密集刺状突起；锁状联合存在。

区域内生境 夏季散生于阔叶林腐木。

国内分布 华东，华中。

残托鹅膏有环变型

绒毡鹅膏

褐红炭褶菌

貂皮丽蘑

黄白脆柄菇

可药用
神经精神型中毒

Candolleomyces candolleanus (Fr.) D. Wächt. & A. Melzer, Mycol. Progr. 19 (11): 1233 (2020)

宏观形态 菌盖宽 10~100 mm，幼时半球形，后圆锥形至平展，新鲜时褐色至黄褐色，水浸状，边缘具半透明条纹，干后淡黄褐色至污白色，幼时表面被易消失的白色丛毛鳞片；菌肉薄，白色，易碎；菌褶稍弯生，细长，密，不等长；菌柄长 30~110 mm，粗 3.0~5.0 mm，脆，中生，中空，圆柱形，上下等粗，表面被稀疏白色纤毛鳞片。

微观特征 担孢子 6.1~9.0×3.7~4.5 μm，正面观椭圆形至长椭圆形，侧面观一侧稍扁，在水中呈淡褐色，在碱性溶液中呈黄褐色，非淀粉质，光滑，具明显芽孔，芽孔宽约 1.5 μm；侧生囊状体缺失；缘生囊状体 39~49×12~17 μm，呈顶端宽钝圆的棒状或顶端头状膨大的囊状，2 种形态的比例随子实体变化而变化；菌盖膜皮型；锁状联合存在。

区域内生境 夏季单生、散生至丛生于阔叶林地上或腐木。

国内分布 广布种。

近辛格黄白脆柄菇

*

Candolleomyces subsingeri (T. Bau & J.Q. Yan) D. Wächt. & A. Melzer, Mycol. Progr. 19 (11): 1234 (2020)

宏观形态 菌盖宽 15~40 mm，幼时半球形，后呈圆锥形，顶端钝圆，新鲜时水浸状，褐色至红褐色，边缘颜色稍浅，干后呈淡黄褐色，幼时表面具易消失的稀疏白色丛毛鳞片；菌肉白色，薄，易碎；菌褶直生，密，不等长，淡褐色，褶缘齿状，白色；菌柄长 35~50 mm，粗 3.0~4.5 mm，脆，白色，中空，上下等粗，表面具明显纤维状鳞片。

微观特征 担孢子 5.8~7.8×3.9~4.4 μm，正面观椭圆形至长椭圆形，侧面观稍扁，在水和碱性溶液中均极淡，几乎无色或稍带淡黄色，非淀粉质，光滑，无芽孔；侧生囊状体缺失；缘生囊状体 16~34×9.8~15.0 μm，囊状至短棒状或呈梨形，偶见纺锤形，顶端钝圆，无色，薄壁；菌盖表皮上皮型；锁状联合存在。

区域内生境 夏季单生至散生于针阔混交林地上或枯枝落叶层。

国内分布 华东，华中，东北，西南。

第七章 伞菌

黄白脆柄菇

近辛格黄白脆柄菇

槽盖黄白脆柄菇

**

Candolleomyces sulcatotuberculosus (J. Favre) D. Wächt. & A. Melzer, Mycol. Progr. 19 (11): 1234 (2020)

宏观形态 菌盖宽 28~32 mm，半球形，水浸状，褐色，随水浸状消失渐变为淡褐色至污白色，边缘具沟槽状条纹，条纹从边缘延伸至菌盖中央；菌肉与盖同色，薄，易；菌褶直生至稍弯生，中等密度，不等长，污白色；菌柄长 15~40 mm，粗 1.0~2.5 mm，脆，中生，中空，圆柱形，稍弯曲，污白色至稍带褐色，表面被白色纤毛，顶端被白色粉霜状绒毛。

微观特征 担孢子 6.9~8.0×4.7~5.0 μm，椭圆形至长椭圆形，侧面观一侧稍扁，在水和碱性溶液中均极淡，几乎无色或稍带淡黄色，光滑，无芽孔，非淀粉质；侧生囊状体缺失；缘生囊状体 20~29×10~15 μm，囊状，基部溢缩呈短或长的柄，无色，薄壁；菌盖表皮上皮型；锁状联合存在。

区域内生境 夏季散生于阔叶林腐木或枯枝落叶等腐殖质上。

国内分布 华东，华南，华中，西北，西南。

盔状毛伞

*

Chaetocalathus galeatus (Berk. & M.A. Curtis) Singer, Lilloa 8: 529 (1943) [1942]

宏观形态 子实体无柄，偏贴生；菌盖宽 7.6~17.0 mm，贝壳形至帽状，白色至淡黄色，着生部位黄褐色，表面具长条纹，被柔毛；菌褶离生，幼时白色，成熟后黄褐色，褶缘颜色较浅，白色至淡黄色。

微观特征 担孢子 8.5~10.0×5.7~7.0 μm，宽椭圆形至长椭圆形，薄壁，光滑，非淀粉质；侧生囊状体 41~54×9.2~13.0 μm，近梭形，厚壁，顶端偶稍尖，上部被可溶于碱性溶液的晶体附着物；具近梭形和不规则指状两种类型的缘生囊状体；近梭形缘生囊状体 24~32×7.0~10.0 μm，类侧生囊状体，部分具较明显棱角；不规则指状缘生囊状体 13~25×4.5~9.5 μm；菌盖表皮表皮型，菌丝厚壁；表皮绒毛分枝，具横隔，厚壁，顶端具帽状附属物；锁状联合存在。

区域内生境 夏季群生于阔叶林腐木。

国内分布 华东，华中。

槽盖黄白脆柄菇

盔状毛伞

皱波斜盖伞

Clitopilus crispus Pat., Bull. Soc. mycol. Fr. 29: 214 (1913)

宏观形态 菌盖宽 20~50 mm，凸镜形至平展，白色至污白色，中央微凹，边缘内卷，具放射状棱纹和沟纹，末端呈流苏状；菌肉白色，厚约 1.0 mm；菌褶延生，幼时白色，后呈乳白色至粉红色，具 2~3 种类型的小菌褶；菌柄长 20~50 mm，粗 5.0~10.0 mm，中生至偏生，近圆柱形，光滑，白色。

微观特征 担孢子 6.0~7.0×4.5~5.5 μm，卵圆形、宽椭圆形至椭圆形，极视角可观察到 9~11 条纵向嵴，淡粉色；子实层囊状体缺失；菌盖表皮表皮型；锁状联合缺失。

区域内生境 夏季散生于阔叶林地上。

国内分布 华东，华南，西南。

华柔斜盖伞

Clitopilus sinoapalus S.P. Jian & Zhu L. Yang, Mycologia 112 (2): 385 (2020)

宏观形态 菌盖宽 10~35 mm，脐状至浅漏斗形，白色，成熟后中央略带淡黄色，无明显条纹，表面略被白色粉霜状绒毛，边缘稍内卷至平直、波浪状；菌肉白色，薄；菌褶延生，较密，具 3 种类型的小菌褶，白色至淡粉红色；菌柄长 20~30 mm，粗 2.0~4.0 mm，圆柱形，中生，中空，等粗或基部稍膨大，与菌盖同色，光滑或稍被白色粉霜状绒毛，基部被白色菌丝。

微观特征 担孢子 4.0~5.5×3.5~4.5 μm，正面观球形至宽椭圆形，极视角可观察到 8~10 个纵向嵴，薄壁，非淀粉质；菌褶边缘可育；子实层囊状体缺失；菌盖表皮表皮型，末端菌丝细胞圆柱形，薄壁；锁状联合缺失。

区域内生境 夏秋季单生、散生或群生于阔叶林或针阔混交林地上或具苔藓的地上。

国内分布 华东，华南，西南。

皱波斜盖伞

华柔斜盖伞

梅内胡拟金钱菌 *

Collybiopsis menehune (Desjardin, Halling & Hemmes) R.H. Petersen, Mycotaxon 136 (2): 343 (2021)

宏观形态 菌盖宽 16~25 mm，幼时凸镜形，成熟后平展，中央微凹，淡褐色至淡红褐色，至边缘渐浅，呈淡黄色，表面光滑，具细小辐射状排列的条纹；菌褶直生，密，白色至污白色；菌柄长 16~20 mm，粗 2.0~3.0 mm，中生，与菌盖同色，近基部颜色较深，呈暗褐色，表面光滑。

微观特征 担孢子 6.0~8.5×2.1~4.1 μm，椭圆形、长椭圆形至近柱状，侧面观一侧稍扁，光滑，薄壁，透明；侧生囊状体缺失；缘生囊状体 21~27×3.1~4.6 μm，圆柱形或棍棒状；菌盖表皮表皮型；锁状联合存在。

区域内生境 夏季散生于阔叶林枯枝落叶或地上。

国内分布 华东，华南，华北，西北，西南。

东方近裸拟金钱菌 ***

Collybiopsis orientisubnuda J.S. Kim & Y.W. Lim, MycoKeys 88: 94 (2022)

宏观形态 菌盖宽 13~31 mm，凸镜形，中央不突起或稍突起，表面光滑，淡黄棕色；菌褶弯生至顶端微凹，稀疏，淡黄色，褶缘稍白；菌柄长 27~74 mm，粗 2.0~5.0 mm，中生，中空，柱状，白色，表面被微绒毛。

微观特征 担孢子 7.5~9.8×3.0~4.4 μm，长椭圆形至纺锤形，一端较尖，侧面观一侧稍扁，薄壁，光滑，无色；侧生囊状体 31~55×3.8~8.7 μm，梭形或窄梭形，顶端尖，偶见钝圆或具乳突；缘生囊状体 29~45×7.5~9.4 μm，类侧生囊状体；菌盖表皮表皮型，菌丝柱状，表面粗糙，末端细胞 14~20×2.8~4.8 μm；锁状联合存在。

区域内生境 夏秋季单生或散生于针阔混交林地上。

国内分布 华东。

梅内胡拟金钱菌

东方近裸拟金钱菌

波状拟金钱菌

Collybiopsis undulata J.S. Kim & Y.W. Lim, MycoKeys 88: 97 (2022)

宏观形态　菌盖宽 4.0~5.0 mm，凸镜形至平展，中央微凹，光滑，水浸状，棕色，边缘颜色稍浅；菌肉非常薄，与菌盖同色；菌褶弯生至近离生，稍密，污白色；菌柄长 20~35 mm，粗 0.8~1.2 mm，淡褐色至棕黑色，柱状，等粗，被白色细绒毛，基部稍膨大。

微观特征　担孢子 7.1~8.8×3.0~3.8 μm，正面观长泪滴状，近脐端较尖，远脐端钝圆且较宽，侧面观不等边，弯曲，薄壁，无色，非淀粉质；侧生囊状体缺失；缘生囊状体 17~31×4.5~7.6 μm，形态不规则，棒状或近念珠状，顶端多数具宽钝圆指状分枝，薄壁，无色；菌盖表皮表皮型，菌丝厚壁，表面粗糙，淡棕色；锁状联合存在。

区域内生境　夏季单生或散生于阔叶林具苔藓的地上或枯枝落叶上。

国内分布　华东。

绒柄拟金钱菌

Collybiopsis vellerea J.S. Kim & Y.W. Lim, MycoKeys 88: 98 (2022)

宏观形态　菌盖宽 23~40 mm，扁凸镜形，中央微凹，表面光滑，肉褐色，至边缘渐浅，老后呈污白色，稍带褐色；菌肉薄，白色；菌褶弯生至顶端微凹，密，污白色，具 5~7 种类型的小菌褶；菌柄长 20~58 mm，粗 3.0~5.0 mm，中生，中空，柱状，淡黄色，基部深棕色。

微观特征　担孢子 5.0~6.5×3.0~3.8 μm，正面观椭圆形至长椭圆形，偶见泪滴状，侧面观一侧稍扁，薄壁，光滑，无色，非淀粉质；侧生囊状体 27~35×7.5~12.0 μm，近梭形，顶端钝圆或稍尖；具近棒状与不规则柱状两种类型的缘生囊状体：不规则柱状缘生囊状体顶端可见分枝；菌盖表皮表皮型，菌丝柱状，表面粗糙；锁状联合存在。

区域内生境　夏秋季散生于针阔混交林地上。

国内分布　华东。

波状拟金钱菌

绒柄拟金钱菌

阿帕锥盖伞

**

有毒

Conocybe apala (Fr.) Arnolds, Persoonia 18 (2): 225 (2003)

宏观形态 菌盖宽 30~53 mm，凸镜形至近钟形，中央稍具乳突或无乳突，水浸状，淡黄色、淡橙褐色至淡赭褐色，边缘象牙白色或淡黄色，稍黏，光滑，边缘具半透明条纹，水浸状消失后呈污黄色，边缘条纹不明显；菌肉极薄，与菌盖同色；菌褶直生，稍密，锈褐色；菌柄长 70~80 mm，粗 3.8~6.0 mm，脆，中空，柱状，向基部渐粗，乳白色，老后稍带淡黄色。

微观特征 担孢子 11~14×7.2~8.5 μm，椭圆形至长椭圆形，卵圆形，厚壁，光滑，黄棕色，具芽孔；侧生囊状体缺失；缘生囊状体 19~27×7.1~14.0 μm，球顶短颈瓶形，薄壁，无色；菌盖表皮膜皮型，由梨形细胞组成，细胞薄壁，橙黄色；锁状联合存在。

区域内生境 夏季散生于阔叶林或针阔混交林地上。

国内分布 华东，华南，华北，东北，西北，西南。

肉色锥盖伞

*

Conocybe incarnata (Jul. Schäff.) Hauskn. & Arnolds, Persoonia 18 (2): 246 (2003)

宏观形态 菌盖宽 7.0~23.0 mm，锥形，水浸状，红棕色，随水浸状消失，渐变为肉粉色，边缘具不明显辐射状条纹；菌肉薄，易碎；菌褶直生，较稀疏，幼时白色，成熟后淡黄色至淡黄褐色，褶缘白色，具3种类型的小菌褶；菌柄长 30~80 mm，粗 2.0~3.0 mm，中生，中空，柱状，向基部渐细，基部常具假根，粉色至粉紫色，表面被白色粉霜状绒毛，具纵向条纹。

微观特征 担孢子 8.8~10.0×5.0~6.0 μm，椭圆形至长椭圆形，侧面观一侧稍扁，稍厚壁，黄褐色至淡黄褐色，光滑，芽孔明显，宽约 2.0 μm；侧生囊状体缺失；缘生囊状体 10~19×4.8~9.8 μm，球顶短颈瓶或球顶长颈瓶形；菌盖表皮膜皮型，淡黄色；锁状联合存在。

区域内生境 夏季散生于针阔混交林或灌木园地地上。

国内分布 华东，东北，西北。

龙脑香毛皮伞肉桂色变型

Crinipellis dipterocarpi f. *cinnamomea* Kerekes, Desjardin & Lumyong, Fungal Diversity 37: 120 (2009)

宏观形态 菌盖宽 3.0~4.0 mm，半球形至凸镜形，中央具明显或不明显乳突，边缘向内弯曲，表面被纤毛，干燥，橙褐色；菌褶离生至近弯生，稀疏，白色至淡黄色，具 2 种类型的小菌褶；菌柄长 14~20 mm，粗 0.4~0.6 mm，淡黄褐色，柱状，等粗，被淡黄褐色短绒毛。

微观特征 担孢子 6.8~9.0×3.0~4.3 μm，长椭圆形至圆柱形，近脐端较尖，远脐端钝圆且较宽，薄壁，光滑，无色，非淀粉质；侧生囊状体缺失；缘生囊状体 14~19×4.6~7.3 μm，扫帚状，薄壁，无色；菌盖表皮表皮型；菌盖表皮纤毛厚壁，具横隔；锁状联合存在。

区域内生境 春夏季散生于阔叶林腐木。

国内分布 华东。

莞岛毛皮伞

Crinipellis wandoensis Antonín, Ryoo & Ka, Phytotaxa 170 (2): 92 (2014)

宏观形态 菌盖 5.0~7.0 mm，扁球形，中央微凹，凹陷内具一棕色乳突，成熟后乳突存在或消失，表面被辐射状平伏柔毛，棕色，边缘淡黄色至稍白色；菌褶近弯生，稀疏，白色至淡黄色；菌柄长 21~23 mm，粗 0.8~1.0 mm，中生，柱状，深棕色，被密集灰白色短纤毛。

微观特征 担孢子 6.5~9.0×4.5~5.5 μm，正面观椭圆形至长椭圆形，侧面观一侧稍扁，薄壁，非淀粉质；侧生囊状体缺失；缘生囊状体 12~19×5.0~7.5 μm，棒状，顶端具 1~6 个有或无分枝的柱状突起，极少数无突起；菌盖表皮表皮型，无色透明，糊精质；菌盖表皮纤毛淡黄色，长柱状，顶端钝圆至稍尖，糊精质，厚壁，分隔；锁状联合存在。

区域内生境 夏季散生于阔叶林腐木。

国内分布 华东。

第七章 伞菌

条盖靴耳

双型假根毛皮伞

253

★★★★

条盖靴耳

Crepidotus striatus T. Bau & Y.P. Ge, Mycosystema 39 (2): 251 (2020)

宏观形态　菌盖宽 8.0~17.0 mm，贝壳形、扇形至半圆形，白色、污白色至淡肉粉色，表面黏，光滑，边缘具明显条纹，盖缘波形，后具缺刻；菌褶弓形，延生，污白色至土褐色；菌柄极小，短圆柱形至近球形，表面具白色菌丝。

微观特征　担孢子 7.1~8.0×4.6~5.4 μm，正面观椭圆形至近宽梭形，两端稍尖，侧面观杏仁形，淡褐色至土褐色，光滑；侧生囊状体缺失；缘生囊状体 25~41×8.0~14.0 μm，细囊状至泡囊状，顶端稍细，幼时丰富，成熟后多塌陷；菌褶边缘具厚胶质层，覆盖缘生囊状体；菌盖表皮黏表皮型，具厚胶质层；部分盖皮菌丝末端特化成盖生囊状体，盖生囊状体类缘生囊状体；锁状联合缺失。

区域内生境　夏季群生于阔叶林腐木。

国内分布　华东，华南。

★★★

双型假根毛皮伞

Crinipellis birhizomorpha Antonín, Ryoo & Ka, Phytotaxa 170 (2): 90 (2014)

宏观形态　菌盖宽 2.0~4.0 mm，幼时球形，成熟后近凸镜形，棕色，至边缘渐浅，表面被黄褐色辐射状平伏纤毛鳞片；菌褶近弯生，淡黄色，与褶缘同色；菌柄长 12~28 mm，粗约 1.0 mm，中生，柱状，黄棕色，表面被灰白色短纤毛。

微观特征　担孢子 7.5~9.1×3.7~4.8 μm，正面观椭圆形、近梭形或近泪滴状，侧面观一侧稍扁，薄壁，表面不光滑，非淀粉质；侧生囊状体缺失；缘生囊状体 11~17×5.5~7.0 μm，棒状至近柱状，头部具 1~8 个有或无分枝的柱状突起；菌盖表皮表皮型；菌盖表皮纤毛披针状，厚壁，具横隔，淡黄色，顶端稍尖；锁状联合存在。

区域内生境　春夏季散生于阔叶林枯枝落叶层。

国内分布　华东。

齿缘靴耳

假黏靴耳

齿缘靴耳

Crepidotus dentatus T. Bau & Y.P. Ge, Mycosystema 39 (2): 246 (2020)

宏观形态 菌盖宽 4.0~16.0 mm，幼时白色至灰白色，膜质，蹄形至贝壳形，近基部突起，成熟后污白色或稍带粉色至淡褐色，扇形至半圆形或凸镜形，表面黏，具长条纹，光滑，边缘锯齿状；菌褶弓形，直生至稍延生，幼时白色至灰白色，成熟后土褐色至赭色；无菌柄。

微观特征 担孢子 6.7~7.7×4.5~5.3 μm，正面观椭圆形，两端稍尖，侧面观杏仁形，一侧稍扁，土黄色至褐色，光滑，内部偶具油滴；侧生囊状体缺失；缘生囊状体 29~43×4.6~6.0 μm，棒状至烧瓶形或保龄球形，常弯曲，近基部一侧或两侧膨出，无色，薄壁；菌盖表皮表皮型；锁状联合存在。

区域内生境 夏季群生于阔叶林腐木。

国内分布 华东。

假黏靴耳

Crepidotus pseudomollis T. Bau & Y.P. Ge, Mycosystema 39 (2): 248 (2020)

宏观形态 菌盖宽 5.0~18.0 mm，扇形或贝壳形，表面黏，边缘完整，具条纹，稍内卷，白色至污白色，基部具不明显白色绒毛，老后菌盖边缘缺刻，条纹明显；菌褶弓形，延生，污白色至淡锈褐色；菌柄无或极短，表面具白色菌丝。

微观特征 担孢子 6.3~7.3×4.6~5.4 μm，正面观椭圆形，远脐端稍圆，侧面观杏仁形，淡褐色至土褐色，光滑；侧生囊状体缺失；缘生囊状体 25~36×4.8~8.8 μm，棒状至窄烧瓶形，近基部一侧或两侧膨出，偶见弯曲；褶缘具胶质层，覆盖缘生囊状体；菌盖表皮黏毛皮型，具厚胶质层；锁状联合缺失。

区域内生境 夏季散生或群生于阔叶树腐木和枯枝上。

国内分布 华东。

第七章 伞菌

平盖靴耳（参照种）

亚洲靴耳

平盖靴耳（参照种）

Crepidotus cf. *applanatus* (Pers.) P. Kumm., Führ. Pilzk. (Zerbst): 74 (1871)

宏观形态 菌盖宽 20~39 mm，幼时贝壳形，基部突起至透镜形，白色，表面具稀疏短绒毛，边缘无明显条纹，成熟后扇形、半圆形，白色，表面近光滑，不黏，具不明显条纹；菌肉白色；菌褶弯生至近直生，幼时污白色至肉粉色，老后褐色至锈褐色，具 4~5 种类型的小菌褶；菌柄有或无，若有长 2.0~5.0 mm，粗约 2.0 mm，侧生至偏生，短柱状至近球形，表面密布白色菌丝。

微观特征 担孢子直径 5.0~6.5 μm，球形或近球形，淡黄色，成熟后内含 1 个大油滴，表面具刺状突起；侧生囊状体缺失；缘生囊状体 16~28×5.2~7.5 μm，棒状或近囊状；菌盖表皮表皮型，最外层菌丝表面粗糙；锁状联合存在。

区域内生境 夏季散生于阔叶林腐木。

国内分布 华东，华南，华北，东北，西南。

亚洲靴耳

Crepidotus asiaticus Guzm.-Dáv., C.K. Pradeep & T.J. Baroni, Mycologia 109 (5): 807 (2017)

宏观形态 菌盖宽 54~57 mm，幼时凸镜形，成熟后平展，中央具轻微突起，淡土黄色至淡橙色，边缘波浪状，表面被红棕色平伏鳞片，中央密集，至边缘渐稀疏；菌褶直生至稍延生，密，淡棕色至锈褐色，不等长；菌柄长 65~80 mm，粗 2.0~4.0 mm，中生，柱状，向基部渐粗，表面被白色细绒毛。

微观特征 担孢子 6.3~7.6×4.1~5.0 μm，椭圆形至宽椭圆形或扁桃形，黄棕色，表面具细小疣突；侧生囊状体缺失；缘生囊状体 18~28×4.7~7.0 μm，棒状，圆柱形，无色；柄生囊状体 21~41×3.4~7.9 μm，棒状，无色；盖生囊状体 38~83×10~16 μm，棒状至圆柱形，具黄褐色或红褐色内含物；锁状联合存在。

区域内生境 夏季散生于阔叶林地上。

国内分布 华东，华南。

非洲雪白拟鬼伞（近缘种）

近菱双孢拟鬼伞

非洲雪白拟鬼伞（近缘种）

Coprinopsis aff. *afronivea* Desjardin & B.A. Perry, Mycosphere 7 (3): 374 (2016)

宏观形态 菌盖宽 9.0~13.0 mm，幼时近钟形，成熟后半球形，污白色至淡灰色，表面无明显条纹，被致密淡灰色至棕灰色粉末状鳞片，菌盖边缘具流苏状菌幕残余；菌肉易碎，白色，极薄；菌褶密，幼时灰白色，成熟后呈深灰色，具 1~2 种类型的小菌褶；菌褶直生至弯生，密，棕褐色至黑色；菌柄长 25~50 mm，粗 1.0~2.2 mm，灰白色至棕灰色，柱状，向基部渐粗，基部稍膨大，表面具白色粉末状或絮状鳞片。

微观特征 担孢子 6.0~7.2×3.7~4.6 μm，正面观宽椭圆形，侧面观长椭圆形至柱状，厚壁，深棕色，顶端具明显芽孔；侧生囊状体缺失；缘生囊状体 10~57×2.9~16.0 μm，稀少，近柱状或近球形，顶端分枝或不分枝，薄壁，无色；菌盖表皮上皮型，橄榄黄色；鳞片由近球形细胞组成；锁状联合缺失。

区域内生境 夏季单生于阔叶林腐木。

国内分布 华东。

近菱双孢拟鬼伞

Coprinopsis rhombisporoides Voto & Deschuyteneer, Mycological Observations 5: 40 (2022)

宏观形态 菌盖宽 2.0~5.0 mm，高 5.0~9.0 mm，幼时长柱状，成熟后抛物线形，污白色，表面具橙黄色平伏鳞片；菌肉极薄，白色；菌褶离生，密集，幼时白色，老后变黑；菌柄长 8.0~9.0 mm，粗 1.0~2.5 mm，中生，柱状，等粗，白色，表面被绒毛。

微观特征 担孢子 7.5~9.0×5.6~6.3 μm，近球形至宽椭圆形，薄壁，光滑，淡褐色，正面观杏仁形或稍具棱角，侧面观一侧稍扁，具明显中生芽孔；侧生囊状体 94~100×16~23 μm，圆柱形至窄囊状，顶端钝圆；缘生囊状体类侧生囊状体，稍小；菌盖表皮表皮型；菌盖鳞片由大量分枝的黄色厚壁菌丝组成；锁状联合缺失。

区域内生境 夏季散生于阔叶林腐木。

国内分布 华东。

第七章 伞菌

乳突锥盖伞

白小鬼伞

245

乳突锥盖伞

Conocybe papillata Hauskn. & L. Nagy, Öst. Z. Pilzk. 16: 150 (2007)

宏观形态 菌盖宽 7.5~22.0 mm，幼时钟形，成熟后凸镜形，中央略微隆起，水浸状，橙色至淡棕色，光滑，条纹由边缘向中央延伸至 1/3 处，水浸状消失后呈淡黄色至污白色，条纹不明显；菌肉薄；菌褶直生，稍密，淡黄色，具 2~3 种类型的小菌褶；菌柄长 48~65 mm，粗 2.0~3.0 mm，中生，柱状，向基部渐粗，中空，苍白色至橙黄色，具明显纵向条纹，基部具短假根。

微观特征 担孢子 12~13×7.0~8.0 μm，椭圆形，厚壁，具芽孔，在碱性溶液中呈锈棕色；侧生囊状体缺失；缘生囊状体 15~29×4.5~8.8 μm，球顶短颈瓶形；菌盖表皮上皮型，黄褐色；柄生囊状体 9.9~25.0×3.4~7.4 μm，具两种形态，一种为球顶短颈瓶形，另一种为梭形，顶端尖锐；锁状联合存在。

区域内生境 夏季散生于针阔混交林地上。

国内分布 华东。

白小鬼伞

有毒

Coprinellus disseminatus (Pers.) J.E. Lange [as '*disseminata*'], Dansk bot. Ark. 9 (no. 6): 93 (1938)

宏观形态 菌盖宽 6.0~9.0 mm，钟形，苍白色至淡灰色，中央颜色稍深，表面具明显沟纹，被稀疏白色细纤毛；菌褶直生，稀疏，红棕色，褶缘白色；菌柄长 8.0~13.0 mm，粗 1.0~1.5 mm，中生，柱状，等粗，白色，表面被纤毛，基部具白色菌丝。

微观特征 担孢子 6.8~8.5×3.5~5.0 μm，椭圆形至长椭圆形，侧面观一侧稍扁，薄壁，光滑，芽孔中生，宽 2.4~2.7 μm；担子棒状，无色，周具 3~5 个拟担子；菌盖表皮上皮型；盖生囊状体 73~140×14~30 μm，长颈瓶形；菌幕细胞球形至近球形；锁状联合缺失。

区域内生境 春夏季群生于阔叶林腐木或地上。

国内分布 华东，华南，华北，东北，西北，西南。

第七章
伞菌

阿帕锥盖伞

肉色锥盖伞

龙脑香毛皮伞肉桂色变型

莞岛毛皮伞

粗糙鳞盖菇

Cyptotrama asprata (Berk.) Redhead & Ginns, Can. J. Bot. 58 (6): 731 (1980)

宏观形态　菌盖宽 8.7~20.0 mm，半球形至扁球形，淡黄色至橘红色，被橙黄色至橘红色锥状鳞片，边缘内卷或稍内卷；菌肉薄，污白色至淡黄色；菌褶直生，稀疏，白色，不等长；菌柄长 12~30 mm，粗 2.0~5.0 mm，中生，中空，柱状，等粗，淡黄色至白色，被淡黄色丛毛鳞片。

微观特征　担孢子 7.0~8.3×5.0~6.6 μm，椭圆形至长椭圆形，薄壁，光滑，无色，非淀粉质，侧面观一侧稍扁；侧生囊状体稀少，常分布于近菌褶边缘，类缘生囊状体；缘生囊状体 36~72×6.3~9.5 μm，长柱状至近梭形，顶端头状、稍尖或钝圆；菌盖表皮膜皮型，菌丝不规则柱状，厚壁，光滑；锁状联合存在。

区域内生境　春夏季单生或散生于阔叶林腐木。

国内分布　华东，华南，华中，西北，西南。

无毛鳞盖菇

Cyptotrama glabra Zhu L. Yang & J. Qin, Fungal Biology 120 (4): 519 (2016)

宏观形态　菌盖宽 40~71 mm，扁凸镜形至平展，中央微凹，表面光滑，橙黄色，中央色深，呈黄褐色，边缘具明显条纹；菌褶稍弯生至直生，稍密，淡黄色至白色，褶缘白色；菌柄长 50~73 mm，粗 6.0~8.0 mm，中生，中空，柱状，等粗，光滑，淡黄色。

微观特征　担孢子 8.3~10.0×4.0~5.8 μm，长椭圆形至近柱状，脐侧附胞明显，常含 1 个大油滴，薄壁，光滑，无色，非淀粉质；侧生囊状体 81~114×13~24 μm，近梭形，顶端稍尖或钝圆，稍厚壁；缘生囊状体 23~39×12~22 μm，囊状，稍厚壁；菌盖表皮膜皮型；柄生囊状体近梭形、囊状或近柱状；锁状联合缺失。

区域内生境　夏秋季单生或散生于阔叶林腐木。

国内分布　华东，华南，西南。

第七章 伞菌

粗糙鳞盖菇

无毛鳞盖菇

柯克黄囊伞 **

Deconica cokeriana (A.H. Sm. & Hesler) Ram.-Cruz & A. Cortés-Pérez, Mycoscience 61 (2): 96 (2020)

宏观形态 菌盖宽 7.0~21.0 mm，扁凸镜形至平展，光滑，表面具明显沟纹，水浸状，棕色，水浸状消失后呈淡橙黄色；菌褶延生，稀疏，棕色；菌柄长 9.0~20.0 mm，粗 1.3~2.0 mm，中生，柱状，等粗，棕色，被白色短绒毛。

微观特征 担孢子 6.2~7.0×3.5~4.4 μm，椭圆形至长椭圆形，近脐侧附胞端稍尖，另一端平截，具芽孔，薄壁，光滑；侧生囊状体 21~32×8.2~11.0 μm，近梭形，偶见内含物，表面光滑，顶端具横隔和长或短的乳突；具近梭形和近球形两种类型的缘生囊状体：近梭形缘生囊状体类侧生囊状体；近球形缘生囊状体表面光滑，基部具短柄；菌盖表皮表皮型，菌丝表面粗糙；锁状联合存在。

区域内生境 夏季散生于竹林落叶层。

国内分布 华东。

赭色黄囊伞（近缘种）

Deconica aff. *umbrina* (E. Horak, Guzmán & Desjardin) Ram.-Cruz & Guzmán, Sydowia 64 (2): 219 (2012)

宏观形态 菌盖宽 7.0~17.0 mm，凸镜形、扁球形或平展，中央略微突起，褐色至红棕色；菌褶直生，稀疏，褐色，褶缘色浅；菌柄长 11~12 mm，粗 1.0~1.5 mm，中生，柱状，等粗，污白色至稍带淡红棕色，被白色纤毛。

微观特征 担孢子 5.2~7.0×3.5~4.5 μm，椭圆形至长椭圆形，厚壁，光滑，黄棕色；侧生囊状体 32~46×9.8~15.0 μm，梭形；缘生囊状体 18~38×8.2~13.0 μm，类侧生囊状体；菌盖表皮表皮型，菌丝表面粗糙；锁状联合存在。

区域内生境 夏季散生于阔叶林腐木。

国内分布 华东。

第七章 伞菌

柯克黄囊伞

赭色黄囊伞（近缘种）

易逝无环蜜环菌

可食药用
易引起中毒

Desarmillaria tabescens (Scop.) R.A. Koch & Aime, BMC Evol. Biol. 17 (no. 33): 12 (2017)

宏观形态 菌盖宽 30~60 mm，凸镜形，淡黄色至淡黄褐色，表面干燥，被褐色鳞片，中央密集，至边缘渐稀疏；菌肉白色至污白色；菌褶直生至稍延生，密，白色；菌柄长 54~80 mm，粗 5.0~10.0 mm，中生，中空，柱状，等粗，污白色至稍带褐色色调。

微观特征 担孢子 5.4~7.2×4.5~5.5 μm，椭圆形，脐侧附胞明显，内常含 1 个大油滴，薄壁，光滑，无色，非淀粉质；侧生囊状体缺失；缘生囊状体 12~26×7.0~10.0 μm，棒状；菌盖表皮表皮型至毛皮型，菌丝无色至淡褐色；锁状联合稀少。

区域内生境 夏季单生、散生或丛生于阔叶林或针阔混交林地上。

国内分布 广布种。

蓝鳞粉褶菌

**

Entoloma azureosquamulosum Xiao L. He & T.H. Li, Mycol. Progr. 11 (4): 916 (2012)

宏观形态 菌盖宽 25~40 mm，扁凸镜形至平展，中央微凹，表面无明显条纹，被深蓝色至近黑色皮屑状鳞片；菌肉白色至稍带蓝色，薄；菌褶弯生至直生，较密，污白色至淡粉色，具 3 种类型的小菌褶；菌柄长 25~30 mm，粗 2.0~5.0 mm，中生，中空，圆柱形，等粗或基部稍膨大，蓝色至深蓝色，基部被白色菌丝。

微观特征 担孢子 8.5~10.0×7.0~8.0 μm，异径，具 5~7 角，厚壁，非淀粉质；侧生囊状体缺失；褶缘不育，缘生囊状体 34~75×7.5~11.0 μm，梭形至窄纺锤形，具尖喙或乳突；柄生囊状体棒状；菌盖表皮毛皮型，末端菌丝细胞棒状膨大，具褐色或深灰色细胞内色素；锁状联合缺失。

区域内生境 夏季散生于阔叶林具苔藓的地上。

国内分布 华东，华中，西北，西南。

第七章
伞菌

易逝无环蜜环菌

蓝鳞粉褶菌

261

丛生粉褶菌

Entoloma caespitosum W.M. Zhang, Acta Mycol. Sin. 13 (3): 192 (1994)

宏观形态 菌盖宽 30~80 mm，斗笠形至凸镜形，中央具明显乳突，光滑，边缘整齐，无条纹，紫红色、肉褐色至淡肉色，老后边缘开裂，上翘；菌褶弯生至直生，密，不等长，幼时白色，后粉红色；菌柄长 30~90 mm，粗 2.0~6.0 mm，中生，柱状，白色，中空，脆骨质，基部至近基部被白色菌丝。

微观特征 担孢子 8.5~10.0×6.0~7.5 μm，异径，具 6~8 角，光滑，厚壁，非淀粉质；褶缘不育，缘生囊状体 30~38×4.0~5.0 μm，圆柱形至近棒状，无色；菌盖表皮表皮型，菌丝具淡黄褐色细胞内色素；锁状联合缺失。

区域内生境 夏季丛生或簇生于阔叶林或针阔混交林地上。

国内分布 华东，华南，华北，东北。

乳白粉褶菌

Entoloma lacticolor J.Q. Yan, L.G.Chen & S.N. Wang, Journal of Fungi 10 (8, no. 594) : 12 (2024)

宏观形态 菌盖宽 10~40 mm，幼时锥形至钟形，后平展，成熟后边缘微上翘，中央具明显乳突或尖突，乳白色，中央略带淡黄色，条纹不明显，菌盖外缘波浪状；菌褶顶端微凹，腹鼓状，乳白色，中等密度，具 1~2 种类型的小菌褶；菌柄长 24~78 mm，粗 4.0~8.0 mm，中生，中空，柱状，向基部渐粗，乳白色，被密集糠状丛毛鳞片，基部被白色菌丝。

微观特征 担孢子 8.0~9.5×7.0~9.0 μm，等径，方形，偶见 5 角，厚壁，非淀粉质；褶缘不育，缘生囊状体 37~96×9.0~13.0 μm，棒状，分隔，顶端钝圆；菌盖表皮表皮型至毛皮型；锁状联合存在。

区域内生境 夏季散生于针阔混交林地上。

国内分布 华东。

库鲁瓦老伞 **

Gerronema kuruvense K.P.D. Latha & Manim., Phytotaxa 364 (1): 84 (2018)

宏观形态 菌盖宽 5.0~12.0 mm，扁凸镜形，中央微凹，边缘稍长于菌褶且稍内卷，表面干燥，光滑，淡柠檬色；菌褶延生，稀疏，淡柠檬色，不等长；菌柄长 10~20 mm，粗 2.0~3.0 mm，中生，柱状，向基部渐粗，污白色，顶端淡黄色，表面被白色粉霜状绒毛。

微观特征 担孢子 7.7~9.1×4.8~5.6 μm，椭圆形至长椭圆形，薄壁，光滑，无色，非淀粉质；侧生囊状体缺失；缘生囊状体 11~30×3.9~9.7 μm，近棒状；柄生囊状体 10~19×2.2~6.2 μm，柱状；菌盖表皮表皮型；锁状联合缺失。

区域内生境 夏季单生于针阔混交林枯枝落叶。

国内分布 华东，华南，西南。

小老伞 ****

Gerronema microcarpum Q. Na, H. Zeng & Y.P. Ge, MycoKeys 89: 100 (2022)

宏观形态 菌盖宽 1.5~9.0 mm，幼时凸镜形，后平展，中央微凹，污黄色、淡黄褐色至淡褐色，具半透明条纹，光滑，湿时稍黏；菌褶延生，淡黄色；菌柄长 5.0~18.0 mm，粗 1.0~2.0 mm，中空，中生，圆柱形，基部稍膨大，淡黄色，老后向基部渐深，呈淡褐色，表面被白色粉霜状绒毛，老后近光滑，基部具少量白色菌丝。

微观特征 担孢子 6.3~7.2×3.5~4.1 μm，长椭圆形至圆柱形，光滑，薄壁，内含油滴，非淀粉质；侧生囊状体缺失；缘生囊状体 31~35×5.0~8.0 μm，棒状，顶端膨大，偶见梭形，薄壁，无色；菌盖表皮表皮型至绒毛型，淡黄色，末端分化细胞囊状或棒状，偶见钝突起，在碱性溶液中淡黄色至黄褐色；锁状联合存在。

区域内生境 夏季群生于针阔混交林腐木。

国内分布 华东。

绒盖粉褶菌

阿氏盔孢伞

绒盖粉褶菌 ****

Entoloma tomentosus J.Q. Yan, L.G. Chen & S.N. Wang, Journal of Fungi 10(8, no. 594): 21 (2024)

宏观形态 菌盖宽 12~25 mm，锥形、钟形至扁凸镜形，中央无或有乳突，白色至淡黄色，表面被密集或稀疏绒毛至丛毛鳞片，幼时无条纹，成熟后条纹从菌盖边缘延伸至中央；菌褶稀疏至中等密度，弯生，腹鼓状，宽 1.5~2.0 mm，具 2 种类型小菌褶，初白色，后变粉色，褶缘波浪状，与菌褶同色；菌柄长 30~60 mm，粗 2.0~4.0 mm，中生，中空，圆柱形，白色，表面被绒毛或光滑。

微观特征 担孢子 8.0~10.0×8.0~9.5 μm，等径，方形，偶见 5 角，厚壁，非淀粉质；侧生囊状体缺失；缘生囊状体散生于异质褶缘，35.0~113.0 × 6.0~11.0 μm，柱状、长披针形或念珠状，顶端钝圆或尖，具棕黄色内含物。菌盖表皮表皮型至毛皮型，柱状，连接处稍缢缩，末端稍钝尖，具淡黄色壁外结痂色素；锁状联合存在。

区域内生境 夏季散生于针阔混交林地上或腐木上。

国内分布 华东。

阿氏盔孢伞 **

Galerina atkinsoniana A.H. Sm., Mycologia 45 (6): 894 (1953)

宏观形态 菌盖宽 4.0~6.0 mm，凸镜形，光滑，橙黄色，中央颜色深，呈黄棕色，边缘具明显条纹；菌褶直生，不等长，稀疏，淡黄色至橙黄色，边缘颜色稍浅；菌柄长 13~19 mm，粗 0.5~1.0 mm，柱状，等粗，褐色至棕色，顶端橙色，表面被白色短绒毛。

微观特征 担孢子 11~12×6.2~7.2 μm，椭圆形至卵圆形，脐侧光滑区明显，侧面观一侧微凹，黄褐色，稍厚壁，具密集短疣突；侧生囊状体 47~67×7.4~12.0 μm，长颈瓶形，顶端钝圆或稍尖，薄壁，淡黄色至近无色；缘生囊状体类侧生囊状体；菌盖表皮表皮型，菌丝黄褐色；锁状联合存在。

区域内生境 春夏季散生于阔叶林、针叶林或针阔混交林苔藓层或腐木。

国内分布 华东，华中，华北，东北，西北，西南。

第七章
伞菌

假近乌黑粉褶菌

方形粉褶菌

269

假近乌黑粉褶菌

Entoloma pseudosubcorvinum Kumla, Suwannar. & S. Lumyong, Fungal Diversity: [33] (2022)

宏观形态　菌盖宽 8.0~34.0 mm，扁球形至平展，中央微凹，肉色，表面被暗蓝色至黑褐色平伏纤毛鳞片，中央密集，至边缘渐稀疏；菌褶直生，稍密，具 3 种类型的小菌褶，黄棕色；菌柄长 30~45 mm，粗 4.0~7.5 mm，中生，中空，柱状，从顶端至基部渐粗，具密集纤毛，幼时白色，成熟时变黑，基部被白色菌丝。

微观特征　担孢子 8.5~11.0×6.5~8.0 μm，异径，5~8 角，厚壁，非淀粉质；侧生囊状体缺失；缘生囊状体 31~97×11~23 μm，梭形，具乳突，薄壁；菌盖表皮表皮型至毛皮型，末端菌丝细胞棒状至宽棒状，具棕灰色细胞内色素；菌柄表皮末端细胞棒状，具紫褐色细胞内色素；锁状联合缺失。

区域内生境　夏季散生于阔叶林地上或具苔藓的地上。

国内分布　华东。

方形粉褶菌

胃肠炎型中毒

Entoloma quadratum (Berk. & M.A. Curtis) E. Horak, Sydowia 28 (1~6): 190 (1976) [1975~1976]

宏观形态　菌盖宽 6.5~35.0 mm，斗笠形、锥形至钟形，常具明显尖突，橙红色至橙褐色，表面光滑，具直达中央的条纹或沟纹；菌褶弯生或直生，稀疏，具 3 种类型的小菌褶，与菌盖同色；菌柄长 20~90 mm，粗 2.0~4.0 mm，中生，中空，圆柱形，等粗或基部稍膨大，与菌盖同色至污白色，具纵向或斜向条纹。

微观特征　担孢子 8.0~11.0 μm，方形，厚壁，非淀粉质；侧生囊状体缺失；褶缘不育，缘生囊状体 42~90×8.5~13.0 μm，棒状；菌盖表皮表皮型，菌丝具淡黄褐色细胞内色素；锁状联合存在。

区域内生境　夏季散生于阔叶林地上。

国内分布　华东，华南。

极细粉褶菌

粉盖粉褶菌（近缘种）

* 极细粉褶菌

Entoloma praegracile Xiao L. He & T.H. Li, Mycotaxon 116: 416 (2011)

宏观形态 菌盖宽 8.0~20.0 mm，初凸镜形，后平展，中央稍突起或无突起，淡黄色至橙黄色，水浸状，表面具半透明条纹，光滑；菌褶直生或短延生，腹鼓状，中等密度，幼时白色，后呈粉红色，具 1~2 种类型的小菌褶；菌柄长 40~50 mm，粗 1.0~1.5 mm，中生，圆柱形，橙黄色，光滑，中空，较脆，基部具白色菌丝。

微观特征 担孢子 9.0~10.0×6.5~8.0 μm，异径，5~6 角，有时棱角不明显，薄壁；菌褶边缘异质或不育，缘生囊状体 50~80×8.0~14.0 μm，棒状；菌盖表皮黏表皮型，菌丝含淡黄色色素或近无色；锁状联合罕见。

区域内生境 夏季散生于阔叶林或针阔混交林地上。

国内分布 华东，华南，华中，西南。

粉盖粉褶菌（近缘种）

Entoloma aff. *pruinatocutis* E. Horak, Sydowia 35: 94 (1982)

宏观形态 菌盖宽 29~40 mm，宽钟形，后凸镜形，赭褐色、棕色或淡棕色，中央色深，表面光滑或被粉状或近绒毛状短纤毛；菌褶弯生，白色，具 2~6 种类型的小菌褶；菌柄长 20~40 mm，粗 5.0~8.0 mm，中空，柱状，等粗，弯曲，淡棕色至污白色。

微观特征 担孢子 8.5~11.0×7.0~8.2 μm，具 4~7 角，内含 1 个油滴，薄壁，光滑，淡黄色；侧生囊状体缺失；褶缘异质，具零星担子，褶缘不育细胞棒状；菌盖表皮毛皮型，呈栅栏状，菌丝锈褐色；锁状联合缺失。

区域内生境 夏季单生于阔叶林地上。

国内分布 华东。

近江粉褶菌

脉褶粉褶菌

近江粉褶菌

神经精神型中毒

Entoloma omiense (Hongo) E. Horak, Trans. Mycol. Soc. Japan 27 (1): 72 (1986)

宏观形态　菌盖宽 20~60 mm，幼时锥形，成熟后斗笠状，淡黄褐色至灰褐色，表面光滑，边缘整齐；菌褶弯生，较密，具 3 种类型的小菌褶，幼时白色，后呈粉红色；菌柄长 60~100 mm，粗 5.0~7.0 mm，中生，中空，圆柱形，等粗或基部稍膨大，幼时白色，老后黄褐色，具斜纵向条纹，光滑，基部被白色菌丝。

微观特征　担孢子 10~12×8.0~10.0 μm，等径或近等径，具 5 角，厚壁，非淀粉质；侧生囊状体 47~95×13~23 μm，烧瓶形至纺锤形；缘生囊状体 40~70×10~21 μm，梭形；菌盖表皮毛皮型；锁状联合缺失。

区域内生境　夏季散生于阔叶林或针阔混交林地上。

国内分布　华东，华南，西北，西南。

脉褶粉褶菌

Entoloma phlebophyllum J.Q. Yan, L.G. Chen & S.N. Wang, Journal of Fungi 10 (8, no. 594) : 13 (2024)

宏观形态　菌盖宽 6.0~19.0 mm，幼时半球形，后扁球形至平展，中央下凹，棕褐色至肉色，表面被深褐色小鳞片，中央密集，至边缘渐稀疏；菌褶中等密度，直生至延生，具小横脉和 3 种类型的小菌褶，初白色，后变为粉红色；菌柄长 12~43 mm，粗 1.5~2.5 mm，中生，中空，柱状，等粗或向基部渐粗，白色至污白色，基部被白色菌丝；味道和气味不明显。

微观特征　担孢子 7.5~10.0×7.0~9.0 μm，等径或近等径，方形，偶见 3 角或 5 角，厚壁，非淀粉质；侧生囊状体缺失；褶缘不育，由拟担子和缘生囊状体组成；缘生囊状体 37~73×6.0~12.0 μm，柱状，棒槌状，分隔，顶端钝圆，偶具渐细顶端和缢缩颈部；菌盖表皮表皮型至毛皮型，菌丝具黄棕色细胞壁色素和红褐色细胞内色素；锁状联合存在。

区域内生境　夏季单生或散生于针阔混交林地上。

国内分布　华东。

第七章 伞菌

丛生粉褶菌

乳白粉褶菌

第七章
伞菌

库鲁瓦老伞

小老伞

273

林生老伞

Gerronema nemorale Har. Takah., Mycoscience 41 (1): 16 (2000)

宏观形态 菌盖宽 3.0~20.0 mm，幼时半球形至扁球形，后平展，中央下凹，呈脐状，边缘稍具半透明条纹或浅沟纹，淡青黄色至淡黄棕色，幼时表面被绒毛，后光滑；菌褶延生，稍稀疏，淡黄色；菌柄长 19~25 mm，粗 1.0~2.5 mm，圆柱形，上下等粗，基部稍膨大，中空，表面被易脱落的白色粉霜状绒毛。

微观特征 担孢子 7.2~10.0×4.0~6.2 μm，长椭圆形至柱状，无色，薄壁，内含油滴，非淀粉质；侧生囊状体缺失；缘生囊状体 25~50×5.0~9.0 μm，不规则柱状或棒状；菌盖表皮表皮型至绒毛型，淡黄色；锁状联合存在。

区域内生境 夏季散生于阔叶林或针阔混交林枯枝落叶。

国内分布 华东，东北，西南。

*近棒状老伞

Gerronema subclavatum (Peck) Singer ex Redhead, Acta Mycol. Sin., Suppl. 1: 301 (1987) [1986]

宏观形态 菌盖宽 12~13 mm，漏斗形，近平展，顶端深凹，表面光滑，淡污黄色至淡黄棕色，具明显辐射状排列条纹，边缘稍内卷或稍外翻；菌褶延生，淡黄色，不等长；菌柄长 18~25 mm，粗 1.0~3.0 mm，白色至淡黄色，中空，柱状，基部略膨大。

微观特征 担孢子 5.9~8.3×3.7~5.1 μm，椭圆形至长椭圆形，光滑，薄壁，透明，脐侧附胞明显，非淀粉质；侧生囊状体缺失；缘生囊状体 21~36×3.6~11.0 μm，薄壁，柱状或棒状；菌盖表皮表皮型至绒毛型，淡黄色；锁状联合存在。

区域内生境 夏季散生于阔叶林枯枝落叶。

国内分布 华东，西南。

林生老伞

近棒状老伞

诸犍老伞

Gerronema zhujian Q. Na, H. Zeng & Y.P. Ge, MycoKeys 89: 105 (2022)

宏观形态 菌盖 8.6~18.0 mm，幼时凸镜形，中央具小乳突，老后平展，中央下凹，黑褐色，至边缘渐浅，呈黄褐色，表面具辐射状条纹，被浓密深褐色皮屑状绒毛，中央密集，至边缘渐稀疏；菌褶延生，污白色至淡黄色；菌柄长 19~25 mm，粗 1.0~1.5 mm，中生，纤维质，中空，圆柱形，白色，老后上部淡褐色，表面被白色粉霜状绒毛，基部稍膨大，具少量白色菌丝。

微观特征 担孢子 6.7~8.0×3.7~4.6 μm，长椭圆形至圆柱形，光滑，薄壁，内含油滴，非淀粉质；侧生囊状体缺失；缘生囊状体 29~46×7.0~13.0 μm，近纺锤形至棒状，头部膨大，薄壁，无色；菌盖表皮表皮型至绒毛型，末端分化细胞囊状或棒状，头部膨大，在碱性溶液中呈淡黄色至黄褐色；锁状联合存在。

区域内生境 夏秋季散生于阔叶林或针阔混交林地上或腐木。

国内分布 华东。

叶生黏盖伞

Gloiocephala epiphylla Massee, Grevillea 21 (no. 98): 34 (1892)

宏观形态 菌盖宽 1.0~1.5 mm，圆盘状，白色至污白色，表面具丰富细柱状白色毛状物，毛状物顶端头状，光滑；子实层面表面光滑，无菌褶，白色；菌柄长 1.5~2.0 mm，粗 0.1~0.2 mm，褐色，顶端颜色稍淡，呈淡褐色，表面具丰富细柱状白色毛状物，毛状物顶端头状。

微观特征 担孢子 8.0~10.0×3.5~4.3 μm，椭圆形至纺锤形，一侧稍扁；无色，光滑，非淀粉质；子实层囊状体缺失；菌盖表皮膜皮型；锁状联合缺失。

区域内生境 夏季散生于阔叶林或针阔混交林枯叶。

国内分布 华东，华南。

诸犍老伞

叶生黏盖伞

赭色裸伞

Gymnopilus ochraceus Høil., Mycotaxon 69: 84 (1998)

宏观形态 菌盖宽 20~50 mm，凸镜形至平展，淡棕色、淡赭色至黄棕色，被黄棕色至红棕色平伏鳞片；菌褶直生至稍弯生，稀疏，黄褐色，具 2 种类型的小菌褶；菌柄长 15~80 mm，粗 4.0~15.0 mm，中生，柱状，等粗，稍被纤毛鳞片，与菌盖同色。

微观特征 担孢子 5.7~7.4×4.1~5.1 μm，宽椭圆形至椭圆形，厚壁，具尖锥状纹饰，黄棕色；侧生囊状体缺失；缘生囊状体 11~25×4.8~11.0 μm，纺锤形至腹鼓状或囊状，顶端钝圆或稍膨大；菌盖表皮表皮型，菌丝淡黄棕色；锁状联合存在。

区域内生境 夏季单生或丛生于针阔混交林腐木。

国内分布 华东。

蒜味裸脚伞

Gymnopus alliifoetidissimus T.H. Li & J.P. Li, Phytotaxa 497 (3): 267 (2020)

宏观形态 菌盖宽 8.0~15.0 mm，平展，中央微凹，白色，光滑，边缘具明显沟纹；菌褶离生至近弯生，稀疏，白色；菌柄长 10~25 mm，粗 1.5~2.0 mm，中生，中空，柱状，具粉状鳞片，等粗，白色；具明显蒜味。

微观特征 担孢子 6.8~8.0×2.4~3.6 μm，长椭圆形至泪滴状，薄壁，光滑，无色；侧生囊状体缺失；缘生囊状体 12~20×4.0~6.5 μm，棒状，顶端具柱状突起，柱状突起分枝或不分枝；菌盖表皮表皮型，菌丝表面粗糙；锁状联合存在。

区域内生境 春夏季丛生于阔叶林或针阔混交林枯枝落叶。

国内分布 华东，华南。

赭色裸伞

蒜味裸脚伞

点地梅裸脚伞

可药用

Gymnopus androsaceus (L.) Della Magg. & Trassin., Index Fungorum 171: 1 (2014)

宏观形态 菌盖宽 3.0~10.0 mm，半球形至扁球形，表面干燥，光滑，红棕色或橙红色，至边缘渐浅，呈污白色，边缘具宽而浅的沟纹；菌褶直生，非常稀疏，污白色至淡黄色，具 1 种类型的小菌褶；菌柄长 20~70 mm，粗 1.0~2.0 mm，深棕色至黑色，中生，基部与黑色长菌索连接。

微观特征 担孢子 6.8~8.5×3.2~4.5 μm，卵圆形或椭圆形，无色，光滑，非淀粉质；侧生囊状体缺失；缘生囊状体 8.7~14.0×6.0~8.0 μm，扫帚状；菌盖表皮膜皮型，由扫帚状细胞组成；锁状联合存在。

区域内生境 夏季散生或群生于阔叶林或针阔混交林枯枝。

国内分布 广布种。

南方半粗毛柄裸脚伞（近缘种）

Gymnopus aff. *austrosemihirtipes* A.W. Wilson, Desjardin & E. Horak, Sydowia 56 (1): 156 (2004)

宏观形态 菌盖宽约 8.0 mm，钟形，淡黄褐色，边缘苍白色，具条纹；菌褶直生，稀疏，白色；菌柄长约 35 mm，粗约 2.0 mm，柱状，等粗，弯曲，棕色至棕黑色，光滑。

微观特征 担孢子 6.4~7.8×3.0~3.9 μm，圆柱形，近脐端较窄，远脐端钝圆且较宽，侧面观一侧稍弯曲，无色，薄壁，光滑，非淀粉质；侧生囊状体缺失；缘生囊状体 13~25×6.0~8.8 μm，棒状，薄壁，无色；菌盖表皮表皮型，由柱状菌丝组成，在碱性溶液中呈橄榄色；锁状联合存在。

区域内生境 春夏季单生于阔叶林或针阔混交林地上。

国内分布 华东。

点地梅裸脚伞

南方半粗毛柄裸脚伞（近缘种）

稀少裸脚伞变细变种

Gymnopus nonnullus var. *attenuatus* (Corner) A.W. Wilson, Desjardin & E. Horak, Sydowia 56 (1): 191 (2004)

宏观形态 菌盖宽 18~21 mm，扁凸镜形至平展，中央微凹，光滑，褐色至锈褐色，边缘具明显沟纹；菌褶直生，稀疏，白色至污白色，具 3 种类型的小菌褶；菌柄长 15~23 mm，粗 2.0~2.6 mm，中生，中空，柱状，顶端淡黄褐色，向基部颜色渐深，表面被白色粉霜状绒毛。

微观特征 担孢子 5.0~7.2×3.0~3.8 µm，椭圆形、长椭圆形至近柱状，侧面观一侧稍扁或泪滴状，薄壁，光滑，无色；侧生囊状体缺失；缘生囊状体 21~36×5.0~8.7 µm，不规则棒状，顶端钝圆；菌盖表皮表皮型，菌丝表面粗糙；锁状联合存在。

区域内生境 夏季散生于阔叶林腐木。

国内分布 华东，华南。

脐状裸脚伞

Gymnopus omphalinoides J.P. Li, T.H. Li & Yu Li, MycoKeys 87: 191 (2022)

宏观形态 菌盖宽 9.0~23.0 mm，扁球形至平展，中央微凹，橙色或棕色至淡棕色，老后颜色渐浅，表面光滑，边缘具不明显条纹；菌褶直生，稀疏，污白色至淡橙黄色，具 3~5 种类型的小菌褶；菌柄长 10~30 mm，粗 1.5~3.0 mm，中生，中空，光滑，柱状，向基部渐粗，橙红色。

微观特征 担孢子 4.0~5.5×2.0~2.8 µm，椭圆形、长椭圆形至卵圆形，侧面观一侧稍扁，脐侧附胞明显，薄壁，光滑，无色，非淀粉质；侧生囊状体缺失；缘生囊状体 20~30×9.5~16.0 µm，棒状，顶端钝圆，或具长至短的不规则乳突，或具小尖突；菌盖表皮表皮型；锁状联合存在。

区域内生境 夏季散生于阔叶林腐木。

国内分布 华东，华南。

第七章
伞菌

稀少裸脚伞变细变种

脐状裸脚伞

白足裸脚伞 **

Gymnopus pallipes J.P. Li & Chun Y. Deng, Phytotaxa 521 (1): 5 (2021)

宏观形态　菌盖宽 4.0~8.0 mm，扁凸镜形，中央微凹，锈褐色，至边缘渐浅，呈淡黄褐色至白色，光滑，表面具明显沟纹；菌褶直生，稀疏，肉粉色；菌柄长 6.0~11.0 mm，粗 0.5~0.8 mm，中生，中空，柱状，光滑，等粗，淡黄褐色至淡黄色。

微观特征　担孢子 5.5~7.2×2.7~3.7 μm，长椭圆形至近柱状，脐侧附胞明显，薄壁，光滑，无色；侧生囊状体 16~28×6.2~8.0 μm，梭形至近棒状，顶端突起；缘生囊状体 15~24×5.8~9.4 μm，扫帚状，顶端具不规则柱状突起，突起 1.3~4.3×0.5~1.4 μm，分枝或不分枝；菌盖表皮表皮型；锁状联合存在。

区域内生境　夏季群生于阔叶林枯枝落叶。

国内分布　华东，华南。

多色裸脚伞 *

Gymnopus variicolor Antonín, Ryoo, Ka & Tomšovský, Phytotaxa 268 (2): 83 (2016)

宏观形态　菌盖宽 10~50 mm，凸镜形，中央略微突起，淡黄褐色至淡褐色，至边缘渐浅，边缘具明显条纹；菌褶弯生，稀疏，淡黄褐色至淡褐色，褶缘色浅；菌柄长 30~80 mm，粗 1.5~2.5 mm，中生，中空，柱状，幼时白色，向基部颜色渐深，呈黄褐色，老后均为黄褐色，表面被白色细小绒毛。

微观特征　担孢子 5.6~7.5×2.6~3.4 μm，椭圆形、长椭圆形至近柱状，脐侧附胞明显，薄壁，光滑，无色，非淀粉质；侧生囊状体缺失；缘生囊状体 12~27×2.5~6.2 μm，棒状、近棒状至宽纺锤形，顶端常具不规则突起；菌盖表皮表皮型；锁状联合存在。

区域内生境　夏季单生或散生于针阔混交林地上或腐殖层。

国内分布　华东，西北。

双色蜡蘑

可食用

Laccaria bicolor (Maire) P.D. Orton, Trans. Br. mycol. Soc. 43 (2): 280 (1960)

宏观形态 菌盖宽 7.0~26.0 mm，幼时扁凸镜形，中央微凹，成熟后平展至碟状，光滑，淡黄棕色至淡紫色，边缘白色，具条纹；菌褶稍延生，稀疏，不等长，幼时淡肉粉色，成熟后淡紫色，褶缘白色；菌柄长 21~40 mm，粗 2.0~5.0 mm，柱状，向基部渐粗，中空，表面具纵向不明显棱纹，黄褐色至紫色。

微观特征 担孢子 6.0~7.0×5.5~6.5 μm，球形、近球形至宽椭圆形，无色透明，表面具刺突，非淀粉质；侧生囊状体缺失；缘生囊状体 17~34×3.2~5.2 μm，细长，顶端钝圆膨大，偶见喙状；菌盖表皮表皮型；锁状联合存在。

区域内生境 夏季散生于针阔混交林或针叶林地上。

国内分布 华东，华南，华北，东北，西北，西南。

日本蜡蘑

Laccaria japonica Popa & K. Nara, Fungal Biology 121 (11): 948 (2017)

宏观形态 菌盖宽 20~40 mm，幼时凸镜形，后近平展，水浸状，紫色，老后颜色渐浅，中央略微隆起，边缘向内弯曲或不弯曲，具条纹；菌褶直生，稀疏，紫色，具 2 种类型的小菌褶；菌柄长 40~84 mm，粗 3.0~5.0 mm，柱状，向基部渐粗，具斜向条纹，淡棕色，近顶端紫色。

微观特征 担孢子 7.5~9.0×7.5~8.5 μm，球形至近球形，无色，具非淀粉质刺突；侧生囊状体 26~42×3.2~7.4 μm，近柱状，常弯曲，顶端宽钝圆，无色；缘生囊状体 36~61×5.3~8.2 μm，近柱状，常弯曲，顶端宽钝圆，无色；菌盖表皮表皮型，菌丝淡黄色；锁状联合存在。

区域内生境 春夏季散生于针阔混交林地上。

国内分布 华东，西北。

翘鳞蛋黄丝盖伞

紫蜡蘑（近缘种）

翘鳞蛋黄丝盖伞

神经精神型中毒

Inocybe squarrosolutea (Corner & E. Horak) Garrido, Biblthca Mycol. 120: 177 (1988)

宏观形态 菌盖宽15~28 mm，扁凸镜形至平展，中央具乳突，表面干燥，光滑，橙黄色至蛋黄色；菌褶直生至稍弯生，密，黄褐色，不等长，褶缘平滑，淡黄色；菌柄长25~34 mm，粗4.0~5.0 mm，中生，柱状，等粗，具纵向条纹，近顶端橙黄色，近基部黄色。

微观特征 担孢子5.0~7.2×3.5~4.6 μm，宽椭圆形或椭圆形，具6~8个疣突，淡黄褐色；侧生囊状体47~56×13~15 μm，宽纺锤形、窄囊状或烧瓶形，厚壁，顶端被颗粒状结晶；缘生囊状体34~41×12~15 μm，类侧生囊状体；菌盖表皮表皮型，菌丝淡黄色；锁状联合存在。

区域内生境 夏季散生于阔叶林或针阔混交林地上。

国内分布 华东，华中，西南。

紫蜡蘑（近缘种）

Laccaria aff. *amethystina* Cooke, Grevillea 12 (no. 63): 70 (1884)

宏观形态 菌盖宽9.0~15.0 mm，扁凸镜形，表面淡紫色，被微绒毛至光滑，中央下凹，边缘向内卷曲，具条纹；菌褶直生，稀疏，淡紫色；菌柄长12~30 mm，粗2.3~3.0 mm，中生，柱状，等粗，淡黄色至淡紫色。

微观特征 担孢子6.8~7.9×6.0~7.4 μm，球形至近球形，稍厚壁，无色，非淀粉质，具刺突，刺突长0.7~1.4 μm；子实层囊状体缺失；菌盖表皮表皮型，菌丝淡黄色；盖生囊状体27~68×4.6~9.8 μm，柱状，弯曲；柄生囊状体20~61×5.6~9.3 μm，柱状至棒状；锁状联合存在。

区域内生境 夏季单生于针阔混交林地上。

国内分布 华东。

灰黑湿伞(近缘种)

里德湿伞

灰黑湿伞（近缘种）

Hygrocybe aff. *griseonigricans* C.Q. Wang & T.H. Li, MycoKeys 75: 154 (2020)

宏观形态 菌盖宽 25~30 mm，幼时宽圆锥形至平展，中央稍突起，淡黄色至暗黄色，密被径向排列的平伏状纤毛鳞片，伤后或老后变黑；菌褶直生至稍延生，稀疏，灰白色，伤后或老后变黑，具 3~4 种类型的小菌褶；菌柄长 35~45 mm，粗 5.0~6.0 mm，白色至淡黄色，伤后或老后变黑，具黑色纵向纤毛鳞片，易消失。

微观特征 担孢子 9.8~11.0×7.0~8.5 μm，宽椭圆形至椭圆形，黄褐色至无色，光滑，厚壁；侧生囊状体缺失；缘生囊状体 23~42×4.4~11.0 μm，形态多样，囊状、近梭形、棒状与近柱状，棒状与近柱状缘生囊状体顶端偶见分枝，薄壁，黄褐色至近无色；菌盖表皮表皮型，菌丝具深黄褐色细胞壁色素；锁状联合缺失。

区域内生境 夏季散生于阔叶林或针阔混交林地上。

国内分布 华东，华南。

里德湿伞

可食用

Hygrocybe reidii Kühner, Bull. trimest. Soc. mycol. Fr. 92 (4): 463 (1977) [1976]

宏观形态 菌盖宽 8.0~10.0 mm，凸镜形至平展，光滑，干燥，橙红色；菌褶延生，稀疏，淡黄色至稍带粉色，具 1~3 种类型的小菌褶，边缘颜色稍浅；菌柄长 20~24 mm，粗 1.5~2.2 mm，柱状，等粗，橙黄色，中下部橙红色；干制标本有明显的甜味和轻微的臭味。

微观特征 担孢子 6.1~7.8×4.1~4.8 μm，椭圆形至长椭圆形，侧面观向一侧弯曲，薄壁，光滑，无色，非淀粉质；子实层囊状体缺失；菌盖表皮表皮型；锁状联合存在。

区域内生境 春夏季群生于阔叶林地上。

国内分布 华东，华中。

圆孢亚侧耳

鸡油湿伞

圆孢亚侧耳

Hohenbuehelia angustata (Berk.) Singer, Lilloa 22: 255 (1951) [1949]

宏观形态 菌盖宽 14~32 mm，扇形至半圆形，淡褐色，近边缘呈污白色至白色；菌褶延生，稍密，白色，具 4~6 种类型的小菌褶；基部假柄状，长 2.0~2.6 mm，粗 2.8~3.2 mm，侧生，柱状，肉粉色。

微观特征 担孢子 4.5~5.0×3.5~4.8 μm，近球形至宽椭圆形，薄壁，光滑，无色；侧生囊状体 40~50×11~15 μm，窄纺锤形，厚壁，顶端被晶粒；缘生囊状体具厚壁和薄壁两种类型；薄壁缘生囊状体 10~27×2.0~8.6 μm，近梭形至棒状，顶端具细长的柱状突起，偶见分枝；厚壁缘生囊状体 34~48×10~15 μm，近梭形；菌盖表皮两层，最外层菌丝平伏，内层菌丝黏绒毛型；盖生囊状体 50~76×3.6~8.2 μm，披针形或刚毛状，厚壁；锁状联合存在。

区域内生境 夏季散生于针阔混交林腐木。

国内分布 华东，华北，东北。

鸡油湿伞

可食药用

Hygrocybe cantharellus (Schwein.) Murrill [as '*Hydrocybe*'], Mycologia 3 (4): 196 (1911)

宏观形态 菌盖宽 4.0~7.0 mm，斗笠形至平展，橙红色，中央微凹，被橙红色角状丛毛鳞片；菌褶延生，稀疏，不等长，淡黄色；菌柄长 12~20 mm，粗 1.6~2.0 mm，柱状，等粗，基部稍膨大，橙红色，光滑。

微观特征 担孢子 8.0~9.8×5.3~6.3 μm，椭圆形，薄壁，光滑，无色，非淀粉质；子实层囊状体缺失；菌盖表皮绒毛型，菌丝薄壁，淡黄色，末端细胞球茎形至近长棍状；锁状联合缺失。

区域内生境 夏季群生于阔叶林或针阔混交林地上。

国内分布 广布种。

雀斑豪斯克菌

光柄径边菇

雀斑豪斯克菌

***

Hauskneсhtia leucosticta (Pat.) Tkalčec, J.Q. Yan, C.F. Nie & C.K. Pradeep, Diversity 14 (9, no. 699): 8 (2022)

宏观形态 菌盖宽 15~60 mm，平展，淡黄色至污白色，中央色深，呈褐色至橙黄色，表面具明显沟纹，被易脱落的白色毡毛状菌幕；菌褶直生，稍密，幼时白色，成熟后灰色至灰黑色，不自溶；菌柄长 23~132 mm，粗 1.4~5.0 mm，中生，中空，柱状，等粗或向基部渐粗，基部稍膨大，白色至乳白色，表面常被白色绒毛。

微观特征 担孢子 9.4~12.0×5.3~6.8 μm，椭圆形、长椭圆形至近柱状，侧面观一侧稍扁，光滑，在水中呈锈棕色至深红棕色，在碱性溶液中呈深棕色，非淀粉质，芽孔明显；侧生囊状体缺失；缘生囊状体 15~45×4.5~13.0 μm，纺锤形或顶端头状膨大的囊状，薄壁，透明；菌盖表皮膜皮型；锁状联合存在。

区域内生境 夏秋季单生或散生于阔叶林地上。

国内分布 华东，华南。

光柄径边菇

*

Hodophilus glabripes Ming Zhang, C.Q. Wang & T.H. Li [as 'glaberripes'], MycoKeys 57: 92 (2019)

宏观形态 菌盖宽 15~40 mm，幼时半球形，成熟后凸镜形，光滑，水浸状，无条纹或具不明显半透明条纹，白色至乳白色，老后具淡黄色至淡褐色区域；菌褶延生，幼时白色，成熟后褐色至红褐色，具 1~2 种类型的小菌褶；菌柄长 31~95 mm，粗 1.8~4.0 mm，中生，中空，柱状，等粗，光滑，水浸状，白色至稍带黄色色调，成熟或干燥后呈淡黄色。

微观特征 担孢子 4.2~5.7×3.9~5.1 μm，球形至宽椭圆形，薄壁，光滑，非淀粉质；侧生囊状体缺失；褶缘细胞 17~31×2.2~8.5 μm，宽棒状至近柱状；菌盖表皮毛皮型；锁状联合缺失。

区域内生境 夏季散生于针阔混交林地上。

国内分布 华东，华南，华中。

第七章 伞菌

白足裸脚伞

多色裸脚伞

第七章
伞菌

双色蜡蘑

日本蜡蘑

295

小蜡蘑

Laccaria parva H.J. Cho & Y.W. Lim, Mycologia 110 (5): 951 (2018)

宏观形态 菌盖宽 5.8~12.0 mm，幼时扁球形，后平展至扁凸镜形，表面光滑，橙红色，至边缘渐浅，呈淡黄色至白色，边缘全缘，具条纹；菌褶弯生，稀疏，肉粉色，具 2 种类型的小菌褶；菌柄长 11~40 mm，粗 1.6~4.0 mm，中空，橙红色，柱状，向基部渐粗，表面光滑，基部常具白色菌丝。

微观特征 担孢子直径 7.2~8.3 μm，球形至近球形，无色透明，非淀粉质，表面具刺突，刺突长 1.2~2.0 μm；侧生囊状体 23~35×2.5~4.3 μm，细长柱状，顶端膨大；缘生囊状体 19~35×3.2~6.6 μm，细长柱状，顶端钝圆膨大，偶见喙状突起或二叉分枝；菌盖表皮表皮型；锁状联合存在。

区域内生境 夏季群生或散生于阔叶林地上。

国内分布 华东，华南，西北，西南。

弯柄蜡蘑（参照种）

Laccaria cf. *prava* Fang Li, Mycol. Progr. 19 (5): 533 (2020)

宏观形态 菌盖宽 12~51 mm，凸镜形，中央微凹，边缘向内弯曲，表面具条纹，干燥，肉粉色；菌褶稍延生，稀疏，不等长，肉粉色，具 2~3 种类型的小菌褶；菌柄长 32~50 mm，粗 6.0~8.0 mm，柱状，等粗或向基部渐细，肉粉色，近基部被绒毛。

微观特征 担孢子 6.6~7.7×6.0~7.4 μm，球形至近球形，厚壁，具细小刺突，无色，非淀粉质；侧生囊状体 14~49×3.4~9.7 μm，形态多样，梭形或近棒状，顶端弯曲或分枝，薄壁，橄榄黄色至无色，依据子实体不同稀疏至丰富；缘生囊状体 14~23×2.5~5.5 μm，棒状；菌盖表皮表皮型，菌丝橄榄黄色；锁状联合存在。

区域内生境 夏季散生于灌木绿地，阔叶林或针阔混交林地上。

国内分布 华东，华南，华北，东北。

第七章 伞菌

小蜡蘑

弯柄蜡蘑（参照种）

热带垂齿伞（近缘种）

Lacrymaria aff. *hypertropicalis* (Guzmán, Bandala & Montoya) Cortez, Mycotaxon 93: 130 (2005)

宏观形态 菌盖宽25~50 mm，幼时半球形，成熟后扁凸镜形，污白色至淡黄褐色，菌盖表面密被黄褐色丛毛鳞片，鳞片固存，内菌幕丝膜状，易消失；菌褶弯生，密，幼时锈色，成熟后近黑色，花斑状，褶缘稍白，不等长；菌柄长 40~60 mm，粗 3.0~5.0 mm，中生，柱状，等粗或向基部渐细，质脆，中空，顶端污白色，被细小白色丛毛鳞片，向基部渐带淡棕色。

微观特征 担孢子 8.3~11.0×7.5~8.1 μm，正面观椭圆形至长椭圆形，侧面观一侧稍扁，表面具明显疣状突起，深褐色，顶端呈猪鼻状突起，具小而明显的芽孔；侧生囊状体 45~70×8.0~14.0 μm，柱状，顶端宽钝圆或近头状，稀疏，薄壁，透明；缘生囊状体 55~90×4.0~9.0 μm，丝状，顶端头状膨大，薄壁，无色；菌盖表皮膜皮型，细胞薄壁，淡黄色；锁状联合存在。

区域内生境 夏秋季散生于阔叶林及针阔混交林地上。

国内分布 华东，华中，西北，西南。

暗缘乳菇

Lactarius atromarginatus Verbeken & E. Horak, Aust. Syst. Bot. 13 (5): 688 (2000)

宏观形态 菌盖宽 40~60 mm，平展，中央下凹，具强烈皱纹，边缘内弯，无条纹，淡黄褐色；菌肉白色，近表皮处暴露时缓慢变为粉红色或淡紫色；菌褶直生至稍延生，密，乳白色至白色，边缘深棕色，具 3~5 种类型的小菌褶；菌柄长 47~51 mm，粗 10~12 mm，中空，柱状，向基部渐粗，光滑，近顶端与菌盖同色，基部颜色较淡，呈白色；乳汁白色至水样，快速变为淡紫色，最后呈粉红色。

微观特征 担孢子 8.0~9.0×7.6~8.3 μm，球形至近球形，薄壁，具淀粉质嵴，嵴高 0.9~1.5 μm，形成几乎完整的网纹；侧生囊状体缺失；褶缘细胞 15~37×3.6~10.0 μm，囊状，顶端膨大或分叉，薄壁，无色；菌盖表皮膜皮型，橙褐色；锁状联合缺失。

区域内生境 夏季散生于阔叶林地上。

国内分布 华东，西南。

第七章 伞菌

热带垂齿伞（近缘种）

暗缘乳菇

299

** 南方喙囊乳菇

Lactarius austrorostratus Wisitr. & Verbeken, Phytotaxa 207 (3): 222 (2015)

宏观形态　菌盖宽 10~20 mm，平展，表面干燥，粗糙，红棕色，中央下凹，呈棕黑色，边缘稍内卷；菌肉脆，红棕色；菌褶直生至延生，密，污黄色至淡红褐色，具 1~2 种类型的小菌褶；菌柄长 27~40 mm，粗约 5.0 mm，红棕色，柱状，等粗，淡红棕色至深褐色；乳汁白色，不变色。

微观特征　担孢子 6.6~7.9×5.7~7.2 μm，球形至宽椭圆形，薄壁，具淀粉质嵴，连成不完整网纹或形成斑马纹；侧生囊状体 58~89×7.3~17.0 μm，长梭形，顶端钝圆或具微乳突，具内含物，薄壁；缘生囊状体 33~66×7.5~10.0 μm，类侧生囊状体；菌盖表皮由外层柱状菌丝和内层球形细胞组成，淡黄褐色；锁状联合缺失。

区域内生境　夏季单生于阔叶林或针阔混交林地上。

国内分布　华东，西南。

* 南方轮纹乳菇

Lactarius austrozonarius H.T. Le & Verbeken, Fungal Diversity 24: 202 (2007)

宏观形态　菌盖宽 50~135 mm，幼时扁凸镜形，成熟后漏斗形，中央下凹，淡黄色，被黄色至黄褐色绒毛状鳞片，湿时稍黏；菌肉伤后缓慢变灰；菌褶直生至延生，污白色至稍带黄色，具 1~2 种类型的小菌褶；菌柄长 25~100 mm，粗 15~20 mm，中空，柱状，向基部渐细，淡黄色，表面局部较暗或形成较大的椭圆形凹坑；乳汁丰富，白色至水样，不变色；幼时辛辣，老后味道变轻。

微观特征　担孢子 7.0~12.0×7.0~10.0 μm，球形、近球形或宽椭圆形，具淀粉质嵴，连成完整或不完整网纹；侧生囊状体 50~100×9.0~20.0 μm，长梭形，顶端钝圆或具细小乳突，偶具内含物，薄壁；褶缘细胞 13~26×8.0~18.0 μm，棒状，不规则柱状或纺锤形，具 1 分隔；菌盖表皮黏表皮型至黏绒毛型；锁状联合缺失。

区域内生境　夏季散生于阔叶林腐木。

国内分布　广布种。

南方喙囊乳菇

南方轮纹乳菇

鸡足山乳菇

可食药用

Lactarius chichuensis W.F. Chiu, Lloydia 8 (1): 38 (1945)

宏观形态 菌盖宽 20~30 mm，平展，中央微凹，深褐色，至边缘渐浅，表面干燥，皱，光滑；菌褶直生至延生，稍密，污黄色，老后棕色，具 2~3 种类型的小菌褶；菌柄长 10~15 mm，粗 4.0~6.7 mm，柱状，等粗或向基部渐细，中实，老后中空，表面光滑，与菌盖同色或稍淡；乳汁丰富，白色，后变为水样。

微观特征 担孢子 6.7~7.6×5.6~6.9 μm，球形至宽椭圆形，淡黄色，具淀粉质嵴突与刺突，排列形成斑马纹；侧生囊状体 47~90×6.0~12.0 μm，稀疏至丰富，窄纺锤形，顶端尖，具稀疏内含物；褶缘异质，具可育担子，不育细胞 12~28×7.0~15.0 μm，棒状；缘生囊状体 29~54×6.7~11.0 μm，类侧生囊状体；菌盖表皮由最外层柱状菌丝与内层近球形细胞组成；锁状联合缺失。

区域内生境 春夏季散生于阔叶林地上。

国内分布 华东，西南。

金汁乳菇

**

Lactarius flaviaquosus X.H. Wang, Cryptog. Mycol. 40 (5): 76 (2019)

宏观形态 菌盖宽 22~50 mm，漏斗形，边缘内卷后平展，黄棕色至红棕色，中央颜色较深，略呈带状，光滑，湿时稍黏；菌褶直生至短延生，密，污白色至淡黄褐色，具 3~5 种类型的小菌褶；菌柄长 20~70 mm，粗 3.0~7.5 mm，圆柱形，等粗，中实，老后中空，表面光滑，与菌盖同色；乳汁丰富，黄色。

微观特征 担孢子 6.5~7.7×5.2~6.0 μm，宽椭圆形，薄壁，具淀粉质疣突，疣突几乎不连接；侧生囊状体 40~67×7.3~9.1 μm，棒状、近梭形或窄囊状，顶端钝圆或具细小乳突，具内含物，薄壁；褶缘偶见担子；缘生囊状体 40~60×5.4~8.4 μm，类侧生囊状体；菌盖表皮黏表皮型，菌丝淡黄褐色；锁状联合缺失。

区域内生境 春夏季单生或散生于阔叶林或针阔混交林地上。

国内分布 华东，西南。

第七章
伞菌

鸡足山乳菇

金汁乳菇

美丽乳菇 **

Lactarius formosus H.T. Le & Verbeken, Fungal Diversity 24: 189 (2007)

宏观形态　菌盖宽 25~39 mm，漏斗形，中央深凹，黄褐色至淡黄褐色，略带橄榄色，表面湿时稍黏，被毡毛状鳞片，具环纹；菌褶直生至稍延生，黄褐色，伤后变为紫红色至紫色；菌柄长 30~40 mm，粗 10~16 mm，褐色，中空，柱状，等粗或向基部渐粗，与菌盖同色，稍具暗橙褐色斑点；菌肉污白色，伤后快速变为淡紫色至紫色；乳汁白色至淡黄色。

微观特征　担孢子 8.5~10.0×6.9~8.7 μm，宽椭圆形，薄壁，淡黄褐色，表面具淀粉质嵴，形成完整网纹；侧生囊状体 78~110×8.5~12.0 μm，近梭形，顶端具钝圆或具乳突，透明或具颗粒状内含物，薄壁；缘生囊状体类侧生囊状体，稍小；菌盖表皮表皮型，菌丝黄褐色；锁状联合缺失。

区域内生境　春夏季单生于阔叶林地上。

国内分布　华东。

平凡乳菇 ***

Lactarius inconspicuus H.T. Le & F. Hampe, Phytotaxa 207 (3): 229 (2015)

宏观形态　菌盖宽 40~53 mm，幼时凸镜形，后平展，中央下凹至漏斗形；表面具细小皱纹，干燥至稍黏，湿时有光泽，棕色至深棕色，至边缘渐浅；菌褶直生至稍延生，密，淡黄色至淡橙红色，不等长，具 3~4 种类型的小菌褶；菌柄长 58~80 mm，粗 9.0~10.0 mm，橙色至橙棕色，柱状，等粗，具纵向条纹；乳汁丰富，白色，缓慢变色呈淡黄色。

微观特征　担孢子 6.6~7.7×5.2~6.1 μm，宽椭圆形至椭圆形，无色，具淀粉质嵴，孤立或连接形成不完整或几乎完整的网纹；侧生囊状体 48~95×6.9~11.0 μm，近梭形，顶端稍尖或具细乳突，具明显内含物；缘生囊状体类侧生囊状体；菌盖表皮黏绒毛型；锁状联合缺失。

区域内生境　春夏季散生于阔叶林地上。

国内分布　华东。

美丽乳菇

平凡乳菇

细小乳菇 **

Lactarius liliputianus Verbeken & E. Horak, Aust. Syst. Bot. 13 (5): 694 (2000)

宏观形态 菌盖宽 10~15 mm，幼时半球形，后平展，红棕色，至边缘渐浅，呈污白色，干燥，光滑；菌褶直生至延生，白色至淡褐色，具 2 种类型的小菌褶；菌柄长 5.0~10.0 mm，粗 1.0~2.0 mm，易碎，光滑，中空，淡褐色；乳汁水样，稀少，透明，不变色。

微观特征 担孢子 7.0~9.0×6.5~8.0 μm，近球形至宽椭圆形，具淀粉质柱状刺突，刺突间不连接；侧生囊状体缺失；缘生囊状体 25~30×4.0~9.0 μm，纺锤形，顶端稍尖或具细柱状突起；菌盖表皮毛皮型，由棒状至近棒状菌丝组成；锁状联合缺失。

区域内生境 夏季散生于针阔混交林地上。

国内分布 华东，西南。

忽略乳菇 **

Lactarius neglectus X.H. Wang, Cryptog. Mycol. 39 (4): 432 (2018)

宏观形态 菌盖宽 19~25 mm，近凸镜形，水浸状，淡棕色、黄棕色至橙褐色，中央具圆锥形乳突，色深，边缘不规则波状，色浅；菌褶直生至稍延生，稍稀疏，淡黄色至淡黄褐色，伤后变为橙棕色至棕色，具 4~5 种类型的小菌褶；菌柄长 20~27 mm，粗 1.0~2.0 mm，中空，柱状，等粗，表面干燥，光滑，棕色；乳汁水样，透明，不变色。

微观特征 担孢子 7.1~8.2×6.2~6.9 μm，宽椭圆形，薄壁，淡黄色，具淀粉质嵴，常连接形成网纹；侧生囊状体 47~73×6.5~10.0 μm，近梭形，顶端尖锐，薄壁，无色，具内含物；缘生囊状体缺失；褶缘细胞 7.0~25.0×4.0~8.0 μm，棒状；菌盖表皮由椭圆形细胞和菌丝组成，黄褐色；锁状联合缺失。

区域内生境 夏季单生或散生于阔叶林或针阔混交林地上。

国内分布 华东，西南。

细小乳菇

忽略乳菇

红褐乳菇

有毒

Lactarius rubrobrunneus H.T. Le & Nuytinck, Phytotaxa 207 (3): 231 (2015)

宏观形态　菌盖宽 25~35 mm，平展，近中央下凹，中央常具乳突，表面干燥，光滑，红褐色至淡黄褐色；菌褶延生，中等密度，污白色至污黄色，具 3~4 种类型的小菌褶；菌柄长 26~32 mm，粗 5.0~6.0 mm，中生，柱状，向基部渐粗，棕褐色，具绒毛；乳汁白色，不变色。

微观特征　担孢子 7.0~7.6×5.5~6.2 μm，宽椭圆形至椭圆形，薄壁，无色，表面具离散的淀粉质嵴突；侧生囊状体 43~59×7.4~9.3 μm，窄梭形，顶端尖锐，具油状内含物；缘生囊状体 25~39×4.7~9.0 μm，类侧生囊状体；菌盖表皮上皮型，外被绒毛菌丝，淡黄色；锁状联合缺失。

区域内生境　春夏季散生于阔叶林地上。

国内分布　华东，西南。

鲜艳乳菇

可食用

Lactarius vividus X.H. Wang, Nuytinck & Verbeken, Phytotaxa 231 (1): 67 (2015)

宏观形态　菌盖宽 32~49 mm，平展，中央下凹，边缘向内弯曲，表面水浸状，微油腻，淡黄色至赭黄色，老后具暗绿色斑块；菌褶直生至短延生，稍密，淡黄色至橙色，老后变为绿色；菌柄长 32~47 mm，粗 10~13 mm，柱状，等粗或向基部渐细，淡黄色至与菌褶同色，伤不变色，顶端颜色较浅，基部具淡黄色或淡绿色短绒毛；乳汁稀少，橙色至金黄色，2~10 分钟后变为污红色。

微观特征　担孢子 7.9~8.7×5.8~6.5 μm，宽椭圆形至椭圆形，薄壁，表面由淀粉质的嵴和不规则疣突组成破碎至几乎完整的网纹；侧生囊状体 40~90×6.5~10.0 μm，稀少，近梭形或近梨形，具浓密内含物；褶缘细胞 20~50×3.0~9.0 μm，棒状，缘生囊状体缺失或稀少，若有则类侧生囊状体；菌盖表皮黏表皮型，淡黄色；锁状联合缺失。

区域内生境　夏秋季单生或散生于阔叶林地上。

国内分布　华东，华南，华中，西南。

第七章 伞菌

红褐乳菇

鲜艳乳菇

假稀褶多汁乳菇

可食用

Lactifluus pseudohygrophoroides H. Lee & Y.W. Lim, Fungal Diversity 87: 200 (2017)

宏观形态 菌盖宽 27~53 mm，凸镜形至平展，中央下凹，橙黄色至橙红色，表面被微绒毛；菌褶直生，稀疏，不等长，乳白色，受伤较长时间后变为暗红棕色，褶缘全缘，乳白色；菌柄长 15~27 mm，粗 5.0~9.0 mm，中生至稍偏生，柱状，等粗，淡橙黄色至淡橙色，表面被微绒毛；乳汁白色，不变色。

微观特征 担孢子 8.3~9.6×6.5~7.6 μm，宽椭圆形至椭圆形，薄壁，无色，表面由淀粉质嵴突连成完整网纹；子实层囊状体缺失；菌盖表皮上皮型，淡黄色，外被绒毛菌丝；锁状联合缺失。

区域内生境 夏季散生于针阔混交林地上。

国内分布 华东，西南。

漏斗韧伞

可食药用

Lentinus arcularius (Batsch) Zmitr., International Journal of Medicinal Mushrooms (Redding) 12 (1): 88 (2010)

宏观形态 菌盖宽 12~40 mm，平展，中央深下凹，淡黄色，表面被黄褐色至褐色平伏鳞片，干燥，无环纹；菌褶特化为菌管状，延生，长 1.0~3.0 mm，孔口多角形，辐射状排列，0.5~2.0 孔/mm，淡黄色至污白色；菌柄长 12~22 mm，粗 0.8~2.0 mm，柱状，等粗，与菌盖同色，基部稍膨大，表面被绒毛。

微观特征 二型菌丝系统，具生殖菌丝及缠绕菌丝；担孢子 7.7~8.7×2.3~2.9 μm，圆柱形至杆状，薄壁，光滑，无色，非淀粉质；子实层囊状体缺失；菌盖表皮表皮型；锁状联合存在。

区域内生境 春夏季单生或散生于阔叶林或针阔混交林腐木。

国内分布 广布种。

第七章 伞菌

假稀褶多汁乳菇

漏斗韧伞

环柄韧伞

可食药用

Lentinus sajor-caju (Fr.) Fr., Epicr. syst. mycol. (Upsaliae): 393 (1838) [1836~1838]

宏观形态 菌盖宽 40~60 mm，软革质，干时变硬，中凹至杯形或漏斗形，淡黄色至灰褐色，光滑或稍被绒毛；菌褶长延生，极密，不分叉或偶见分叉，污白色；菌柄长 10~20 mm，粗 5.0~8.0 mm，中生至侧生，粗而硬，圆柱形，向基部渐细，基部平截，中实，白色；菌环固存或脱落至不明显，中位至中上位，白色至淡黄褐色。

微观特征 二型菌丝系统，具生殖菌丝及缠绕菌丝；担孢子 5.2~8.3×2.0~2.5 μm，圆柱形至杆状，常弯曲，无色，薄壁；侧生囊状体稀少或缺失，25~40×7.0~10.0 μm，棒状，无色；缘生囊状体 16~25×4.7~6.0 μm，棒状，常弯曲，无色，薄壁；锁状联合存在。

区域内生境 春夏季群生于阔叶林腐木。

国内分布 华东，华南，华中，东北，西南。

翘鳞韧伞

可食药用

Lentinus squarrosulus Mont., Annls Sci. Nat., Bot., sér. 2 18: 21 (1842)

宏观形态 菌盖宽 26~70 mm，韧，革质，凸镜形，中凹至脐状或深漏斗形，白色至淡黄褐色，表面被近外卷或完全平伏状丛毛鳞片，白色至淡黄褐色，常形成同心圆，老后光滑；菌褶延生，密，白色至黄褐色；菌柄长 17~40 mm，粗 6.0~10.0 mm，白色，柱状，等粗，被白色丛毛鳞片。

微观特征 二型菌丝系统，具生殖菌丝及缠绕菌丝；担孢子 5.6~7.1×2.1~2.7 μm，圆柱形至杆状，弯曲，光滑，无色；缘生囊状体 11~30×2.4~3.6 μm，弯曲棒状，偶分节，无色，薄壁；菌盖表皮表皮型，菌丝厚壁；锁状联合存在。

区域内生境 春夏季群生于阔叶林腐木。

国内分布 华东，华南，华中，华北，东北，西南。

环柄韧伞

翘鳞韧伞

近栗色环柄菇 **

Lepiota subcastanea J.F. Liang & Zhu L. Yang. Mycologia 108 (1):66 (2016).

宏观形态 菌盖宽 8.0~18.0 mm，钟形，后平展，中央稍突起，表面密被暗黄褐色至褐色绒毛状至块状鳞片，中央色深，至边缘渐浅；菌褶离生，乳白色，不等长；菌柄长 13~35 mm，粗约 2.0 mm，中生，中空，圆柱形，上部白色，光滑，中下部具褐色细小鳞片。

微观特征 担孢子 10~12×4.0~5.0 μm，侧面观近三角形，正面观杆状，无色，透明，薄壁，光滑，非淀粉质；侧生囊状体缺失；缘生囊状体 15~29×4.0~8.5 μm，窄囊状、柱状或棒状，顶端常头状膨大，无色，透明，薄壁；菌盖表皮表皮型；锁状联合存在。

区域内生境 夏季单生于阔叶林枯枝落叶或地上。

国内分布 华东，华南，东北，西南。

暗柄环柄菇 **

Lepiota thrombophora (Berk. & Broome) Sacc., Syll. fung. (Abellini) 5: 53 (1887)

宏观形态 菌盖宽 20~43 mm，平展，白色，表面被橙色鳞片，中央略微突起，边缘具沟纹；菌褶离生，稍密，白色；菌柄长 30~51 mm，粗 3.0~4.0 mm，中生，柱状，向基部渐粗，淡黄色至橙褐色，表面被白色至淡黄色棉质绒毛；菌环中上位，膜质，白色至淡黄色。

微观特征 担孢子 11~13×3.9~4.9 μm，圆柱形、杆状至腹鼓状，两端渐细，弯曲，具脐凹，薄壁，光滑，无色至淡黄色，非淀粉质；侧生囊状体缺失；褶缘细胞 13~20×6.6~11.0 μm，棒状至近球茎形；菌盖表皮表皮型；锁状联合存在。

区域内生境 夏季单生于阔叶林枯枝落叶或地上。

国内分布 华东，华南，西南。

近栗色环柄菇

暗柄环柄菇

毒环柄菇

有毒

Lepiota venenata Zhu L. Yang & Z.H. Chen, J. FungalRes. 16: 67 (2018)

宏观形态 菌盖宽 16~53 mm，幼时钟形，成熟后平展，边缘外翻，中央突起，白色至污白色，表面密被褐色至红褐色鳞片，中央密集，至边缘渐稀疏；菌褶离生，稍密，白色至淡黄色，具 2~3 种类型的小菌褶；菌柄长 39~72 mm，粗 5.0~6.0 mm，中生，中空，柱状，等粗，白色，近基部具橙红色鳞片；未完全开伞时可观察到白色丝状内菌幕，菌环上位，易消失。

微观特征 担孢子 5.7~7.0×3.1~3.7 μm，椭圆形至长椭圆形，侧面观一侧稍扁，无色，薄壁，光滑；侧生囊状体缺失；缘生囊状体 17~27×6.8~9.0 μm，棒状至宽棒状；菌盖表皮毛皮型；锁状联合存在。

区域内生境 夏季散生于阔叶林地上。

国内分布 华东，华南，华中，西南。

易碎白鬼伞

有毒

Leucocoprinus fragilissimus (Ravenel ex Berk. & M.A. Curtis) Pat., Essai Tax. Hyménomyc. (Lons-le-Saunier): 171 (1900)

宏观形态 菌盖宽 25~45 mm，平展，中央具顶端平截的微脐突，表面干燥，黄色，至边缘渐浅，呈白色，边缘具沟纹；菌肉极薄，易碎；菌褶离生，污白色至淡黄色，具 0~1 种类型的小菌褶；菌柄长 30~50 mm，粗 1.0~2.0 mm，黄色至橄榄黄色，可褪色至近白色，柱状，等粗，被黄色鳞片；菌环明显，中上位，易消失。

微观特征 担孢子 10~12×7.0~8.5 μm，宽椭圆形，厚壁，光滑，淡黄褐色至近无色，拟糊精质，芽孔明显，宽约 2.0 μm；侧生囊状体缺失；缘生囊状体棒状；菌盖表皮膜皮型；锁状联合缺失。

区域内生境 夏季单生于阔叶林或针阔混交林枯枝落叶。

国内分布 广布种。

毒环柄菇

易碎白鬼伞

黄鳞丽丝盖伞

Leucoinocybe auricoma (Har. Takah.) Matheny, Southeastern Naturalist 19 (3): 456 (2020)

宏观形态 菌盖宽 23~30 mm，幼时钟形，后平展，杏黄色至橙黄色，至边缘渐浅，呈乳白色，表面具浅沟纹，被橙黄色绒毛状鳞片，中央密集，至边缘渐稀疏；菌褶离生，稀疏，白色，不等长；菌柄长 15~60 mm，粗 4.0~4.5 mm，圆柱形，中空，脆骨质，近顶端黄色，向基部渐深，呈橙黄色，表面被橙黄色丛毛鳞片，干燥，基部稍膨大。

微观特征 担孢子 6.0~7.2×3.0~3.9 μm，长椭圆形至圆柱形，薄壁，光滑，无色，淀粉质；侧生囊状体缺失；缘生囊状体 25~37×4.0~7.0 μm，纺锤形、梭形或丝状，光滑，薄壁，偶见淡黄色内含物，顶端长且尖锐；菌盖表皮表皮型；盖生囊状体 45~115×2.0~8.1 μm，荨麻蜇毛状；锁状联合存在。

区域内生境 夏季单生或群生于阔叶林腐木。

国内分布 华东，华南，华中，西南。

无节微皮伞

Marasmiellus enodis Singer, Beih. Nova Hedwigia 44: 327 (1973)

宏观形态 菌盖宽 5.5~14.0 mm，平展至外翻，白色，干燥，中央微凹，淡黄色，边缘具明显沟纹；菌褶直生至稍延生，稀疏，白色至淡黄色；菌柄长 8.0~14.0 mm，粗 1.0~2.0 mm，中生，中空，柱状，等粗，具短绒毛，白色至淡黄色。

微观特征 担孢子 5.3~7.5×2.5~3.7 μm，长椭圆形至近柱状，脐侧附胞明显，薄壁，光滑，无色；菌盖表皮表皮型，菌丝长柱状，表面粗糙，具大量短柱状突起；锁状联合存在。

区域内生境 夏季群生于阔叶林腐木。

国内分布 华东，华南，西南。

第七章 伞菌

黄鳞丽丝盖伞

无节微皮伞

毛足小皮伞
★★★

Marasmius crinipes Antonín, Ryoo & H.D. Shin, Mycol. Progr. 11 (3): 632 (2012)

宏观形态 菌盖宽 5.0~10.0 mm，圆锥形至钟形，棕色至黄棕色，边缘颜色稍浅至白色，表面被微绒毛，具辐射状排列的沟纹；菌褶离生，白色至淡黄色，稀疏，不等长；菌柄长 50~200 mm，粗 0.5~1.0 mm，中生，光滑，顶端白色至淡黄色，向基部渐变为深棕色至黑色，基部常被白色绒毛。

微观特征 担孢子 20~23×3.3~4.6 μm，棒状，一端较尖，无色，薄壁，光滑，非淀粉质；侧生囊状体 31~58×6.6~10.0 μm，近梭形，顶端稍尖或具乳突；缘生囊状体 10~20×7.0~8.7 μm，近球形，顶端呈刷子状，具大量细长柱状突起；菌盖表皮膜皮型，盖皮细胞类缘生囊状体，基部薄壁，顶端壁略厚；锁状联合存在。

区域内生境 夏季群生于阔叶林枯枝落叶层。

国内分布 华东。

红盖小皮伞
★

Marasmius haematocephalus (Mont.) Fr., Epicr. syst. mycol. (Upsaliae): 382 (1838) [1836~1838]

宏观形态 菌盖宽 10~20 mm，钟形至扁球形，表面密被细微绒毛，紫红色，中央色深；菌褶离生至弯生，稀疏，白色至污白色；菌柄长 23~50 mm，粗 0.6~1.0 mm，柱状，弯曲，等粗，光滑，棕黑色，近顶端淡红棕色。

微观特征 担孢子 16~18×3.6~4.8 μm，杆状，近脐端较尖，远脐端钝圆且较宽，侧面观稍弯曲，薄壁，光滑，无色，非淀粉质；侧生囊状体 32~54×6.0~12.0 μm，纺锤形或棒状，顶端钝圆或具瘤状乳突；具近窄囊状和扫帚状两种类型的缘生囊状体，近窄囊状缘生囊状体 30~41×5.1~8.8 μm，薄壁，无色，顶端具瘤状乳突；扫帚状缘生囊状体 12~21×5.3~9.3 μm，主细胞宽棒状，顶端具数个突起；菌盖表皮膜皮型，由扫帚状细胞组成，橙褐色；锁状联合存在。

区域内生境 夏季单生于阔叶林枯枝落叶层。

国内分布 华东，华南，西南。

毛足小皮伞

红盖小皮伞

大盖小皮伞

可食用

Marasmius maximus Hongo, Mem. Fac. lib. Arts Educ. Shiga Univ., Nat. Sci. 12: 39 (1962)

宏观形态 菌盖宽 10~20 mm，凸镜形至平展，褐色，至边缘渐浅，呈亮黄色至黄色，表面干燥，边缘具明显沟纹；菌褶离生，较稀疏，污黄色，不等长；菌柄长 40~60 mm，粗 2.0~4.0 mm，圆柱形，中生，淡橙黄色至亮橙黄色，表面被白色微绒毛，干燥。

微观特征 担孢子 7.5~10.0×4.0~5.5 μm，椭圆形，无色，光滑，薄壁；侧生囊状体缺失；缘生囊状体 20~35×4.0~11.0 μm，不规则棒状，分枝，或表面具突起，薄壁；菌盖表皮膜皮型，由梨形至囊状细胞组成；锁状联合存在。

区域内生境 夏季单生或群生于针阔混交林枯枝落叶层。

国内分布 广布种。

苍白小皮伞

**

Marasmius pellucidus Berk. & Broome, J. Linn. Soc., Bot. 14 (no. 73): 35 (1873) [1875] 69: 98 (2017)

宏观形态 菌盖宽 30~60 mm，平展，水浸状，白色至淡黄色，光滑，边缘具半透明条纹至沟纹；菌褶直生，密，白色，稍分枝或具横脉；菌柄长 3.0~12.0 mm，粗 2.0~3.0 mm，中生，柱状，等粗，红褐色至棕色，顶端白色，基部具白色绒毛。

微观特征 担孢子 5.5~8.0×2.5~3.3 μm，扁桃形至近梭形，一端稍尖，薄壁，光滑，无色；侧生囊状体缺失；缘生囊状体 14~20×4.0~6.0 μm，棒状或近梭形；菌盖表皮膜皮型，由近球形至棒状细胞组成；锁状联合存在。

区域内生境 夏季群生至丛生于阔叶林枯枝落叶层或地上。

国内分布 华东，华南，华中，西南。

大盖小皮伞

苍白小皮伞

小型小皮伞 **

Marasmius pusilliformis Chun Y. Deng & T.H. Li, Sydowia 69: 98 (2017)

宏观形态 菌盖宽 3.0~6.0 mm，扁凸镜形，白色至污白色，光滑，中央微凹，边缘具沟纹；菌褶直生，稀疏，白色，具 0~3 种类型的小菌褶；菌柄长 3.0~12.0 mm，粗 0.2~0.3 mm，中生，柱状，顶端白色，向基部颜色渐深，呈深褐色。

微观特征 担孢子 8.7~11.0×4.3~5.8 μm，长椭圆形至近柱状，一端稍尖，侧面观不等边，薄壁，光滑，无色；侧生囊状体 20~36×5.0~9.0 μm，棒状，顶端念珠状膨大，具 1~2 个单链或双链，偶见三链或环链；具两种类型的缘生囊状体，一种为扫帚状细胞，主细胞 9.8~19.0×5.0~8.2 μm，顶端树杈状分枝，另一种类侧生囊状体；菌盖表皮膜皮型，由扫帚状细胞组成；锁状联合存在。

区域内生境 夏季群生于阔叶林枯枝落叶层。

国内分布 华东，华南，华中。

轮小皮伞 *

Marasmius rotalis Berk. & Broome, J. Linn. Soc., Bot. 14 (no. 73): 40 (1873) [1875]

宏观形态 菌盖宽 1.0~5.0 mm，半球形，白色至淡黄色，中央下凹，黑色，表面具辐射状排列的沟纹；菌褶离生，近菌柄处形成一项环，白色，边缘光滑；菌柄长 5.0~12.0 mm，粗约 0.5 mm，黑色，顶端白色。

微观特征 担孢子 6.5~8.1×3.1~4.0 μm，椭圆形至长椭圆形，无色透明，光滑，薄壁，脐侧附胞不明显，非淀粉质；侧生囊状体缺失；缘生囊状体 15~30×5.9~13.0 μm，宽棒状至囊状，薄壁，透明，顶端具密集短疣突，厚壁，疣突 1.4~2.5×0.6~0.9 μm，不分枝，黄色或棕色；菌盖表皮膜皮型，由扫帚状细胞组成；锁状联合存在。

区域内生境 春夏季群生于针阔混交林枯叶上。

国内分布 华东，华南，西北，西南。

第七章 伞菌

小型小皮伞

轮小皮伞

325

红白小皮伞

Marasmius ruforotula Singer, Sydowia 2 (1~6): 34 (1948)

宏观形态 菌盖宽 3.0~3.5 mm，扁凸镜形，中央下凹，凹陷内具一小突起，表面暗橙色，具沟纹，边缘橙黄色至白色，干燥；菌褶直生，稀疏，米白色；菌柄长 7.0~12.0 mm，粗 0.8~1.2 mm，黑色，柱状，等粗，光滑。

微观特征 担孢子 6.6~8.3×3.8~5.1 μm，椭圆形至长椭圆形，稍弯曲，薄壁，光滑，无色，非淀粉质；侧生囊状体缺失；缘生囊状体 13~18×4.2~7.8 μm，棒状，顶端具多个柱状突起，薄壁，无色；菌盖表皮膜皮型，由扫帚状细胞组成；锁状联合存在。

区域内生境 夏季群生于针阔混交林枯枝落叶层。

国内分布 华东。

干小皮伞

Marasmius siccus (Schwein.) Fr., Epicr. syst. mycol. (Upsaliae): 382 (1838) [1836~1838]

宏观形态 菌盖宽 15~30 mm，钟形至半球形，表面光滑，中央具脐状突起，黄褐色，至边缘渐浅，呈淡黄色至污白色，具辐射沟纹；菌褶弯生至近离生，稀疏，白色；菌柄长 45~95 mm，粗 0.5~1.5 mm，中生，黑色，顶端白色至淡黄色。

微观特征 担孢子 19~22×3.0~4.5 μm，圆柱形，向一侧稍弯，无色透明，非淀粉质；侧生囊状体 22~56×4.2~8.6 μm，腹鼓状或棒状，顶端膨大或具乳突；缘生囊状体 12~26×4.0~10.0 μm，呈扫帚状，具密集小枝，小枝 3.3~6.0×0.8~1.2 μm，无色透明，在碱性溶液中呈淡黄褐色；菌盖表皮膜皮型，由扫帚状细胞组成；锁状联合存在。

区域内生境 夏季散生或群生于阔叶林或针阔混交林枯枝落叶层。

国内分布 广布种。

红白小皮伞

干小皮伞

柯氏尿囊菌

可药用
有毒

Meiorganum curtisii (Berk.) Singer, J. García & L.D. Gómez, Beih. Nova Hedwigia 98: 63 (1990)

宏观形态 子实体无菌柄，侧生；菌盖宽 17~40 mm，扇形或贝壳状，边缘曲折，向内卷曲，幼时柠檬黄色，后变为暗黄棕色，表面被微绒毛；菌褶曲折，具横脉，分叉，密集，柠檬黄色至黄棕色，褶缘平滑。

微观特征 担孢子 3.2~3.6×1.6~1.9 μm，椭圆形，薄壁，光滑，淡黄色，非淀粉质；子实层囊状体缺失；菌盖表皮绒毛型，由柱状、分枝菌丝组成；锁状联合存在。

区域内生境 夏季群生或叠生于针阔混交林腐木。

国内分布 华东，华南，华中，东北，西南。

二瓣小蘑菇

Micropsalliota bifida R.L. Zhao, Desjardin, Soytong & K.D. Hyde, Fungal Diversity 45: 51 (2010)

宏观形态 菌盖宽 5.0~20.0 mm，幼时半球形至扁球形，成熟后凸镜形至平展，幼时淡黄色至褐色，光滑或被白色细纤毛，成熟后光滑，白色，边缘略内卷，在碱性溶液中变红褐色；菌褶离生，不等长，密，幼时污白色，成熟后灰褐色至深褐色；菌柄长 30~50 mm，粗 1.0~2.0 mm，圆柱形，白色，近光滑或稍被绒毛；菌环膜质，白色，中上位，易脱落。

微观特征 担孢子 3.8~4.7×2.5~3.0 μm，椭圆形至杏仁形，褐色，光滑，薄壁，顶端厚壁，无芽孔；侧生囊状体缺失；缘生囊状体 16~35×4.5~7.5 μm，宽棒状至近锥形，顶端偶分裂成两瓣状，无色，光滑，薄壁；菌盖表皮表皮型，菌丝无色，薄壁；锁状联合缺失。

区域内生境 夏季单生或散生于阔叶林地上。

国内分布 华东，华南。

柯氏尿囊菌

二瓣小蘑菇

糠鳞小蘑菇

Micropsalliota furfuracea R.L. Zhao, Desjardin, Soytong & K.D. Hyde, Fungal Diversity 45: 54 (2010)

宏观形态 菌盖宽 20~35 mm，幼时钟形，后平展，污白色至稍带褐色，中央具较密的淡棕褐色平伏至糠麸状鳞片；菌肉白色，伤后或老后变为红褐色至暗褐色；菌褶离生，不等长，黄褐色至棕褐色；菌柄长 25~35 mm，粗 2.5~3.5 mm，上下等粗，中空，纤维质，幼时白色至淡黄色，伤后变为红褐色，后期变暗褐色至暗紫褐色；菌环膜质，上位，单环。

微观特征 担孢子 6.0~7.5×3.0~4.0 μm，椭圆形，光滑，褐色；侧生囊状体缺失；缘生囊状体 20~50×7.0~12.0 μm，形状多样，棒状至烧瓶形，顶端膨大或不膨大；菌盖表皮表皮型，菌丝具红色细胞壁色素，薄壁；锁状联合缺失。

区域内生境 夏季群生或丛生于阔叶林地上。

国内分布 华东，华南。

球囊小蘑菇

Micropsalliota globocystis Heinem., Bull. Jard. Bot. natn. Belg. 50 (1~2): 57 (1980)

宏观形态 菌盖宽 25~60 mm，半球形至平展，被淡粉色、淡褐色至红褐色丛毛鳞片；菌褶离生，密，不等长，初白色，后变为灰棕色；菌柄长 50~80 mm，粗 3.0~4.0 mm，圆柱形，白色，中空，菌环以下被白色至淡灰褐色绒毛；菌环膜质，上位，单层，白色，伤后变为淡黄色至褐色。

微观特征 担孢子 5.4~6.5×3.4~4.1 μm，椭圆形，褐色，薄壁，顶端厚壁；侧生囊状体缺失；缘生囊状体 32~51×8.4~12.0 μm，顶端宽 10~13 μm，棒状至宽棒状；菌盖表皮表皮型，菌丝具红棕色细胞壁色素和细胞外结痂；锁状联合缺失。

区域内生境 夏季单生于阔叶林或针阔混交林地上。

国内分布 华东。

假球囊小蘑菇 **

Micropsalliota pseudoglobocystis Li Wei & R.L. Zhao, Mycotaxon 130 (2): 558 (2015)

宏观形态 菌盖宽 35~50 mm，幼时凸镜形，后平展，边缘下弯，细锯齿状，表面干燥，密被细小红棕色丛毛状鳞片，中央密集，至边缘渐稀疏；菌褶离生，密，不等长，初白色，后变为污棕色；菌柄长 40~100 mm，粗 5.0~8.0 mm，圆柱形，中空，菌环以上光滑或被纤毛鳞片，以下被白色绒毛；菌环膜质，白色，上位，单层，固存，伤后先变为淡黄色，随后变为褐色。

微观特征 担孢子 4.5~6.0×2.5~3.2 μm，椭圆形至杏仁形，褐色，薄壁，顶端厚壁，无芽孔；侧生囊状体缺失；缘生囊状体 40~50×10~13 μm，不规则圆柱形至近棒状，顶端头状或近头状膨大，光滑，无色；菌盖表皮表皮型，菌丝具褐色细胞内色素；锁状联合缺失。

区域内生境 夏季单生、丛生或群生于阔叶林地上。

国内分布 华东，西南。

红柄小蘑菇 ***

Micropsalliota roseipes Heinem., Bull. Jard. Bot. natn. Belg. 50 (1~2): 65 (1980)

宏观形态 菌盖宽 6.0~10.0 mm，平展，中央微凹，污白色，表面干燥，被红褐色至暗红色丛毛状鳞片，中央密集，至边缘渐稀疏；菌褶离生，中等密度，具 2~3 种类型的小菌褶，幼时污白色，成熟后呈淡褐色；菌柄长 8.5~11.0 mm，粗 0.5~0.1 mm，中生，白色至淡粉色，表面被细小白色丛毛鳞片；菌环膜质，上位，易脱落。

微观特征 担孢子 5.5~7.0×3.0~4.0 μm，侧面观一侧稍扁，呈扁桃形，正面观呈长椭圆形至卵圆形，黄褐色，非淀粉质，无芽孔；侧生囊状体缺失；缘生囊状体 19~29×6.5~9.0 μm，丰富，囊状，顶端头状膨大；菌盖表皮表皮型，菌丝具粉色或褐色细胞内色素；锁状联合缺失。

区域内生境 夏季散生于阔叶林地上。

国内分布 华东。

第七章
伞菌

微小蘑菇

近易碎小蘑菇

333

微小蘑菇

Micropsalliota minor J.Q. Yan, Frontiers in Microbiology 13 (no. 1011794): 3 (2022)

宏观形态 菌盖宽 2.5~6.0 mm，乳白色，老后稍带肉色，幼时半球形，成熟后扁球形，表面干燥，光滑；菌褶离生，稀疏，具2种类型的小菌褶，幼时白色，成熟后呈淡褐色；菌柄长 12~17 mm，粗 0.3~0.6 mm，中生，表面被细小白色丛毛鳞片；菌环膜质，白色，中位，易脱落。

微观特征 担孢子 5.5~6.0×3.0~3.7 μm，侧面观一侧稍扁，呈扁桃形，正面观呈椭圆形至长椭圆形，黄褐色，非淀粉质，无芽孔；侧生囊状体缺失；缘生囊状体 29~45×6.5~11.0 μm，近球顶长颈瓶形，顶端球形膨大，直径 4.1~6.1 μm，或呈指状，顶端稍尖或球形膨大；菌盖表皮表皮型，菌丝无色；锁状联合缺失。

区域内生境 夏季散生于阔叶林或针阔混交林苔藓层。

国内分布 华东。

近易碎小蘑菇

Micropsalliota pseudodelicatula J.Q. Yan, Frontiers in Microbiology 13 (no. 1011794): 8 (2022)

宏观形态 菌盖宽 4.0~5.0 mm，乳白色，幼时凸镜形，后平展，表面干燥，被白色屑状至丛毛状鳞片；菌褶离生，稀疏，具2种类型的小菌褶，幼时呈白色，成熟后呈淡褐色至栗褐色，边缘白色；菌柄长 8.0~15.0 mm，粗 0.3~1.0 mm，中生，基部呈吸盘状，表面被细小白色丛毛鳞片；菌环膜质，白色，上位，易脱落。

微观特征 担孢子 4.3~5.5×2.7~3.3 μm，侧面观一侧稍扁，呈扁桃形，正面观呈椭圆形至长椭圆形，在水及碱性溶液中均呈淡褐色，非淀粉质，无芽孔；侧生囊状体缺失；缘生囊状体 29~40×5.0~8.3 μm，常成簇存在，纺锤形，顶端头状膨大，直径 6.0~8.7 μm，薄壁，无色；菌盖表皮表皮型，菌丝无色；锁状联合缺失。

区域内生境 夏季单生或散生于阔叶林地上。

国内分布 华东。

第七章
伞菌

糠鳞小蘑菇

球囊小蘑菇

第七章 伞菌

假球囊小蘑菇

红柄小蘑菇

红褐小蘑菇

Micropsalliota rubrobrunnescens R.L. Zhao, Desjardin, Soytong & K.D. Hyde, Fungal Diversity 45: 70 (2010)

宏观形态　菌盖宽 12~20 mm，幼时钟形，老后凸镜形至平展，中央具乳突，幼时表面污白色，被红褐色平伏状丛毛鳞片，易褪色至污白色；菌褶离生，稀疏，不等长，淡黄色，褶缘白色；菌柄长 34~42 mm，粗 2.0~3.0 mm，中生，柱状，等粗，被纤毛，苍白色至棕褐色；菌环膜质，上位，污白色至黄褐色。

微观特征　担孢子 6.1~7.4×3.4~4.1 μm，椭圆形，侧面观一侧稍扁，顶端厚壁，光滑，淡黄褐色；侧生囊状体缺失；缘生囊状体 31~53×4.8~13.0 μm，窄囊状至胫骨状，顶端钝圆或头状膨大；菌盖表皮表皮型，菌丝具红棕色细胞内色素；锁状联合缺失。

区域内生境　夏季群生或丛生于针阔混交林苔藓层或地上。

国内分布　华东，西南。

细脚小蘑菇

Micropsalliota tenuipes J.Q. Yan, Frontiers in Microbiology 13 (no. 1011794): 12 (2022)

宏观形态　菌盖宽 6.0~12.0 mm，污白色至淡肉色，扁球形至平展，表面干燥，光滑；菌褶离生，稀疏，具 2~3 种类型的小菌褶，幼时污白色，成熟后呈淡褐色，菌柄长 13~23 mm，粗 0.3~0.5 mm，细长，中生，白色稍带黄色，表面被白色细小丛毛鳞片；菌环膜质，上位至近中位，白色，固存。

微观特征　担孢子 5.3~6.2×3.0~3.5 μm，侧面观一侧稍扁，呈扁桃形，正面观呈长椭圆形，黄褐色，非淀粉质，无芽孔；侧生囊状体缺失；缘生囊状体 14~26×7.7~11.0 μm，丰富，囊状，顶端钝圆，偶见近头状膨大，薄壁，无色，表面覆盖大量无色结晶，在碱性溶液中易消失；菌盖表皮表皮型，菌丝无色，内含无色内含物，内含物在水中聚集，在碱性溶液中分散；锁状联合缺失。

区域内生境　夏季散生或群生于针阔混交林地上。

国内分布　华东。

红褐小蘑菇

细脚小蘑菇

武夷山小蘑菇

Micropsalliota wuyishanensis J.Q. Yan, Frontiers in Microbiology 13 (no. 1011794): 15 (2022)

宏观形态 菌盖宽 6.0~10.0 mm，凸镜形，表面干燥，被粉红色至深红色丛毛鳞片；菌褶离生，中等密度，具 3 种类型的小菌褶，幼时污白色，成熟后呈淡褐色；菌柄长 18~25 mm，粗 1.0~1.5 mm，中生，表面被细小粉色丛毛鳞片；菌环膜质，上位，白色，幼时脱落。

微观特征 担孢子 5.5~6.0×3.0~3.5 μm，侧面观一侧稍扁，呈扁桃形，偶见船型，正面观呈椭圆形，黄褐色，非淀粉质，无芽孔，顶端壁明显增厚；侧生囊状体缺失；缘生囊状体 33~60×3.5~6.0 μm，丰富，丝状，常分枝；菌盖表皮表皮型，菌丝具粉红色细胞壁色素；锁状联合缺失。

区域内生境 夏季单生或散生于阔叶林地上。

国内分布 华东。

东方叉褶菇

Multifurca orientalis X.H. Wang, Index Fungorum 358: 1 (2018)

宏观形态 菌盖宽 16~38 mm，中央下凹，边缘向内弯曲，表面近光滑，具不规则隆起，水浸状，黄色至橙黄色；菌褶延生，密，分叉，幼时污白色，后呈黄棕色；菌柄长 15~30 mm，粗 7.0~16.0 mm，中生，中实，圆柱形，表面光滑，橙黄色；乳汁白色，干后污黄色。

微观特征 担孢子 4.2~4.8×3.3~3.9 μm，椭圆形，薄壁，无色，具小刺突，非淀粉质；子实层囊状体缺失；假囊状体棒状，具黄棕色内含物，突出于子实层；菌盖表皮黏表皮型，由柱状菌丝组成，橄榄黄色；锁状联合缺失。

区域内生境 夏季散生于阔叶林地上。

国内分布 华东，华南。

第七章 伞菌

武夷山小蘑菇

东方叉褶菇

****

鸳鸯小菇

Mycena yuezhuoi Z.W. Liu, Y.P. Ge & Q. Na, Phytotaxa: 153 (2021)

宏观形态　菌盖宽 17~24 mm，半球形至凸镜形，中央偶见微凹，水浸状，红褐色，至边缘渐浅，水浸状消失后呈淡粉色，边缘白色，表面干燥，光滑，具条纹或形成浅沟纹；菌褶顶端微凹，白色，具不规则横脉；菌柄长 35~43 mm，粗 3.0~5.0 mm，中生，圆柱形，基部稍膨大，淡红褐色，向基部渐深，呈褐色至暗褐色，脆骨质，中空；具胡萝卜气味与味道。

微观特征　担孢子 6.4~7.8×3.4~4.2 μm，椭圆形至圆柱形，光滑，无色，淀粉质；侧生囊状体缺失；缘生囊状体 31~61×7.0~17.0 μm，丰富，倒棍棒状，顶端钝圆，偶具圆柱形突起，无色，薄壁，光滑；菌盖表皮表皮型；锁状联合存在。

区域内生境　夏季单生于阔叶林或针阔混交林地上。

国内分布　华东，东北。

**

南比新伪革菌

Neonothopanus nambi (Speg.) R.H. Petersen & Krisai, Persoonia 17 (2): 210 (1999)

宏观形态　菌盖宽 18~45 mm，平展，中央深下凹，白色至淡黄褐色，光滑；菌肉薄，新鲜时肉质，干后易碎；菌褶延生，不等长，白色，边缘波浪状；菌柄长 2.0~5.0 mm，粗约 2.0 mm，偏生，柱状，中实，白色。

微观特征　二型菌丝系统，具生殖菌丝和骨架菌丝；担孢子 5.0~6.7×2.7~3.4 μm，椭圆形，稍弯曲，薄壁，表面粗糙，无色，非淀粉质；子实层囊状体缺失；菌盖表皮表皮型；锁状联合存在。

区域内生境　夏季散生于针阔混交林地上。

国内分布　华东，华南，西南。

** 绒柄革耳

Panus similis (Berk. & Broome) T.W. May & A.E. Wood, Mycotaxon 54: 148 (1995)

宏观形态 菌盖宽 70~75 mm，漏斗形，幼时紫色或淡紫色，表面具绒毛或光滑，边缘稍内卷，具明显沟纹，成熟后绒毛消失，沟纹加深，黄色至暗褐色；菌肉薄，革质；菌褶延生，稍稀疏，污黄色至黄褐色，具 5 种类型的小菌褶；菌柄长 50~70 mm，粗 6.0~10.0 mm，柱状，等粗或向基部渐粗，表面褐色，被单一的短绒毛，平伏绒毛或粗毛，基部稍膨大，常产生假菌核。

微观特征 二型菌丝系统；担孢子 5.9~7.4×2.6~3.7 μm，长椭圆形至圆柱形，薄壁，无色，非淀粉质；侧生囊状体缺失；缘生囊状体 19~25×4.8~5.5 μm，棒状至不规则，分隔，无色，薄壁；硬囊状体 26~35×5.0~6.5 μm，丰富，常聚集，近纺锤形至不规则，厚壁，无色或淡褐色；菌盖表皮表皮型，菌丝厚壁，橙褐色；锁状联合存在。

区域内生境 散生于阔叶林腐木。

国内分布 华东，华南，华中，西南。

* 多环鳞伞

Pholiota multicingulata E. Horak, Aust. J. Bot., Suppl. Ser. 10: 33 (1983)

宏观形态 菌盖宽 28~40 mm，凸镜形至平展，湿时黏，被辐射状平伏鳞片，深褐色至棕褐色，边缘颜色稍浅，呈黄褐色；菌褶直生，具 3~4 种类型的小菌褶，淡黄褐色至淡锈褐色；菌柄长 27~30 mm，粗 3.5~4.5 mm，中生，柱状，等粗，菌环以下被细小鳞片或形成多个环带，污白色，基部棕色；菌环上位，易消失。

微观特征 担孢子 6.9~7.9×4.7~5.6 μm，椭圆形，一侧稍膨大，厚壁，光滑，黄棕色；侧生囊状体 39~56×10~23 μm，烧瓶形至纺锤形，具黄色内含物，顶端被晶粒，晶粒可溶于碱性溶液；缘生囊状体类侧生囊状体；菌盖表皮表皮型，黄棕色；锁状联合存在。

区域内生境 夏秋季单生或散生于阔叶林或针阔混交林腐木或地上。

国内分布 华东，华中，西北，西南。

亮丝扇菇

小孢扇菇

亮丝扇菇

Panellus luxfilamentus A.L.C. Chew & Desjardin, Fungal Diversity 70: 183 (2014) [2015]

宏观形态 菌盖宽 2.5~6.0 mm，扇形，表面干燥，橙黄色；菌肉薄，韧；菌褶特化为菌管状，偶见近褶状，直生；孔口六角形，3 孔 /mm，灰白色；菌柄长 1.0~2.0 mm，粗 0.5~1.0 mm，侧生，柱状，向基部渐细，表面干燥，污黄色。

微观特征 担孢子 3.0~4.5×1.5~2.8 μm，椭圆形、长椭圆形至近柱状，薄壁，光滑，淀粉质；侧生囊状体缺失；缘生囊状体 9.0~46.0×3.4~6.0 μm，长柱状至不规则分枝，具长至短的突起或无突起，突起 1.6~5.6×0.8~1.6 μm；菌盖表皮表皮型；表皮绒毛菌丝分枝，厚壁，具短柱状突起；锁状联合存在。

区域内生境 夏季散生或群生于阔叶林腐木。

国内分布 华东，华南。

小孢扇菇

Panellus microspermus Q.Y. Zhang, Q. Chen bis & Yuan Yuan, Phytotaxa 606 (1): 22 (2023)

宏观形态 菌盖宽 4.0~12.0 mm，贝壳状或扇形，表面皱缩具网纹，橙黄色，边缘具浅条纹，白色至淡橙黄色；菌褶直生，分叉，不等长，褐色，褶缘白色至淡黄色；菌柄长 1.0~2.0 mm，粗 1.0~3.0 mm，侧生，极短。

微观特征 担孢子 2.8~3.6×1.5~2.8 μm，椭圆形、长椭圆形至近柱状，薄壁，光滑，非淀粉质；侧生囊状体 13~16×3.0~4.0 μm，存在于子实层中，不突出，披针状；缘生囊状体 12~24×2.3~3.6 μm，长柱状，表面具柱状突起，顶端具分枝；菌盖表皮表皮型；表皮绒毛宽 1.3~3.5 μm，分枝，表面具短柱状突起；锁状联合存在。

区域内生境 夏季散生于阔叶林腐木。

国内分布 华东，西南。

卵孢奥德蘑

假粘小奥德蘑

卵孢奥德蘑

可食用

Oudemansiella raphanipes (Berk.) Pegler & T.W.K. Young, Trans. Br. mycol. Soc. 87 (4): 596 (1987) [1986]

宏观形态 菌盖宽 90~110 mm，幼时半球形，后平展，中央稍突起或微凹，灰褐色、淡褐色至黑褐色，湿时黏；菌褶弯生，白色至污白色，稀疏，具 2~3 种类型的小菌褶；菌柄长 150~200 mm，粗 8.0~10.0 mm，柱状，向基部渐粗，顶端白色，向下与菌盖同色或稍浅，表皮常麸皮状开裂，基部稍膨大，具假根。

微观特征 担孢子 12~16×9.5~11.0 μm，宽椭圆形、椭圆形至卵圆形，侧面观一侧稍扁，无色，薄壁，光滑，非淀粉质；侧生囊状体 90~122×26~33 μm，棒状至囊状，顶端稍溢缩，呈头状，薄壁，无色；缘生囊状体 36~99×11~25 μm，披针状至窄囊状，薄壁，无色；菌盖表皮膜皮型；盖生囊状体 90~122×26~33 μm，柱状至近窄梭形；锁状联合存在。

区域内生境 春至秋季单生于阔叶林或针阔混交林地上。

国内分布 华东，华南，华中，华北，西南。

假粘小奥德蘑

可食药用

Oudemansiella submucida Corner, Gdns' Bull., Singapore 46 (1): 70 (1994)

宏观形态 菌盖宽 40~80 mm，扁凸镜形，白色至淡黄色，光滑，黏，边缘平滑或具辐射状短条纹；菌褶直生，白色，稀疏，不等长；菌柄长 10~50 mm，粗 5.0~8.0 mm，中生，光滑，白色；菌环膜质，白色，易脱落。

微观特征 担孢子 18~23×15~21 μm，近球形至宽椭圆形，光滑，厚壁，非淀粉质；侧生囊状体 121~194×29~20 μm，近纺锤形或近棒状；缘生囊状体 86~106×17~26 μm，近纺锤形或近棒状；菌盖表皮黏绒毛型，由紧密交织的纤细圆柱形菌丝组成，嵌在致密的胶质中，菌丝光滑；锁状联合存在。

区域内生境 春夏季单生于阔叶林或针阔混交林腐木。

国内分布 华东，东北，西南。

第七章
伞菌

鸳鸯小菇

南比新伪革菌

绒柄革耳

多环鳞伞

黄侧火菇

Pleuroflammula flammea (Murrill) Singer, Mycologia 38 (5): 522 (1946)

宏观形态 菌盖宽 20~30 mm，凸镜形至扇形，黄色至黄褐色，表面幼时具纤毛，成熟后光滑，不黏；菌褶离生，稀疏，肉桂色至深褐色；菌柄长 2.0~5.0 mm，粗 1.0~1.5 mm，侧生至偏生，等粗至基部稍膨大，菌环以上色浅，光滑，菌环以下与菌盖近同色，稍具绒毛；菌环膜质至纤丝状，黄色至黄褐色，易消失。

微观特征 担孢子 6.3~8.4×4.7~5.4 μm，椭圆形至长椭圆形，锈褐色，薄壁，光滑；侧生囊状体缺失；缘生囊状体 14~51×2.0~4.8 μm，圆柱形，顶端渐尖、钝圆或稍膨大；菌盖表皮表皮型；锁状联合存在。

区域内生境 夏季单生于阔叶林腐木。

国内分布 华东，东北。

巨大侧耳

可食药用

Pleurotus giganteus (Berk.) Karun. & K.D. Hyde, Mycotaxon 118: 62 (2011) [2012]

宏观形态 菌盖宽 62~79 mm，近喇叭状，中央下凹，棕褐色至褐色，至边缘渐浅，边缘常不均匀开裂；菌褶延生，不等长，稍密，白色至淡黄色；菌柄长 40~60 mm，粗 6.0~9.0 mm，多中生，圆柱形，近基部略粗，基部向下延伸呈根状。

微观特征 二型菌丝系统，具生殖菌丝和骨架菌丝。担孢子 6.5~8.2×4.1~5.3 μm，球形至椭圆形，透明，光滑，薄壁；侧生囊状体 16~29×6.9~10.0 μm，稀疏，烧瓶形或纺锤形，顶端具棒状突起，偶见分枝或呈头状，透明，薄壁；缘生囊状体类侧生囊状体，丰富；骨架菌丝透明至淡棕色，厚壁；菌盖表皮毛皮型；锁状联合存在。

区域内生境 夏秋季单生于阔叶林或针阔混交林地上。

国内分布 华东，华南。

黄侧火菇

巨大侧耳

肺形侧耳

可食药用

Pleurotus pulmonarius (Fr.) Quél., Mém. Soc. Émul. Montbéliard, Sér. 2 5: 11 (1872)

宏观形态 菌盖宽 25~42 mm，扇形至半圆形，平展，表面光滑，乳白色至淡黄色，边缘开裂，稍内卷；菌褶短延生，稍密，白色至乳白色，不等长，褶缘光滑或微锯齿状；无菌柄或具短柄，如有菌柄，柄长 1.5~3.5 mm，粗 4.0~5.0 mm，中实，侧生至偏生，柱状，等粗。

微观特征 担孢子 8.2~11.0×4.0~5.0 μm，长椭圆形至圆柱形，两端钝圆，薄壁，光滑，无色，具油滴或颗粒状内含物，非淀粉质；子实层囊状体缺失；菌盖表皮表皮型；锁状联合存在。

区域内生境 夏秋季单生或群生于阔叶林或针阔混交林腐木。

国内分布 广布种。

变色光柄菇

Pluteus variabilicolor Babos, Annls hist.-nat. Mus. natn. hung. 70: 93 (1978)

宏观形态 菌盖宽 20~30 mm，平展至中央稍具突起，水浸状，橙黄色至黄褐色，中央色深，边缘具半透明条纹；菌褶离生，污白色至淡粉色，具 1~2 种类型的小菌褶；菌柄长 20~35 mm，粗 2.5~5.5 mm，柱状，基部稍膨大，污白色至稍带黄褐色。

微观特征 担孢子 5.6~6.5×4.6~5.0 μm，宽椭圆形，光滑，近无色至稍带粉红色；侧生囊状体 58~78×13~18 μm，窄囊状；缘生囊状体 30~47×7.1~10.0 μm，纺锤形至烧瓶形，顶端具短钝圆乳突，薄壁，无色；菌盖表皮表皮型；盖生囊状体 17~37×7.6~15.0 μm，近棒状，顶端具乳突或无乳突，内常具黄色内含物；锁状联合缺失。

区域内生境 春夏季单生于阔叶林腐木。

国内分布 华东，华南，华中，西北。

第七章
伞菌

肺形侧耳

变色光柄菇

351

平滑边假小孢伞

Pseudobaeospora lilacina X.D. Yu, Ming Zhang & S.Y. Wu, Mycotaxon 132 (2): 332 (2017) [2016]

宏观形态 菌盖宽 10~30 mm，扁球形至平展，干燥，表面稍具细小鳞片，淡红褐色至紫红色，中央色深，至边缘渐浅；菌褶弯生至顶端微凹，不等长，中等密度，淡紫色，具 2 种类型的小菌褶；菌柄长 20~30 mm，粗 2.0~5.0 mm，圆柱形，基部稍膨大，中生，白色至淡紫色，表面稍被白色至淡褐色绒毛。

微观特征 担孢子 4.0~4.6×2.7~3.3 μm，宽椭圆形至椭圆形，光滑，无色透明；子实层囊状体缺失；菌盖表皮毛皮型；锁状联合存在。

区域内生境 夏季单生或散生于阔叶林或针阔混交林地上或具苔藓地上。

国内分布 华东，华南。

威帕特假小孢伞

Pseudobaeospora wipapatiae Desjardin, Hemmes & B.A. Perry, Mycologia 106 (3): 457 (2014)

宏观形态 菌盖宽 10~20 mm，凸镜形，中央具微乳突，表面具明显条纹，水浸状，深红褐色，中央色深，近紫黑色，随水浸状消失，渐变为灰红色至灰褐色；菌褶直生至稍弯生，较稀疏，不等长，深红色至红褐色，菌褶边缘波浪状；菌柄长 20~32 mm，粗 1.0~2.0 mm，中生，圆柱形，深红褐色，表面被大量白色绒毛。

微观特征 担孢子 3.8~5.1×2.4~3.6 μm，近卵圆形、宽椭圆形至椭圆形，光滑，无色透明；侧生囊状体缺失；缘生囊状体 25~37×8.4~12.0 μm，圆柱形至近棒状，无色透明，薄壁，具可溶于水和碱性溶液的粉红色内含物；菌盖表皮膜皮型；盖生囊状体类缘生囊状体；锁状联合存在。

区域内生境 春夏季单生于阔叶林地上。

国内分布 华东，华中。

平滑边假小孢伞

威帕特假小孢伞

近栎叶生假小皮伞

**

Pseudomarasmius quercophylloides R.H. Petersen, Mycotaxon 135: 73 (2020)

宏观形态 菌盖宽 3.0~4.0 mm，凸镜形至平展，中央微凹，边缘具条纹，光滑，黄棕色，边缘污白色至淡污黄色；菌褶弯生，不等长，稀疏，污白色；菌柄长 7.0~10.0 mm，粗 0.2~0.3 mm，中生，柱状，等粗，黑色，表面密被白色短绒毛。

微观特征 担孢子 5.8~7.3×2.1~3.1 μm，长圆柱形，侧面观一侧较扁，薄壁，光滑，无色，非淀粉质；侧生囊状体 13~32×4.7~6.7 μm，近纺锤形至近柱状，顶端钝圆至稍尖或具长至短突起；缘生囊状体 11~28×3.9~10.0 μm，近纺锤形至近柱状，顶端钝圆、稍尖或呈喙状，近顶端具突起；菌盖表皮表皮型，由柱状菌丝组成，菌丝表面具柱状、近柱状或不规则突起，淡黄色；锁状联合缺失。

区域内生境 夏季散生于针阔混交林枯枝落叶。

国内分布 华东，西南。

裂丝盖伞（参照种）

神经精神型中毒

Pseudosperma cf. *rimosum* (Bull.) Matheny & Esteve-Rav., Mycologia: 31 (2019)

宏观形态 菌盖宽约 35 mm，平展，黄褐色，中央具一乳突，边缘向内弯曲或向上翘起，表面具沟纹；菌褶弯生，不等长，稍密，橄榄黄色，褶缘锯齿状；菌柄长约 73 mm，粗约 4.0 mm，污白色至淡黄色，柱状，等粗，基部稍膨大。

微观特征 担孢子 8.7~10.0×5.6~6.5 μm，椭圆形至长椭圆形，向一侧弯曲，厚壁，光滑，橄榄色；侧生囊状体缺失；缘生囊状体 27~58×9.1~20.0 μm，棒状或球茎形，顶端钝圆，近顶端被颗粒状附属物，薄壁，淡黄色至近无色；菌盖表皮表皮型，菌丝厚壁，表面粗糙，橙褐色；锁状联合存在。

区域内生境 夏季单生于阔叶林地上。

国内分布 广布种。

近栎叶生假小皮伞

裂丝盖伞（参照种）

卡拉拉裸盖菇

神经精神型中毒

Psilocybe keralensis K.A. Thomas, Manim. & Guzmán, Mycotaxon 83: 196 (2002)

宏观形态 菌盖宽 8.5~20.0 mm，锥形，表面光滑，水浸状，黄褐色至棕黑色，边缘具不明显条纹，淡黄色；菌褶直生，稍密，棕色，边缘白色；菌柄长 40~62 mm，粗 1.6~4.0 mm，中生，柱状，向基部渐粗，褐色，下部被大量白色细绒毛，常具假根。

微观特征 担孢子 5.7~6.6×5.0~5.7 μm，正面观近偏菱形或近长斜方形，厚壁，光滑，侧面观宽椭圆形，一侧较扁平；侧生囊状体 13~22×4.0~6.5 μm，近梭形或烧瓶形，不分枝；缘生囊状体 9.5~16.0×1.7~5.0 μm，无色透明，近梭形、烧瓶形或腹鼓状，顶端常见呈指状的不规则分枝；菌盖表皮表皮型；锁状联合存在。

区域内生境 春夏季单生于阔叶林或针阔混交林地上。

国内分布 华东，西南。

裸柄小果皮伞

Pusillomyces asetosus (Antonín, Ryoo & Ka) J.S. Oliveira, Mycol. Progr. 18 (5): 721 (2019)

宏观形态 菌盖宽 2.0~5.0 mm，幼时半球形，后凸镜形至平展，中央微凹，表面具沟纹，干燥，光滑，橙褐色至淡黄色，中央色深，至边缘颜色渐浅，老后褪色至近白色；菌褶直生，稀疏，幼时白色，成熟后呈污白色，具 1~2 种类型的小菌褶；菌柄长 8.0~10.0 mm，粗 0.2~0.3 mm，棕色，柱状，等粗，光滑。

微观特征 担孢子 5.5~7.4×2.8~4.1 μm，长椭圆形至圆柱形，薄壁，无色，非淀粉质；侧生囊状体缺失；缘生囊状体 8.6~24.0×6.1~16.0 μm，扫帚状，主细胞近棒状至近梨形，顶端具数个小突起，薄壁，无色；菌盖表皮表皮型，由柱状菌丝组成，菌丝外层表面具数个突起；锁状联合缺失。

区域内生境 夏季散生或群生于阔叶林或针阔混交林枯枝落叶。

国内分布 华东，西北。

第七章 伞菌

卡拉拉裸盖菇

裸柄小果皮伞

刺毛小果皮伞

Pusillomyces funalis (Har. Takah.) J.S. Oliveira, Mycol. Progr. 18 (5): 721 (2019)

宏观形态 菌盖宽 8.2~10.0 mm，半球形至扁凸镜形，表面光滑，干燥，边缘具沟纹，幼时棕褐色，成熟后淡褐色，至边缘渐浅，呈白色；菌褶弯生至直生，稀疏，污白色，具1种类型的小菌褶；菌柄长 14~18 mm，粗约 0.5 mm，柱状，等粗，棕色至深棕色，顶端色浅，呈淡棕色至污白色，表面被明显白色绒毛。

微观特征 担孢子 7.2~8.9×3.8~4.9 μm，长椭圆形，近脐端较尖，远脐端钝圆，薄壁，无色，非淀粉质；侧生囊状体缺失；缘生囊状体 11~36×7.1~15.0 μm，扫帚状，主细胞近椭圆形至近棒状，顶端具数个小突起；菌盖表皮表皮型，菌丝表面具不规则柱状突起；柄生囊状体 54~127×5.6~9.6 μm，刺毛状，顶端渐细，具横隔，无色；锁状联合缺失。

区域内生境 夏季群生于阔叶林枯枝落叶。

国内分布 华东，西南。

印度藓菇

Rickenella indica K.P.D. Latha & Manim., Mycoscience 56 (1): 78 (2014)

宏观形态 菌盖宽 6.0~7.0 mm，凸镜形，橙色，中央微凹，橙红色，表面干燥，光滑，具不明显条纹；菌褶延生，稀疏，白色至稍具淡粉色，具3种类型的小菌褶；菌柄长 29~31 mm，粗 1.0~1.2 mm，橙色，柱状，等粗，被白色微绒毛。

微观特征 担孢子 4.7~6.3×2.4~3.4 μm，椭圆形至圆柱形，侧面观一侧弯曲，稍呈肾形，薄壁，光滑，无色，非淀粉质；侧生囊状体 32~73×7.3~11.0 μm，烧瓶形，顶端近球形，薄壁，无色；缘生囊状体 43~60×6.1~10.0 μm，烧瓶形，顶端钝圆或近球形，薄壁，无色；菌盖表皮表皮型；盖生囊状体 43~69×10~19 μm，近梭形，基部平截，顶端近头状膨大，薄壁，无色；锁状联合存在。

区域内生境 春夏季散生于阔叶林苔藓层。

国内分布 华东，华南。

刺毛小果皮伞

印度藓菇

褐岸生小菇

可食用

Ripartitella brunnea Ming Zhang, T.H. Li & T.Z. Wei, Phytotaxa 387 (3): 257 (2019)

宏观形态 菌盖宽 31~50 mm，凸镜形，边缘向内卷曲，淡黄褐色至红褐色，被棕色至深棕色细小鳞片；菌褶直生，稀疏，污白色，具 5~7 种类型的小菌褶；菌柄长 15~25 mm，粗 5.0~10.0 mm，中生至稍偏生，弯曲，柱状，向基部渐粗，被微绒毛，具纵向条纹，淡黄褐色；菌环膜质，上位，易消失。

微观特征 担孢子 4.1~5.2×3.2~4.0 μm，宽椭圆形至椭圆形，稍厚壁，具小刺突，无色，非淀粉质；侧生囊状体 21~30×3.1~5.2 μm，纺锤形，具长颈，顶端被溶于碱性溶液的晶粒；缘生囊状体缺失；菌盖表皮表皮型，菌丝黄褐色至淡橙黄色；锁状联合存在。

区域内生境 夏季单生于针阔混交林腐木。

国内分布 华东，华中。

烟色红菇

可食药用

Russula adusta (Pers.) Fr., Epicr. syst. mycol. (Upsaliae): 350 (1838) [1836~1838]

宏观形态 菌盖宽 55~65 mm，幼时扁球形，成熟后漏斗形，棕灰色，至边缘渐浅，呈淡烟色，表面平滑，不黏或湿时稍黏；菌肉伤后变为灰色或灰褐色；菌褶直生或稍延生，较厚，密集，不等长，具 3 种类型的小菌褶，白色至淡黄色，伤后或老后变为褐色至黑色；菌柄长 21~58 mm，粗 10~16 mm，中生，柱状，等粗，白色，伤处变暗，肉质。

微观特征 担孢子 6.0~7.5×5.0~6.0 μm，近球形、宽椭圆形或椭圆形，具淀粉质刺突或崤突，部分连接形成网纹；侧生囊状体 29~61×8.6~12.0 μm，棒状至纺锤形，顶端具球形乳突或无乳突，偶见念珠状，常具横隔，黄褐色；缘生囊状体 24~36×7.7~12.0 μm，类侧生囊状体；菌盖表皮黏绒毛型；锁状联合存在。

区域内生境 夏季散生于阔叶林地上。

国内分布 华东，华南，华北，西北，西南。

褐岸生小菇

烟色红菇

贝拉红菇 *

Russula bella Hongo, Memoirs of Shiga University 18: 50 (1968)

宏观形态 菌盖宽 13~27 mm，幼时凸镜形，后平展，中央微凹，淡粉色至粉红色，至边缘稍浅，白色至淡粉色，表皮可剥离，表面湿时黏，光滑，局部被白色粉霜状绒毛；菌褶直生至稍延生，密，白色，不等长；菌柄长 10~20 mm，粗 6.0~11.0 mm，柱状，向基部渐粗，白色至粉红色，幼时中实，成熟后中空。

微观特征 担孢子 6.4~7.5×5.4~6.0 μm，近球形至宽椭圆形，薄壁，具淀粉质疣突，疣突呈短线或短嵴状连接，局部形成网纹；侧生囊状体 46~80×7.4~11.0 μm，近柱状至棒状，顶端钝圆或稍尖；缘生囊状体 37~55×6.0~8.9 μm，细锥形，顶端细长，偶见弯曲，薄壁，无色；菌盖表皮分内外两层，外层由顶端细长的细锥形细胞组成，内层由椭圆形细胞与丝状菌丝组成；锁状联合缺失。

区域内生境 夏季散生于针阔混交林地上。

国内分布 华东，华中，东北，西南。

伯灵格姆红菇 **

有毒

Russula burlinghamiae Singer, Bull. trimest. Soc. mycol. Fr. 54 (1): 134 (1938)=*Russula insignis* Burl., N. Amer. Fl. (New York) 9: 212 (1915)

宏观形态 菌盖宽 50~80 mm，平展，中央微凹，边缘稍具条纹，表面干燥，均匀分布细点状绒毛，淡黄色至黄色，边缘污白色；菌褶直生，稍密，等长，污白色，褶缘平滑，白色；菌柄长 70~90 mm，粗 13~15 mm，中生，柱状，等粗或向两端渐细，中空，表面中下部至基部具明显黄色至黄褐色麸皮状鳞片。

微观特征 担孢子 6.3~7.8×5.5~6.5 μm，近球形至椭圆形，具较密集的淀粉质刺突或疣突，少数连接成嵴；侧生囊状体 42~60×10~12 μm，近梭形或近棒状，顶端稍尖或具细乳突，具明显内含物；缘生囊状体 37~44×7.8~9.8 μm，棒状，散生，稀疏；菌盖表皮表皮型，菌丝淡黄色；锁状联合存在。

区域内生境 夏季单生于针阔混交林地上。

国内分布 华东，西南。

第七章
伞菌

贝拉红菇

伯灵格姆红菇

363

密集红菇

可食用

Russula compacta Frost, Ann. Rep. Reg. N.Y. St. Mus. 32: 32 (1879)

宏观形态 菌盖宽 45~68 mm，幼时近球形，后平展，中央微凹至明显下凹，老后常近漏斗形，淡褐色至淡黄褐色，无光泽，表皮常开裂，易剥离；菌肉白色，伤后快速变为褐色；菌褶弯生至近离生，密，小菌褶丰富，幼时乳白色，污白色至淡黄色，老后或伤后呈污黄色至深赭黄色；菌柄长 25~89 mm，粗 10~20 mm，中生，白色，棒状。

微观特征 担孢子 6.5~7.7×5.4~7.0 μm，球形、近球形至宽椭圆形，具淀粉质疣突和嵴，形成近完整的网纹；侧生囊状体 44~59×8.7~10.0 μm，棒状至近梭形，顶端乳突状、念珠状或钝圆，细胞内常具不规则内含物；缘生囊状体类侧生囊状体；菌盖表皮毛皮型；锁状联合缺失。

区域内生境 夏季单生于针阔混交林地上。

国内分布 华东，西北，西南。

冠状孢红菇

★★

Russula coronaspora Y. Song, European Journal of Taxonomy 775: 17 (2021)

宏观形态 菌盖宽 20~53 mm，幼时半球形至凸镜形，成熟后平展，中央微凹或呈漏斗形，表面光滑，干燥，湿时黏，紫红色至红褐色，至边缘渐浅，呈白色，边缘具条纹，成熟后条纹不明显；菌褶直生，白色，较密，具 0~1 种类型的小菌褶，小菌褶偶见；菌柄长 22~25 mm，粗 6.9~9.5 mm，中生，白色，柱状，向基部渐粗。

微观特征 担孢子 6.3~7.6×5.1~6.5 μm，近球形至椭圆形，偶见球形，具不连接的淀粉质刺突；侧生囊状体 35~56×8.0~11.0 μm，近梭形，顶端乳突状，尖锐或具分枝；缘生囊状体 27~52×5.9~10.0 μm，棒状或圆柱形，顶端具乳突或尖锐；菌盖表皮绒毛型；盖生囊状体 34~83×4.1~13.0 μm，圆柱形，顶端钝圆或渐尖，具 1~3 隔，常分枝；锁状联合缺失。

区域内生境 春夏季单生或散生于阔叶林或针阔混交林苔藓地上。

国内分布 华东，华南。

第七章
伞菌

密集红菇

冠状孢红菇

365

变黄红菇

Russula flavescens Y.L. Chen & J.F. Liang, Journal of Fungi 9 (1, no. 61): 11 (2023)

宏观形态 菌盖宽 40~70 mm，幼时扁球形，后呈漏斗形，边缘卷曲，中央明显下凹，表面光滑，干燥，白色，伤后或老后呈淡黄色至淡棕色；菌肉白色，伤后或老后不变色或稍带淡褐色；菌褶直生至稍延生，致密，白色，伤后稍带黄色，小菌褶多样，长度各异；菌柄长 60~50 mm，粗 15~25 mm，圆柱形，光滑，白色，中实，基部稍溢缩。

微观特征 担孢子 5.5~6.3×5.0~5.5 μm，球形至近球形，具淀粉质刺突，刺突常连接成线；侧生囊状体 60~80×9.0~10.0 μm，棒状至纺锤形，顶端稍尖，常见球形或念珠状乳突；缘生囊状体类侧生囊状体；菌盖表皮绒毛型；锁状联合缺失。

区域内生境 夏季单生于针阔混交林地上。

国内分布 华东，西南。

嫩白红菇

Russula pallidula Bin Chen & J.F. Liang, Sydowia 71: 2 (2020)

宏观形态 菌盖宽 38~54 mm，幼时扁球形，后平展，中央微凹，表面湿时稍黏，光滑，白色至苍白色，中央具橙色斑点，表面沟纹明显，由边缘向中央延伸至 1/3 处，表皮可从菌盖边缘向中央方向剥离至 1/4 处；菌褶弯生至近离生，偶分叉，无小菌褶，白色至乳白色；菌柄长 25~50 mm，粗 9.0~15.0 mm，中生，柱状，白色。

微观特征 担孢子 6.1~7.7×5.5~7.0 μm，近球形至宽椭圆形，具淀粉质疣突和嵴，连成不完整的网纹；侧生囊状体 51~62×8.2~13.0 μm，梭形至近梭形，顶端钝圆或具短乳突；缘生囊状体类侧生囊状体；菌盖表皮绒毛型；盖生囊状体 35~45×5.0~7.0 μm，多棒状，顶端多钝圆；锁状联合缺失。

区域内生境 春夏季单生于阔叶林地上。

国内分布 华东，华南，西南。

第七章 伞菌

变黄红菇

嫩白红菇

近紫柄红菇 **

Russula paravioleipes G.J. Li & W.F. Lin, Fungal Diversity 111: 295 (2021)

宏观形态 菌盖宽 12~27 mm，幼时半球形，后扁凸镜形至平展，表面干燥，光滑，湿时稍黏，瑞香红至曙红粉色，有时会褪色至淡橙色，略带桃红色，边缘颜色稍浅，无条纹；菌褶直生，白色，稍密，褶间具横脉，小菌褶无或偶见；菌柄长 16~20 mm，粗 4.0~5.0 mm，柱状，等粗，白色，部分区域稍带淡红色至淡紫红色。

微观特征 担孢子 6.6~7.8×5.2~6.1 μm，椭圆形，无色，具淀粉质纹饰，由长嵴连成不完整网纹；侧生囊状体缺失；缘生囊状体 45~60×5.7~8.4 μm，窄披针状，顶端尖锐，薄壁，无色；柄生囊状体 39~76×5.7~9.4 μm，窄披针状；菌盖表皮毛皮型，菌丝淡橙黄色；锁状联合缺失。

区域内生境 夏季单生或散生于阔叶林或针阔混交林地上。

国内分布 华东。

假美味红菇 *

可食药用

Russula pseudodelica J.E. Lange, Dansk bot. Ark. 4 (no. 12): 27 (1926)

宏观形态 菌盖宽 20~80 mm，初半球形至扁球形，后平展，中央微凹，白色至污白色，老后淡赭黄色或污黄色，表皮可从菌盖边缘向中央方向剥离至1/3处；菌褶弯生至近离生，较密，幼时白色，后变为乳白色至淡赭黄色，近柄处分叉，具 1~2 种类型的小菌褶；菌柄长 20~60 mm，粗 15~30 mm，中生，白色，柱状，向基部渐粗，表面光滑至具皱纹。

微观特征 担孢子 7.3~8.2×6.0~7.3 μm，近球形至宽椭圆形，具淀粉质疣突和嵴，连成不完整或完整的网纹；侧生囊状体 48~63×7.6~10.0 μm，近梭形至梭形，顶端钝圆、稍尖至尖锐；缘生囊状体 49~60×7.6~8.3 μm，类侧生囊状体；菌盖表皮绒毛型；锁状联合缺失。

区域内生境 夏季单生或散生于阔叶林或针阔混交林地上。

国内分布 华东，西南。

近紫柄红菇

假美味红菇

紫疣红菇

Russula purpureoverrucosa Fang Li, Mycol. Progr. 17 (12): 1314 (2018)

宏观形态　菌盖宽 14~50 mm，幼时半球形，成熟后扁球形至平展，表面干燥，具不规则小疣，淡紫色、紫红色至深紫色，边缘无明显条纹；菌褶弯生至近直生，较密，白色，具 1~2 种类型的小菌褶；菌柄长 10~32 mm，粗 4.0~14.0 mm，中生至稍偏生，淡紫色，棒状。

微观特征　担孢子 5.8~6.7×4.9~5.8 μm，近球形至宽椭圆形，具偶见连接的淀粉质疣突和短嵴；侧生囊状体 44~55×11~13 μm，棒状至宽囊状，顶端钝圆；缘生囊状体类侧生囊状体；菌盖表皮毛皮型，菌丝具紫红色细胞内色素；锁状联合缺失。

区域内生境　夏季群生于以壳斗科植物为主的林地上。

国内分布　华东，华南。

红根红菇

Russula rufobasalis Y. Song & L.H. Qiu, Cryptog. Mycol. 39 (3): 352 (2018)

宏观形态　菌盖宽 21~49 mm，幼时半球形，成熟后平展，中央微凹，土黄色至棕色，至边缘渐浅，呈淡黄色，表面光滑，边缘具明显条纹；菌褶直生至近延生，稀疏，白色，具锈黄色斑点；菌柄长 15~31 mm，粗 6.7~11.0 mm，中生，柱状，白色，近基部的部分区域呈棕色。

微观特征　担孢子 6.2~7.2×5.2~5.9 μm，近球形至宽椭圆形，具淀粉质疣突和嵴，形成不完整的网纹；侧生囊状体 38~47×6.0~8.0 μm，近圆柱形至近梭形，顶端钝圆至稍尖或具乳突；缘生囊状体 36~47×6.2~8.2 μm，梭形至近圆柱形，近顶端缢缩，顶端扁球形至乳突状；菌盖表皮毛皮型；盖生囊状体 20~57×3.6~6.6 μm，梭形至圆柱形，顶端稍尖，偶具乳突；锁状联合缺失。

区域内生境　夏季单生于阔叶林地上。

国内分布　华东，华南。

第七章 伞菌

紫疣红菇

红根红菇

龙谷红菇

***

Russula ryukokuensis Y. Shimono & T. Kasuya, Bull. natn. Sci. Mus., Tokyo, B 47 (1): 6 (2021)

宏观形态 菌盖宽 5.0~10.0 mm，凸镜形，橘红色，至边缘渐浅，呈肉粉色，中央微凹，边缘内卷，具条纹，表面被白色粉霜状绒毛；菌褶直生至弯生，稀疏，不等长，污白色；菌柄长 3.0~8.0 mm，粗约 1.5 mm，中生，柱状，橙色，表面被细小白色粉霜状绒毛。

微观特征 担孢子 6.9~7.9×6.0~6.9 μm，宽椭圆形，薄壁，无色，具淀粉质嵴，连接形成不完整网纹；侧生囊状体 34~50×7.4~9.2 μm，淡黄色，近纺锤形或近棒状，顶端稍尖；缘生囊状体 33~56×6.0~8.5 μm，淡黄色，近纺锤形，顶端急尖或钝圆；菌盖表皮毛皮型，菌丝淡黄色；锁状联合缺失。

区域内生境 春夏季单生于针阔混交林腐木。

国内分布 华东。

血红菇

可药用

Russula sanguinea Fr., Epicr. syst. mycol. (Upsaliae): 351 (1838) [1836~1838]

宏观形态 菌盖宽 50~65 mm，平展，中央微凹，表面光滑，湿时稍黏，红色，中央色深，呈深红色至暗紫色，边缘具明显条纹，表皮不易剥离，仅边缘可略微剥离；菌褶弯生至直生，密，具稀疏小菌褶，偶见分叉，褶间具横脉，白色至污白色；菌柄长 30~40 mm，粗 9.0~13.0 mm，中生，柱状，淡粉红色至粉红色，顶端近白色，菌肉内部絮状。

微观特征 担孢子 8.4~10.0×7.7~8.6 μm，球形、近球形至宽椭圆形，无色至淡黄色，具淀粉质疣突或刺，连接形成不完整的网纹，脐侧附胞明显；侧生囊状体 50~72×13~18 μm，梭形至近梭形，顶端稍尖或钝圆；缘生囊状体 43~69×7.5~14.0 μm，梭形至近梭形，顶端稍尖或钝圆，部分具乳状突起；菌盖表皮绒毛型；锁状联合缺失。

区域内生境 夏秋季单生或散生于阔叶林地上。

国内分布 广布种。

龙谷红菇

血红菇

点柄黄红菇

可药用
胃肠炎型中毒

Russula senecis S. Imai, J. Fac. agric., Hokkaido Imp. Univ., Sapporo 43 (2): 344 (1938)

宏观形态 菌盖宽 40~56 mm，幼时扁球形，后平展，中央微凹，黄褐色至暗褐色，湿时黏，粗糙，表皮常片状开裂，边缘具小疣突线形排列形成的棱纹；菌褶直生或稍延生，中等密度，污白色，伤后缓慢变为黄褐色；菌柄长 27~30 mm，粗 12~13 mm，中生至稍偏生，柱状，中空，污白色，具褐色至黑褐色斑点；幼时气味不明显，老后恶臭，味道辛辣。

微观特征 担孢子 7.9~8.9×7.9~8.7 μm，球形至近球形，具淀粉质疣突和嵴；侧生囊状体 43~64×9.4~15.0 μm，梭形至近梭形，顶端稍尖至钝圆，少数具乳突；缘生囊状体类侧生囊状体；菌盖表皮毛皮型；锁状联合缺失。

区域内生境 夏秋季单生或散生于阔叶林或针阔混交林地上。

国内分布 广布种。

亚黑紫红菇

**

Russula subatropurpurea J.W. Li & L.H. Qiu, Phytotaxa 392 (4): 272 (2019)

宏观形态 菌盖宽 50~74 mm，平展，中央下凹，表面光滑，灰棕色至紫红色，边缘颜色较浅，具不明显条纹；菌褶直生至稍延生，白色，密集，等长，常分枝；菌柄长 43~46 mm，粗 7.0~10.0 mm，中生，白色，柱状，近基部渐细。

微观特征 担孢子 5.9~6.4×4.5~5.6 μm，近球形至宽椭圆形，具淀粉质疣突和嵴，不形成网纹；侧生囊状体 43~70×7.3~9.5 μm，棒状至近圆柱形，顶端钝圆或具柱状至念珠状乳突；缘生囊状体类侧生囊状体；柄生囊状体 32~47×4.9~7.3 μm，柱状、棒状或囊状，顶端钝圆或稍尖；菌盖表皮毛皮型；盖生囊状体 24~38×4.6~7.2 μm，近圆柱形至梭形，顶端钝圆至稍尖；锁状联合缺失。

区域内生境 夏季单生于阔叶林或针阔混交林地上。

国内分布 华东，华南，西南。

第七章 伞菌

点柄黄红菇

亚黑紫红菇

亚稀褶红菇

可药用
横纹肌溶解型中毒

Russula subnigricans Hongo, J. Jap. Bot. 30 (3): 79 (1955)

宏观形态 菌盖宽78~95 mm，幼时半球形，后平展，中央微凹或深凹，淡灰色至煤灰黑色，表面干燥，无光泽，被细微绒毛，湿时稍黏；菌肉白色，伤后呈红色；菌褶直生至近延生，稍稀疏，不等长，厚而脆，不分叉，淡污白色至淡乳白色，伤后呈红色，干燥后变为黑褐色至黑色；菌柄长41~50 mm，粗1.4~2.0 mm，中生至稍偏生，污白色至淡灰白色，柱状，干燥后变为黑色至黑褐色。

微观特征 担孢子5.5~7.5×4.8~6.5 μm，球形、近球形至宽椭圆形，具分散而无连接的刺；侧生囊状体35~53×6.3~8.6 μm，棒状，顶端钝圆；缘生囊状体类侧生囊状体；菌盖表皮毛皮型，菌丝多数具褐色至红褐色细胞内色素，少数透明；锁状联合缺失。

区域内生境 夏秋季单生于阔叶林或针阔混交林地上。

国内分布 华东，华南，华中，东北，西北，西南。

蛋黄色红菇

**

Russula sp.[*xantha* B. Chen & J. F. Liang]

宏观形态 菌盖宽31~50 mm，平展，近中央微凹，中央具乳突，边缘具条纹，表面干燥，被微绒毛，淡绿色，中央淡橙色至稍带紫色，边缘近白色；菌褶延生，密，白色，伤后变为淡棕色，小菌褶稀少；菌柄长30~40 mm，粗8.0~13.0 mm，柱状，向基部渐粗，白色，具纵向条纹，伤后变为淡棕色或变色不明显。

微观特征 担孢子5.5~6.9×4.8~5.4 μm，近球形至宽椭圆形，薄壁，具淀粉质疣突，几乎不连接；侧生囊状体44~80×6.5~11.0 μm，近纺锤形，顶端具尖或球形乳突，上半部具密集内含物，薄壁；缘生囊状体44~68×6.7~9.7 μm，类侧生囊状体；菌盖表皮毛皮型，菌丝橄榄色，末端细胞8.7~31.0×3.1~12.0 μm，近锥形至窄柱状；锁状联合缺失。

区域内生境 春夏季单生于阔叶林地上。

国内分布 华东，华中，西南。

亚稀褶红菇

蛋黄色红菇

浙江红菇

Russula zhejiangensis G.J. Li & H.A. Wen, Cryptog. Mycol. 32 (2): 128 (2011)

宏观形态 菌盖宽 12~13 mm，幼时半球形，中央略突起，成熟后平展，中央微凹，幼时表面稍黏，被微绒毛，成熟后光滑，亮红色至桃红色，干燥后暗红色至粉紫色，边缘具细微条纹；菌肉白色，老后淡黄色，较脆；菌褶直生至稍弯生，等长，近柄处偶分叉，较脆，初白色，渐变乳白色；菌柄长 10~30 mm，粗 2.3~3.1 mm，中生，白色，柱状。

微观特征 担孢子 6.3~7.0×5.4~6.3 μm，近球形至椭圆形，淡黄色至黄色，具淀粉质小刺，刺间无连接；侧生囊状体 30~49×9.0~11.0 μm，窄纺锤形，顶端钝圆，偶具乳状突起，内具不规则内含物；褶缘不育，由梨形细胞组成；缘生囊状体缺失；菌盖表皮毛皮型，菌丝具不规则内含物；锁状联合缺失。

区域内生境 夏季单生于阔叶林具苔藓的地上。

国内分布 华东。

裂褶菌

可食药用

Schizophyllum commune Fr. [as 'Schizophyllus communis'], Observ. mycol. (Havniae) 1: 103 (1815)

宏观形态 菌盖宽 3.0~13.0 mm，扇形至瓣状，表面被白色绒毛，边缘向内弯曲；菌褶不等长，稍密，白色至黄褐色，褶缘纵裂形成深沟纹；菌柄缺失或稍具短柄，如具菌柄，菌柄长 1.0~2.0 mm，侧生，短柱状，表面被白色绒毛。

微观特征 担孢子 4.3~6.0×2.0~3.0 μm，长椭圆形至柱状，侧面观一侧弯曲，薄壁，光滑，无色；子实层囊状体缺失；菌盖表皮表皮型；锁状联合存在。

区域内生境 春至秋季群生于阔叶林或针阔混交林腐木。

国内分布 广布种。

多形油囊蘑

****

Typhrasa polycystis J.Q. Yan & S.N. Wang, MycoKeys 79: 123 (2021)

宏观形态 菌盖宽 20~35 mm，半球形，后平展，表面具明显或不明显褶皱，水浸状，红棕色至棕褐色，随水浸状消失呈黄褐色至淡黄色，被白色易脱落的丛毛鳞片；菌褶弯生，中等密度，淡褐色，边缘白色；菌柄长 30~45 mm，粗 5.0~8.0 mm，白色，脆，中生，中空，内菌幕残留处形成易脱落的丝膜状环痕，环痕以上被白色粉状鳞片，以下被白色丛毛鳞片。

微观特征 担孢子 7.1~8.2×4.3~5.1 μm，椭圆形至长椭圆形，侧面观一侧稍扁平，光滑，在碱性溶液中呈黄褐色，渐变为灰色，顶端稍平截，芽孔小而不明显，非淀粉质；侧生囊状体 55~81×11~17 μm，纺锤形、烧瓶形至囊状，顶端尖锐或具乳突，内具 1 个大油滴，在碱性溶液中不明显，在梅尔泽溶液中呈亮黄色；缘生囊状体类侧生囊状体；菌盖表皮上皮型；锁状联合存在。

区域内生境 夏季散生于阔叶林腐木。

国内分布 华东。

银丝草菇

*

可食药用

Volvariella bombycina (Schaeff.) Singer, Lilloa 22: 401 (1951) [1949]

宏观形态 菌盖宽 30~70 mm，幼时半球形，后钟形，白色至稍带鹅黄色，干燥，表面密布白色至淡褐色丝状柔毛；菌褶离生，幼时白色，后淡粉红色，密，不等长；菌柄长 60~100 mm，粗 4.0~8.0 mm，中生，柱状，稍弯曲至弯曲，向基部渐粗，基部膨大，脆骨质，中实，白色至污白色；菌托苞状，污白色或黄褐色，不脱落，外表面被黑色绒毛，具 3~5 裂口。

微观特征 担孢子 6.0~7.0×4.5~5.3 μm，椭圆形，稍厚壁，光滑；侧生囊状体 47~79×9.3~25.0 μm，近梭形、囊状或窄囊状，顶端钝圆或稍尖；缘生囊状体 27~79×7.6~20.0 μm，近梭形或棒状，顶端具长或短尖突；菌盖表皮表皮型；锁状联合缺失。

区域内生境 春夏季单生于针阔混交林腐木。

国内分布 广布种。

小果蚁巢伞

华苦口蘑

小果蚁巢伞

可食药用

Termitomyces microcarpus (Berk. & Broome) R. Heim, C. r. Acad. Sci. Paris 213: 147 (1941)

宏观形态 菌盖宽 23~40 mm，平展，中央具钝圆乳突，棕褐色，至边缘渐浅，呈乳白色至白色，表面具不明显条纹，光滑，边缘微缺刻；菌褶离生，稍密，白色至乳白色，褶缘微齿状，白色；菌柄长 23~60 mm，粗 2.0~3.0 mm，中生，柱状，等粗，白色，无假根。

微观特征 担孢子 5.5~7.0×4.0~4.7 μm，椭圆形，薄壁，光滑，无色；侧生囊状体 28~35×13~18 μm，棒状至近棒状，无色；缘生囊状体类侧生囊状体；菌盖表皮表皮型；锁状联合缺失。

区域内生境 春夏季群生于阔叶林地上。

国内分布 华东，华南，华中，西北，西南。

华苦口蘑

Tricholoma sinoacerbum T.H. Li, Hosen & Ting Li, Mycoscience 57 (4): 234 (2016)

宏观形态 菌盖宽 32~100 mm，幼时半球形至凸镜形，老后平展，边缘内卷，乳白色至淡棕色，颜色均匀或中央稍暗；菌褶密至极密，白色至污白色，具 2~3 种类型的小菌褶；菌柄长 57~100 mm，粗 6.0~15.0 mm，中生，柱状，等粗或向基部渐粗，白色、污白色至稍带淡褐色。

微观特征 担孢子 4.5~5.4×3.4~4.3 μm，宽椭圆形至椭圆形，薄壁，光滑，淡黄色，非淀粉质；子实层囊状体缺失；菌盖表皮黏绒毛型；锁状联合缺失。

区域内生境 夏秋季单生于阔叶林或针阔混交林地上。

国内分布 华东，华南，西南。

第七章 伞菌

浙江红菇

裂褶菌

379

多形油囊蘑

银丝草菇

库夫曼干脐菇

Xeromphalina kauffmanii A.H. Sm., Pap. Mich. Acad. Sci. 38: 81 (1953)

宏观形态 菌盖宽 2.5~9.0 mm，幼时半球形或钟形，后平展或中央下凹呈脐状，水浸状，橙色至橙黄色，边缘具条纹；菌褶延生，稀疏，白色至淡黄色，具 1~2 种类型的小菌褶，褶间具不规则横脉；菌柄长 8.0~15.0 mm，粗 0.7~1.1 mm，柱状，等粗，中空，纤维质，基部橙色，顶端淡黄色。

微观特征 担孢子 4.4~5.2×2.8~3.6 μm，长椭圆形至圆柱形，薄壁，无色，近光滑，表面稍具细小的淀粉质突起；侧生囊状体 26~48×4.0~8.0 μm，棒状或纺锤形，薄壁，无色；缘生囊状体 33~54×7.0~12.0 μm，类侧生囊状体；菌盖表皮表皮型，菌丝厚壁，表面粗糙，橙褐色；锁状联合存在。

区域内生境 夏季群生于阔叶林腐木。

国内分布 华东，华中，西北，西南。

中华干蘑

可食用

Xerula sinopudens R.H. Petersen & Nagas., Rep. Tottori Mycol. Inst. 43: 41 (2006) [2005]

宏观形态 菌盖宽 20~30 mm，扁球形至凸镜形，淡灰色、淡褐色至黄褐色，表面密被灰褐色至黄褐色硬毛；菌褶弯生，白色至污白色，稍稀疏；菌柄长 30~100 mm，粗 3.0~5.0 mm，中生，圆柱形，光滑，淡黄色，顶端白色，表面被污白色至淡黄色绒毛，具假根。

微观特征 担孢子 11~13×9.1~11.0 μm，近球形至宽椭圆形，偶见球形，无色透明，非淀粉质；侧生囊状体 51~97×16~32 μm，宽纺锤形，无色透明；菌盖表皮膜皮型，中间夹杂着大量黄褐色厚壁刚毛；锁状联合稀疏至缺失。

区域内生境 春夏季单生于针阔混交林地上。

国内分布 华东，华中，西北，西南。

库夫曼干脐菇

中华干蘑

第八章

牛肝菌

锥鳞金牛肝菌 **

Aureoboletus conicus N. K. Zeng, Xu Zhang & Zhi Q. Liang, Stud. Mycol. 106: 105 (2023)

宏观形态 菌盖直径26~33 mm，近半球形至平展，表面干燥，橙棕色，上密覆棕色锥状、近锥状鳞片；菌肉白色，受伤后不变色；菌管白色，受伤后不变色，在菌柄周围稍凹陷；孔口白色至浅黄色，受伤后不变色；菌柄长35~60 mm，粗约10 mm，中生，近圆柱形，无菌环，表面干燥，白色，上密覆浅棕色鳞片；菌柄菌肉棕白色，受伤后不变色；基部菌丝白色。

微观特征 担孢子7.0~9.0×4.0~5.5 μm，近纺锤形至椭圆形，稍厚壁，光滑，黄褐色；侧生囊状体30~35×8.0~11.0 μm，纺锤形或近纺锤形，浅黄色；缘生囊状体25~30×8.0~9.0 μm，近纺锤形或纺锤形，浅黄色；菌盖表皮毛皮型，菌丝直径5.0~13.0 μm，浅黄色；锁状联合缺失。

区域内生境 夏秋季单生或散生以壳斗科植物为主的林中地上。

国内分布 华东，华南。

重孔金牛肝菌 *

可食用

Aureoboletus duplicatoporus (M. Zang) G. Wu & Zhu L. Yang, Fungal Diversity 81: 44 (2016)

宏观形态 菌盖宽22~33 mm，扁凸镜形，表面被绒毛，微皱，湿时黏，棕色至褐色；菌肉厚约7.0 mm，白色至褐色，伤不变色；菌管长可达7.0 mm，弯生，复孔型，黄色至金黄色，伤不变色；孔口1~2孔/mm，多角形，金黄色，伤不变色；菌柄长30~45 mm，粗9.0~18.0 mm，中生，中实，橙红色至红棕色，菌柄菌肉白色至褐色，伤不变色。

微观特征 担孢子8.5~10.0×4.4~5.2 μm，正面观椭圆形、近卵圆形至近纺锤形，侧面观不等边，黄色至淡黄褐色，薄壁，光滑，非淀粉质；侧生囊状体41~71×10~14 μm，纺锤形至窄囊状，顶端钝圆；缘生囊状体类侧生囊状体；菌盖表皮黏绒毛型；锁状联合缺失。

区域内生境 夏季散生于针阔混交林地上。

国内分布 华东，华南，西南。

第八章 牛肝菌

锥鳞金牛肝菌

重孔金牛肝菌

长颈金牛肝菌

Aureoboletus longicollis (Ces.) N.K. Zeng & Ming Zhang, Phytotaxa 222(2): 133 (2015)

宏观形态 菌盖宽 5.0~6.0 mm，初近锥形，后凸镜形或平展，表面非常黏，褐色至红褐色；菌肉黄白色，受伤后不变色；菌管在菌柄周围下陷，浅黄色，受伤后不变色；孔口黄色，受伤后不变色；菌柄长 120~220 mm，粗 8~28 mm，近圆柱形，由上至下渐粗，具菌环；柄表黏，褐色至红褐色；菌肉黄白色，受伤后不变色；基部菌丝白色。

微观特征 担孢子 12~15×10~12 μm，广椭圆形至近球形，橄榄褐色至黄褐色，壁表具有纵向的脊，脊上无横纹；缘生囊状体 24~51×10~15 μm，纺锤形或近纺锤形，无色；侧生囊状体 24~70×8.0~20.0 μm，纺锤形或近纺锤形，无色；菌盖表皮交织黏毛皮型，菌丝直径 4.0~10.0 μm，无色；锁状联合缺失。

区域内生境 夏秋季单生或散生于以壳斗科植物为主的阔叶林中地上。

国内分布 华东，华南。

* 栗色金牛肝菌

Aureoboletus marroninus T.H. Li & Ming Zhang, Mycoscience 56: 482 (2015)

宏观形态 菌盖宽 10~20 mm，扁球形，黏，表面粗糙，常形成不规则的嵴或不完整的网纹，红褐色，至边缘渐浅，幼时边缘常具白色至淡褐色菌幕残余，菌幕残余易消失；菌肉白色至淡黄色，薄，伤不变色；菌管长 3.0~6.0 mm，弯生，黄色，伤不变色；孔口 1~3 孔/mm，圆形至近圆形，黄色；菌柄长 15~40 mm，粗 3.0~5.0 mm，柱状，中生，中实，黄色至淡褐色，表面具纵向条纹。

微观特征 担孢子 8.0~9.5×4.0~5.0 μm，正面观椭圆形至长椭圆形，侧面观舟形，黄褐色，光滑，非淀粉质，脐侧附胞明显；侧生囊状体 32~56×6.0~12.0 μm，淡黄色，透明，近纺锤形，顶端柱状；缘生囊状体稀少，类侧生囊状体；菌盖表皮黏毛皮型；锁状联合缺失。

区域内生境 夏季散生于阔叶林或针阔混交林地上。

国内分布 华东，华南。

长颈金牛肝菌

栗色金牛肝菌

萝卜味金牛肝菌

可食用

Aureoboletus raphanaceus Ming Zhang & T.H. Li, MycoKeys 61: 126 (2019)

宏观形态 菌盖宽 20~50 mm，幼时半球形，后凸镜形，污白色至淡褐色，表面被淡灰绿色至灰棕色纤毛或绒毛；菌肉白色至淡棕色，伤不变色或仅在近菌管处稍变蓝；菌管长 2.7~5.0 mm，近菌柄处明显内凹，淡黄色，伤不变色；孔口 1~2 孔/mm，圆形至多角形，淡黄色，伤不变色；菌柄长 30~43 mm，粗 5.0~10.0 mm，中生，中实，柱状，与菌盖同色，伤不变色；具明显胡萝卜气味。

微观特征 担孢子 7.0~8.8×4.9~5.9 μm，椭圆形至杏仁形，薄壁，光滑；侧生囊状体 40~70×11~20 μm，近梭形，具可溶于碱性溶液的黄色内含物；缘生囊状体类侧生囊状体，稍小；菌盖表皮黏毛皮型至毛皮型，菌丝表面粗糙，具淡黄褐色细胞外结痂，结痂可溶于碱性溶液；锁状联合缺失。

区域内生境 夏秋季单生于阔叶林或针阔混交林地上。

国内分布 华东，华中。

红盖金牛肝菌

Aureoboletus rubellus J.Y. Fang, G. Wu & K. Zhao, Phytotaxa 420 (1): 75 (2019)

宏观形态 菌盖宽 20~22 mm，幼时扁球形，后凸镜形，红棕色，幼时表面被一薄层白色粉状绒毛，子实体成熟后消失，表面干燥，粗糙；菌肉淡黄色，厚 8.0 mm，伤不变色或部分轻微变为蓝色；菌管长 4.0~5.0 mm，近菌柄处明显下凹，淡黄色；孔口宽 2.0~3.0 mm，近圆形至多角形，淡黄色，伤不变色；菌柄长 36~50 mm，粗 3.2~9.0 mm，中生，圆柱形，淡黄褐色，中实；菌柄菌肉污白色至淡黄色，伤不变色。

微观特征 担孢子 8.8~11.0×5.0~6.5 μm，正面观椭圆形至卵圆形，侧面观一侧稍扁，淡黄色，光滑，薄壁，非淀粉质；侧生囊状体 49~85×10~17 μm，近纺锤形，薄壁，外表面覆盖一层可溶于碱性溶液的淡黄色平滑强折光物质；缘生囊状体类侧生囊状体，稍小；菌盖表皮毛皮型至绒毛型；锁状联合缺失。

区域内生境 夏季散生于阔叶林地上。

国内分布 华东，华南，西南。

第八章
牛肝菌

萝卜味金牛肝菌

红盖金牛肝菌

393

东方褐盖金牛肝菌

Aureoboletus sinobadius Ming Zhang & T.H. Li, MycoKeys 61: 128 (2018)

宏观形态　菌盖直径 37~64 mm，幼时平凸，后平展，表面黏，幼时棕紫色、成熟时呈红褐色至红紫色；菌肉黄白色，受伤后不变色；菌管菌柄周围稍凹陷，淡黄色，受伤后不变色；孔口淡黄色，受伤后不变色；菌柄长 80~105 mm，粗 13~15 mm，中生，近圆柱形，无菌环；表面湿时黏，幼时淡棕红色，后呈淡红紫色，有明显的纵向条纹；菌肉白色至黄白色，受伤后不变色；基部菌丝白色。

微观特征　担孢子 9.5~12.0×4.5~5.0 μm，近纺锤形至椭圆形，稍厚壁，光滑，黄褐色；缘生囊状体 32~44×9.0~15.0 μm，近纺锤形或棒型，细胞壁薄至增厚（可达 1.5 μm），无色至淡黄色；侧生囊状体丰富，42.0~54.5×11.5~17.0 μm，近纺锤形，细胞壁薄至稍增厚（可达 1.0 μm），淡黄色；菌盖表皮毛皮型，菌丝无色至淡黄色，直径 3.0~10.0 μm；锁状联合缺失。

区域内生境　夏秋季单生或散生以壳斗科植物为主的林中地上。

国内分布　华东，华中，华南。

普陀条孢牛肝菌

Boletellus putuoensis N.K. Zeng, Yi Li, Chang Xu, Xu Zhang & J.R. Wang, Phytotaxa 554 (2): 156 (2022)

宏观形态　菌盖宽 26~31 mm，平展，暗黄褐色至深褐色，表面干燥，网状开裂；菌管近菌柄处褶片状且下凹，亮黄色；孔口 0.5~1 孔/mm，圆形至近圆形，亮黄色，伤后变为蓝色；菌柄长 59~63 mm，粗 3.0~5.0 mm，中生，柱状，等粗或向基部渐粗，褐色至红褐色，顶端金黄色，被微绒毛。

微观特征　担孢子 9.2~11.0×5.8~6.9 μm，椭圆形，厚壁，黄棕色，具纵向沟纹；侧生囊状体 49~68×11~15 μm，近纺锤形或烧瓶形；缘生囊状体 38~50×9.8~14.0 μm，近纺锤形或囊状；菌盖表皮毛皮型，菌丝橙黄色；锁状联合缺失。

区域内生境　夏季散生于阔叶林地上。

国内分布　华东，华南。

第八章
牛肝菌

东方褐盖金牛肝菌

普陀条孢牛肝菌

紫褐牛肝菌

可食用

Boletus violaceofuscus W. F. Chiu [as 'violaceo-fuscus'], Mycologia 40 (2): 210 (1948)

宏观形态 菌盖宽 27~60 mm，幼时半球形，后平展，中央微凹，平滑或具微褶皱，表面具短绒毛，紫褐色至深紫色，边缘颜色稍浅；菌肉白色，伤不变色；菌管长 5.0~15.0 mm，直生至稍弯生，白色，近柄处呈淡紫色，伤不变色；孔口密集，1~2 孔/mm，圆形至多角形；菌柄长 72~100 mm，粗 14~25 mm，中生，中实，深紫色，棒状，微弯曲，基部膨大，表面具白色纵向网嵴。

微观特征 担孢子 10~15×4.5~5.5 μm，长椭圆形，向一侧弯曲，淡橄榄色，光滑，薄壁，非淀粉质，脐侧附胞明显；侧生囊状体 43~54×7.0~9.0 μm，柱状，透明，顶端钝圆；缘生囊状体 43~55×6.0~9.0 μm，柱状，透明，顶端直立或弯曲；菌盖表皮毛皮型，菌丝具紫色细胞内色素；锁状联合存在。

区域内生境 秋季散生于阔叶林地上。

国内分布 华东，华南，华中，西南。

象头山美牛肝菌

Caloboletus xiangtoushanensis Ming Zhang, T.H. Li & X.J. Zhong, Phytotaxa 309 (2): 119 (2017)

宏观形态 菌盖宽 41~80 mm，近平展，表面被褐色短绒毛，成熟后逐渐褪色至淡黄色；菌肉白色，伤后快速变为淡蓝色；菌管长 5.0~8.0 mm，近菌柄处明显内凹，黄色，伤后快速变为淡蓝色；孔口 2~3 孔/mm，多角形，幼时橙红色，成熟后黄色，伤后快速变蓝；菌柄长 30~80 mm，粗 11~15 mm，圆柱形，中生，中实，幼时表面具红色网状或纵向条纹，成熟后从基部向上渐变为淡黄色；菌柄菌肉幼时伤后快速变为淡蓝色，老后伤不变色或呈非常弱的蓝色。

微观特征 担孢子 9.0~11.0×4.0~5.0 μm，淡黄色，长柱状或近梭形，非淀粉质，光滑，薄壁；侧生囊状体 28~39×6.5~8.5 μm，窄纺锤形，淡黄色，透明；缘生囊状体类侧生囊状体；菌盖表皮毛皮型；锁状联合缺失。

区域内生境 夏季散生或群生于阔叶林地上。

国内分布 华东，华南。

紫褐牛肝菌

象头山美牛肝菌

绿盖裘氏牛肝菌 *

Chiua viridula Yan C. Li & Zhu L. Yang, Fungal Diversity 81: 80 (2016)

宏观形态 菌盖宽 3.0~4.0 mm，近半球形至平展；表面暗绿色至灰绿色，被纤毛状绒状鳞片；菌肉黄色至亮黄色；菌管在菌柄周围稍凹陷，菌管与孔口幼时白色，老后淡粉色至粉色；菌柄长 4.0~7.0 mm，粗 8.0~12.0 mm，中生，近圆柱形，无菌环，表面黄色至亮黄色，中部具粉色色调，基部为铬黄色，被浅黄色至黄色颗粒状鳞片；菌柄菌肉黄色至亮黄色，基部铬黄色；菌肉受伤后不变色；基部菌丝亮黄色至铬黄色。

微观特征 担孢子 10~12×4.0~5.0 μm，近纺锤形至椭圆形，稍厚壁，光滑，近无色至粉红色；缘生囊状体和侧生囊状体 30~58×4.0~6.5 μm，近纺锤形或棒状，透明至淡黄色；菌盖表皮丝念珠型，外表皮由浅黄色至浅褐色、直径 4.0~8.0 μm 的菌丝组成，中表皮由直径 20~30 μm、近球状至球状的细胞组成，下表皮由直径 4.0~7.0 μm 的菌丝组成；锁状联合缺失。

区域内生境 夏秋季单生或散生以壳斗科植物为主的林中地上。

国内分布 华东，华中，西南。

橙牛肝菌 **

Crocinoboletus rufoaureus (Massee) N.K. Zeng, Zhu L. Yang & G. Wu, Phytotaxa 175(3): 134 (2014)

宏观形态 菌盖宽 4.0~8.0 mm，凸镜形至平展；表面干燥，黄橙色至红橙色，被红褐色细小鳞片，受伤后迅速变为蓝绿色，之后变为黑色；菌肉金黄色，受伤后迅速变为蓝绿色；菌管在菌柄周围下陷；菌管和孔口橙色，受伤后迅速变为蓝绿色，之后变为黑色；菌柄长 5.0~8.0 mm，粗 10~30 mm，中生，近圆柱形，表面被红橙色细小鳞片，并常有纵向条纹，受伤后迅速变为蓝绿色，之后变为黑色；菌柄菌肉金黄色，受伤后迅速变为蓝绿色；基部菌丝橙黄色。

微观特征 担孢子 11~14×4.0~5.0 μm，近纺锤形至椭圆形，稍厚壁，表面光滑，黄褐色；侧生囊状体丰富，28~41×5.5~9.0 μm，梭形或近梭形，无色、褐黄色至黄褐色；缘生囊状体类侧生囊状体；菌盖表皮交织毛皮型，菌丝浅黄褐色、黄褐色至褐色，直径 3.0~7.0 μm；锁状联合缺失。

区域内生境 夏秋季群生于以壳斗科为主的林中地上。

国内分布 华东、华南、西南。

长囊圆孔牛肝菌

可食用

Gyroporus longicystidiatus Nagas. & Hongo, Rep. Tottori Mycol. Inst. 39: 18 (2001)

宏观形态 菌盖宽 40~56 mm，半圆形至近平展，干燥，橘黄色至褐色，表面被小鳞片和较密绒毛，至边缘渐光滑；菌肉白色，伤不变色；菌管长约 4.0 mm，弯生，淡黄色至白色，伤不变色；孔口 3~4 个 /mm，圆形至多角形，白色，老后呈锈褐色；菌柄长 34~50 mm，粗 8.0~20.0 mm，中生，柱状，向基部渐粗，表面略粗糙，污白色至淡黄色，表面被稀疏绒毛；菌柄菌肉白色，伤不变色。

微观特征 担孢子 7.2~9.2×4.6~5.8 μm，椭圆形，顶端稍窄，薄壁，光滑，无色；侧生囊状体 29~96×5.8~15.0 μm，近纺锤形，无色，薄壁；缘生囊状体类侧生囊状体；菌盖表皮由平伏或交织的褐色柱状菌丝组成；锁状联合缺失。

区域内生境 夏季单生于阔叶林地上。

国内分布 华东，华中，西南。

深褐圆孔牛肝菌

*

Gyroporus memnonius N.K. Zeng, H.J. Xie & M.S. Su, Mycol. Progr. 21 (1): 81 (2022)

宏观形态 菌盖宽 40~60 mm，幼时凸镜形，后平展，表面被轻微绒毛，深棕色；菌肉白色，伤不变色；菌管长约 6.0 mm，近菌柄处明显内凹，白色，伤不变色；孔口 2~3 孔 /mm，近圆形至多角形；菌柄长 40~50 mm，粗 10~20 mm，中生，中空，表面干燥，被微绒毛，黄棕色至黄褐色；菌柄菌肉白色，伤不变色。

微观特征 担孢子 8.0~10.0×4.0~5.0 μm，纺锤形至椭圆形，侧面观一侧稍扁，黄褐色，光滑；侧生囊状体 17~40×4.0~10.0 μm，纺锤形至近纺锤形，薄壁；缘生囊状体类侧生囊状体；菌盖表皮绒毛型，菌丝淡黄色；锁状联合存在。

区域内生境 夏季单生于阔叶林地上。

国内分布 华东，华南。

第八章
牛肝菌

华粉蓝牛肝菌

绿盖粘柄牛肝菌

华粉蓝牛肝菌 **

Cyanoboletus sinopulverulentus (Gelardi & Vizzini) Gelardi, Vizzini & Simonini, Index Fungorum 176: 1 (2014)

宏观形态 菌盖宽 14~20 mm，凸镜形，表面干燥，被细绒毛，暗褐色；菌肉黄色，伤后变为深蓝色；菌管长约 4.0 mm，延生，黄色；孔口 1~2 孔 /mm，圆形，黄色，伤后变为深蓝色；菌柄长 14~50 mm，粗 5.3~10.0 mm，中生，中实，圆柱形，基部稍膨大，表面干燥，近顶端黄色，中下部被暗褐色细绒毛，伤后变黑；菌柄菌肉黄色，伤后变为深蓝色。

微观特征 担孢子 10~12×5.0~6.0 μm，正面观椭圆形，侧面观长椭圆形，光滑，薄壁，黄棕色，非淀粉质；侧生囊状体 28~34×9.5~13.0 μm，纺锤形或棒状，偶见披针形，顶端钝圆或稍尖，无色，透明；缘生囊状体 26~37×9.5~12.0 μm，类侧生囊状体；菌盖表皮毛皮型；锁状联合缺失。

区域内生境 夏季单生于阔叶林苔藓地上。

国内分布 华东，华南，西北。

绿盖粘柄牛肝菌 *

Fistulinella olivaceoalba T.H.G. Pham, Yan C. Li & O.V. Morozova, Persoonia 41: 361 (2018)

宏观形态 菌盖宽 20~36 mm，扁球形至凸镜形，橄榄色至灰绿色，至边缘渐浅，呈白色，表面具小鳞片，黏至黏稠；菌管长 3.0~8.0 mm，近菌柄处微凹，白色至乳白色；孔口 1~2 孔 /mm，圆形至多角形，白色至乳白色；菌柄长 52~64 mm，粗 3.0~5.0 mm，柱状，向基部渐粗，中生，中实，表面光滑，黏稠，幼时白色，成熟后菌柄上部具黄棕色至橄榄黄色颗粒状斑点，基部白色；各部位伤后均不变色。

微观特征 担孢子 12~14×4.0~5.0 μm，近纺锤形至柱状，黄色，光滑，薄壁，非淀粉质；侧生囊状体 40~52×5.5~8.5 μm，长柱状或顶端渐尖，无色，透明；缘生囊状体 79~134×5.0~7.5 μm，具 2~3 个隔，柱状，顶端钝圆，无色，透明；菌盖表皮黏毛皮型；锁状联合缺失。

区域内生境 夏季散生于阔叶林地上。

国内分布 华东，华南，华中。

第八章 牛肝菌

绿盖裘氏牛肝菌

橙牛肝菌

399

长囊圆孔牛肝菌

深褐圆孔牛肝菌

褐色圆孔牛肝菌

胃肠炎型中毒

Gyroporus paramjitii K. Das, D. Chakraborty & Vizzini, Nordic Jl Bot. 35 (6): 671 (2017)

宏观形态 菌盖宽 20~45 mm，幼时半球形，后平展，表面干燥，幼时深棕色至近黑色，成熟后深褐色至橙褐色，至边缘渐浅；菌肉白色，伤后非常缓慢地变为淡褐色；菌管长 8.0~10.0 mm，弯生，幼时白色，成熟后淡黄色，伤后非常缓慢地变为淡褐色；孔口 1~2 孔 /mm，幼时圆形，白色，成熟后多角形，淡黄色；菌柄长 20~90 mm，粗 6.0~8.0 mm，柱状，中生，分隔至完全中空，表面与菌盖同色；菌柄菌肉伤后非常缓慢地变为淡褐色。

微观特征 担孢子 7.7~9.3×5.0~6.0 μm，椭圆形，侧面观肾形，薄壁，光滑，非淀粉质；侧生囊状体缺失；缘生囊状体 30~45×6.3~10.0 μm，纺锤形；菌盖表皮毛皮型，菌丝具黄色细胞壁色素和细胞外结痂；锁状联合存在。

区域内生境 夏季单生或散生于阔叶林或针阔混交林地上。

国内分布 华东，西北，西南。

黄脚牛肝菌

可食用

Harrya chromipes (Frost) Halling, Nuhn, Osmundson & Manfr. Binder [as '*chromapes*'], Aust. Syst. Bot. 25 (6): 422 (2012)

宏观形态 菌盖宽 25~100 mm，凸镜形，幼时粉红色至淡红色，渐变为淡褐色至黄褐色，表面被平伏角状鳞片；菌肉白色，伤不变色，近盖皮处偶呈红棕色；菌管长 8.0~12.0 mm，弯生，幼时白色，成熟后粉色，伤不变色；孔口 1~2 孔 /mm，多角形，与菌管同色，伤不变色；菌柄长 47~60 mm，粗 8.0~12.0 mm，柱状，中生，粉色，表面被粉红色至紫红色丛毛鳞片，基部黄色；菌柄菌肉白色，向基部渐变为黄色至亮黄色，伤不变色。

微观特征 担孢子 11~14×4.7~5.7 μm，近纺锤形，侧面观一侧稍扁，薄壁，光滑，非淀粉质；侧生囊状体 28~51×3.6~6.8 μm，纺锤形至棒状；缘生囊状体类侧生囊状体；菌盖表皮毛皮型，菌丝具黄褐色细胞壁色素；锁状联合缺失。

区域内生境 夏季单生于针阔混交林地上。

国内分布 华东，东北，西南。

第八章
牛肝菌

褐色圆孔牛肝菌

黄脚牛肝菌

405

日本网孢牛肝菌

胃肠炎型中毒

Heimioporus japonicus (Hongo) E. Horak, Sydowia 56 (2): 238 (2004)

宏观形态 菌盖宽 35~105 mm，半球形至凸镜形，深红色，表面被细绒毛；菌肉淡黄色，伤不变色；菌管长 3.0~15.0 mm，稍弯生，黄色，伤不变色；孔口 1~2 孔 /mm，圆形至多角形，伤不变色；菌柄长 50~200 mm，粗 7.0~30.0 mm，柱状，基部膨大，中生，中实，表面具粗糙和浅撕裂的嵴，被红色丛毛鳞片；菌柄菌肉污白色至淡黄色，伤不变色。

微观特征 担孢子 9.8~12.0×6.0~7.8 μm，宽椭圆形，表面具蜂窝网状的嵴，黄棕色；侧生囊状体 32~46×7.8~11.0 μm，棒状至近纺锤形，光滑，透明；缘生囊状体 20~38×8.5~11.0 μm，类侧生囊状体；柄生囊状体 12~22×9.5~16.0 μm，短棒状至近圆柱形，淡黄色；菌盖表皮毛皮型；锁状联合缺失。

区域内生境 夏秋季单生于阔叶林地上。

国内分布 华东，华南，华中，西南。

小假疣柄牛肝菌

Hemileccinum parvum Mei Xiang Li, Zhu L. Yang & G. Wu, Journal of Fungi 7(10, no. 823): 15 (2021)

宏观形态 菌盖宽 30~36 mm，近半球形至平展，表面近绒毛状，具皱褶，中央浅褐色，边缘颜色变浅；菌盖菌肉浅黄色，受伤后缓慢变浅蓝色；菌管在菌柄周围凹陷；菌管与孔口浅黄色，受伤后不变色；菌柄长 60~90 mm，粗 4.0~9.0 mm，中生，近圆柱形，表面被小鳞片，上部浅黄色、其余部分颜色较浅；菌柄菌肉浅黄色，受伤后不变色；基部菌丝白色。

微观特征 担孢子 12~14×4.5~5.0 μm，近纺锤形至椭圆形，稍厚壁，浅黄色至浅褐色，在光镜下光滑，在扫描电镜下可见不规则的疣点或杆菌状纹饰；侧生囊状体 45~65×9.0~11.0 μm，纺锤形或近纺锤形，无色；缘生囊状体类侧生囊状体，稍小；菌盖表皮丝念珠型，外表皮通常由丝状菌丝构成，下表皮由直径达 30 μm、近球状至球状的膨大细胞组成；锁状联合缺失。

区域内生境 夏秋季单生或散生于以壳斗科为主的林中地上。

国内分布 华东，西南。

第八章
牛肝菌

日本网孢牛肝菌

小假疣柄牛肝菌

厚瓤牛肝菌

可食用
易引起胃肠炎型中毒

Hourangia cheoi (W. F. Chiu) Xue T. Zhu & Zhu L. Yang, Mycol. Progr. 14 (no. 37): 5 (2015)

宏观形态 菌盖宽 15~70 mm，半球形至平展，幼时表面密被棕色颗粒状鳞片，老后龟裂；菌肉污白色，伤后快速变绿，后变为红棕色，最后呈棕色至近黑色；菌管长 5.0~12.0 mm，弯生，黄色至污黄色，伤后快速变绿；孔口宽 0.5~2.0 mm，多角形，黄色至污黄色，伤后快速变绿；菌柄长 30~80 mm，粗 4.0~6.0 mm，中生，分隔，柱状，等粗，黄棕色至淡红棕色；菌柄菌肉白色，顶端伤后快速变绿，后变为红棕色，其余部位伤后直接变为红棕色。

微观特征 担孢子 9.5~11.0×4.0~5.3 μm，正面观圆柱形至纺锤形，侧面观近纺锤形，近脐侧附胞一侧凹陷，薄壁，光滑；侧生囊状体 35~69×7.4~11.0 μm，近梭形至近棒状；缘生囊状体 22~36×5.9~33.0 μm，棒状；菌盖表皮毛皮型，菌丝具淡黄褐色至褐色细胞内色素；锁状联合缺失。

区域内生境 夏秋季单生至散生于阔叶树与竹林混交林地上。

国内分布 华东，东北，西北，西南。

芝麻厚瓤牛肝菌

胃肠炎型中毒

Hourangia nigropunctata (W. F. Chiu) Xue T. Zhu & Zhu L. Yang, Mycol. Progr. 14(no. 37): 7 (2015)

宏观形态 菌盖宽 20~70 mm，凸镜形至平展，表面干燥，密被黄棕色至深棕色绒毛，成熟时龟裂成块状或斑点状鳞片；菌管在菌柄周围下陷；孔口复孔式；菌管与孔口鲜黄色，老后局部为赭色，受伤后迅速变为蓝色，随后变为暗褐色；菌柄长 20~80 mm，粗 3.0~12.0 mm，中生，近圆柱形，表面浅棕黄色至浅棕色，有时具红色调；菌柄菌肉污白色至浅黄色；子实体菌肉受伤后起初变浅蓝色，之后变浅红至浅红褐色，最后变为浅黑褐色；基部菌丝污白色。

微观特征 担孢子 7.0~9.5×3.5~4.5 μm，椭圆形至近纺锤形，稍厚壁，浅黄棕色，在光学显微镜下表面光滑，在扫描电镜下可见杆菌状纹饰；侧生囊状体和缘生囊状体类菌 55~146×7.0~26.0 μm，棒状、纺锤形或近纺锤形，浅黄色、偶为黄褐色；盖表皮毛皮型，菌丝浅黄色至黄色；锁状联合缺失。

区域内生境 夏秋季单生或群生于以壳斗科植物为主的林中地上。

国内分布 华东，华南，西南，华中。

第八章 牛肝菌

厚瓤牛肝菌

芝麻厚瓤牛肝菌

大盖兰茂牛肝菌

Lanmaoa macrocarpa N. K. Zeng, H. Chai & S. Jiang, MycoKeys 46: 74 (2019)

宏观形态 菌盖宽 62~107 mm，凸镜形至平展，中央微凹，表面干燥，橙红色；菌肉淡黄色，伤后快速变蓝；菌管弯生，淡黄色；孔口宽 1.0~2.0 mm，圆形至多角形，伤后快速变蓝，后缓慢变为棕色；菌柄长 90~106 mm，粗 15~21 mm，柱状，向基部渐粗，中生，中实，上部黄色，下部红色；菌柄菌肉伤后快速变蓝。

微观特征 担孢子 10~12×4.6~5.7 μm，长椭圆形至纺锤形，近脐侧附胞一侧凹陷，黄棕色，光滑，轻微厚壁，非淀粉质；侧生囊状体 48~65×9.5~13.0 μm，近纺锤形，光滑，透明；缘生囊状体 27~38×8.5~10.0 μm，纺锤形至腹鼓状，顶端直立或弯曲，光滑，透明；菌盖表皮毛皮型；锁状联合缺失。

区域内生境 夏秋季散生于针阔混交林地上。

国内分布 华东，华南。

密鳞新牛肝菌

Neoboletus multipunctatus N.K. Zeng, H. Chai & S. Jiang, MycoKeys 46: 77 (2019)

宏观形态 菌盖宽 25~61 mm，扁球形至平展，干燥，深棕色，表面被微绒毛；菌肉淡黄色，伤后快速变蓝；菌管长 5.0~7.0 mm，弯生，淡黄褐色，伤后变蓝；孔口 2~3 孔/mm，近圆形，棕色，伤后快速变为蓝黑色；菌柄长 55~84 mm，粗 3.6~19.0 mm，柱状，向基部渐粗，中生，中实，表面被褐色绒毛，基部呈黄色，被白色绒毛；菌柄菌肉黄色，伤后快速变蓝，基部稍变红。

微观特征 担孢子 8.4~9.8×4.1~5.0 μm，淡黄色至黄棕色，长椭圆形至近纺锤形，侧面观近脐侧附胞一侧凹陷，光滑，稍厚壁，非淀粉质；侧生囊状体 25~40×9.5~7.0 μm，窄纺锤形至近纺锤形，光滑，透明；缘生囊状体 21~35×5.5~7.0 μm，类侧生囊状体；菌盖表皮毛皮型；锁状联合缺失。

区域内生境 夏季散生于阔叶林地上。

国内分布 华东，华南。

第八章
牛肝菌

大盖兰茂牛肝菌

密鳞新牛肝菌

411

厚壁褶孔牛肝菌

可食用

Phylloporus grossus N.K. Zeng, L.L. Wu & P. Zhang, Mycol. Progr. 20(10): 1259 (2021)

宏观形态 菌盖宽 25~75 mm，近平展，中央稍凹陷，边缘向内卷曲，表面干燥，密被绒毛，浅棕色至深棕色；菌肉黄白色，受伤后不变色；子实层体菌褶状，下延，菌褶近稀疏，具横脉，黄色，受伤后不变色；菌柄长 40~50 mm，粗 4.0~7.0 mm，中生，近圆柱状，表面干燥，密被浅棕色至红褐色鳞片；菌柄菌肉黄白色，受伤后不变色；基部菌丝白色。

微观特征 担孢子 9.0~11.0×4.0~5.5 μm，近纺锤形至椭圆形，稍厚壁，黄褐色，光学显微镜下光滑，扫描电镜下可见杆菌状纹饰；侧生囊状体 55~93×13~20 μm，近棒状、梭形或近梭形，细胞壁厚（可达 2 μm），无色或淡黄色；缘生囊状体类侧生囊状体，稍小；菌盖表皮毛皮型，菌丝直径 6.0~19.0 μm，无色至黄褐色；锁状联合缺失。

区域内生境 单生或群生于以壳斗科为主的林中地上。

国内分布 华东，华中，华南。

潞西褶孔牛肝菌

**

可食用

Phylloporus luxiensis M. Zang, Acta microbiol. sin. 18(4): 283 (1978)

宏观形态 菌盖宽 40~80 mm，近半球形至平展，干，褐色，密覆黄褐色至灰褐色的鳞片；子实层体菌褶状，下延；菌褶较稀，偶具横脉，黄色，受伤后不变色；菌柄长 20~60 mm，粗 3.0~10.0 mm，中生，向下渐细，有时基部稍膨大，表面干，上半部具菌褶延伸形成的纵脉，并被红褐色至紫红色细小鳞片，下半部则被黄褐色至灰褐色的鳞片；菌肉白色，受伤后不变色；基部菌丝黄色。

微观特征 担孢子 9.5~12.5×4.5~5.0 μm，近纺锤形至椭圆形，稍厚壁，浅黄褐色至黄褐色，在光镜下光滑，在扫描电镜下可见杆菌状纹饰；侧生囊状体 42~105×10~19 μm，纺锤形至近纺锤形，细胞壁微微增厚 1.0 μm，无色至浅黄色；缘生囊状体 36~65×10~19 μm；近纺锤形至近棒状，细胞壁微微增厚 1.0 μm，无色至浅黄色；菌盖表皮毛皮型，菌丝直径 5.0~13.0 μm，无色至浅黄色；锁状联合缺失。

区域内生境 单生或散生于以壳斗科为主的林中地上。

国内分布 华东，华南，西南。

厚壁褶孔牛肝菌

潞西褶孔牛肝菌

粉被褶孔牛肝菌

可食用

Phylloporus pruinatus Kuan Zhao & N.K. Zeng, Phytotaxa 372 (3): 212~220 (2018)

宏观形态 菌盖宽 22~34 mm，平展，中央下凹，红棕色至棕色，表面被白色粉霜状绒毛；菌肉白色，伤不变色；子实层体菌褶状，直生至稍延生，稀疏，亮黄色，伤不变色，老后部分区域呈红褐色；菌柄长 20~31 mm，粗 8.5~10.0 mm，中生，柱状，白色至淡黄色，顶端淡棕色；菌柄菌肉白色至淡黄色，伤不变色。

微观特征 担孢子 9.2~11.0×3.9~4.9 μm，圆柱形，侧面观近纺锤形，稍厚壁，近脐侧附胞一侧凹陷，光滑，淡黄色，非淀粉质；侧生囊状体 52~111×6.5~12.0 μm，近纺锤形至长柱状；缘生囊状体 63~96×10~13 μm，类侧生囊状体；菌盖表皮毛皮型至绒毛型，菌丝常具黄色细胞外结痂，结痂易溶于碱性溶液；锁状联合缺失。

区域内生境 夏季散生于阔叶林地上。

国内分布 华东，西北，西南。

褐点粉末牛肝菌

胃肠炎型中毒

Pulveroboletus brunneopunctatus G. Wu & Zhu L. Yang, Fungal Diversity 81: 111 (2016)

宏观形态 菌盖宽 25~60 mm，凸镜形后平展，表面干，幼时菌盖被硫黄色菌幕完全包裹，后菌幕消失；菌盖表面留有鳞片状菌幕残余，硫黄色，有时老后变黄褐色；菌肉白色，受伤微微变为蓝色；菌管在菌柄周围略下陷，黄色，受伤后变蓝色；孔口黄色，后浅褐色、褐色至红褐色，受伤后变蓝色；菌柄长 40~75 mm，粗 4.0~10.0 mm，中生，近圆柱形，表面干，硫黄色，被有密集的硫黄色鳞片；菌肉黄白色至白色，受伤后微微变蓝；基部菌丝白色至黄白色。

微观特征 担孢子 7.5~9.5×4.0~5.0 μm，近纺锤形至椭圆形，稍厚壁，橄榄褐色至黄褐色，光滑；侧生囊状体 39~61×7~11 μm，丰富，纺锤形至近纺锤形，无色至浅黄色；缘生囊状体类侧生囊状体，稍小；菌盖表皮交织毛皮型，菌丝直径 2.0~7.0 μm，无色、浅黄褐色至黄褐色；锁状联合缺失。

区域内生境 夏秋季单生、散生或群生于以壳斗科植物为主的林中地上。

国内分布 华东，华南，西南。

粉被褶孔牛肝菌

褐点粉末牛肝菌

暗褐网柄牛肝菌

**

可食用

Retiboletus fuscus (Hongo) N. K. Zeng & Zhu L. Yang, Mycologia 108 (2): 365 (2016)

宏观形态 菌盖宽 50~80 mm，近半球形至扁球形，棕灰色或灰黑色，被致密灰白色绒毛；菌肉白色，伤后变为淡黄色至淡褐色；菌管长 3.0~5.0 mm，近菌柄处内凹，灰白色，伤后变为淡褐色；孔口 1~3 孔 / mm，与菌管同色，多角形；菌柄长 50~80 mm，粗 10~25 mm，圆柱形，中生，中实，灰白色，表面具棕灰色或灰黑色网纹；菌柄菌肉白色，中下部常为黄色，伤后变为淡褐色。

微观特征 担孢子 9.5~12.0×3.5~4.5 μm，长椭圆形至近纺锤形，侧面观近脐侧附胞处微凹，光滑，薄壁，非淀粉质；侧生囊状体 21~29×6.5~8.0 μm，淡黄色，纺锤形至近纺锤形，光滑，透明，淡黄色；缘生囊状体 21~33×6.5~9.2 μm，类侧生囊状体；菌盖表皮毛皮型；锁状联合缺失。

区域内生境 夏秋季散生于阔叶林地上。

国内分布 华东，西南。

张飞网柄牛肝菌

*

可食用

Retiboletus zhangfeii N. K. Zeng & Zhu L. Yang, Mycologia 108 (2): 376 (2016)

宏观形态 菌盖宽 23~98 mm，凸镜形，幼时深紫色，成熟后棕色至棕黑色，表面被微绒毛；菌肉白色，伤后变为淡棕色；菌管长 4.0~8.0 mm，近菌柄处内凹，幼时灰白色，成熟后粉紫色，伤后变为棕色；孔口 1~2 孔 /mm，多角形，与菌管同色，伤后变为棕色；菌柄长 68~90 mm，粗 12~29 mm，灰白色，柱状，向基部渐粗，中生，表面具明显棕黑色网纹；菌柄菌肉淡橄榄绿色，伤后变为棕色。

微观特征 担孢子 9.6~12.0×4.2~4.8 μm，长椭圆形至近纺锤形，近脐侧附胞端一侧凹陷，光滑，稍厚壁，非淀粉质；侧生囊状体 36~59×10~13 μm，纺锤形至近纺锤形，淡黄色，光滑，透明，具黄棕色至棕色内含物；缘生囊状体 29~49×9.2~12.0 μm，类侧生囊状体；菌盖表皮毛皮型；锁状联合缺失。

区域内生境 夏秋季散生于阔叶林或针阔混交林地上。

国内分布 华东。

第八章　牛肝菌

暗褐网柄牛肝菌

张飞网柄牛肝菌

网柄罗氏牛肝菌

Royoungia reticulata Yan C. Li & Zhu L. Yang, Fungal Diversity 81: 121 (2016)

宏观形态 菌盖宽 24~50 mm，幼时半球形，后平展，表面被纤毛至绒毛，淡褐色至橄榄色；菌肉白色至淡黄色，伤不变色；菌管长 5.2~10.0 mm，近菌柄处内凹，污白色，老后具粉色色调，伤不变色；孔口 1~3 孔 /mm，多角形，与菌管同色；菌柄长 35~60 mm，粗 6.0~15.0 mm，中生，中实，圆柱形，污白色，向基部渐变为黄色，表面具明显网纹，纹棱红棕色；菌柄菌肉白色，向基部渐变为黄色，伤不变色。

微观特征 担孢子 13~14×4.7~6.2 μm，圆柱形，侧面观近纺锤形，近脐侧附胞端一侧凹陷，薄壁，光滑，非淀粉质；侧生囊状体 34~46×6.2~8.7 μm，窄纺锤形至近窄棒状；缘生囊状体类侧生囊状体；菌盖表皮毛皮型至绒毛型，菌丝具淡黄色至黄褐色细胞内色素；锁状联合缺失。

区域内生境 夏季单生于阔叶林地上。

国内分布 华东，西北。

松林乳牛肝菌

可食用
易引起胃肠炎型中毒

Suillus pinetorum (W.F. Chiu) H. Engel & Klofac, Schmier-und Filzröhrlinge s.l. in Europa, Die Gattungen *Boletellus*, Boletinus, *Phylloporus*, *Suillus*, *Xerocomus* (Weidhausen b. Coburg): 12 (1996)

宏观形态 菌盖宽 30~50 mm，扁球形，后平展，表面土黄色至肉桂色，光滑，湿时黏；菌管长 3.0~5.0 mm，延生至直生，肉色；孔口宽 2.0~4.0 mm，复式多角形，辐射状排列，肉色；菌柄长 20~50 mm，粗 5.0~15.0 mm，圆柱形，表面与菌盖同色或稍浅，上部淡黄色，具褐色小斑点和稀疏网纹。

微观特征 担孢子 6.0~10.0×2.5~3.7 μm，长椭圆形至柱状，淡黄色，薄壁，内含 1~2 个油滴，非淀粉质；侧生囊状体 28~62×5.0~6.8 μm，长柱状；缘生囊状体类侧生囊状体；菌盖表皮黏毛皮型；锁状联合缺失。

区域内生境 春夏季单生于阔叶林地上。

国内分布 华东，华南，华中，华北，西南。

第八章 牛肝菌

网柄罗氏牛肝菌

松林乳牛肝菌

江西粉孢牛肝菌

Tylopilus jiangxiensis Kuan Zhao & Yan C. Li, Phytotaxa 434(3): 286 (2020)

宏观形态　菌盖宽20~35 mm，近半球形至平展，表面绒毛状，红褐色、褐色至浅褐色；菌肉白色，受伤后不变色；菌管在菌柄周围稍凹陷；菌管与孔口近白色至近粉色，受伤后稍变褐色；菌柄长50~70 mm，粗4.0~7.0 mm，中生，近圆柱形，无菌环，表面红褐色、褐色至浅褐色，近顶端处颜色较浅；菌肉白色，受伤后不变色；基部菌丝白色。

微观特征　担孢子9.5~12.0×3.5~4.5 μm，近纺锤形至椭圆形，稍厚壁，黄褐色，光滑；缘生囊状体和侧生囊状体32~50×7.0~10.0 μm，纺锤形或近纺锤形；菌盖表皮交织毛皮型，菌丝直径4.0~7.0 μm，浅黄色至浅褐色；锁状联合缺失。

区域内生境　夏秋季单生或散生于以壳斗科为主的林中地上。

国内分布　华东。

新苦粉孢牛肝菌

Tylopilus neofelleus Hongo, J. Jap. Bot. 42: 154 (1967)

宏观形态　菌盖宽50~140 mm，幼时近半球形，后平展，表面干，具微绒毛，幼嫩时浅紫罗兰色，成熟后褐色；菌肉白色，受伤后不变色；菌管在菌柄周围下陷，粉色至污粉色，受伤后不变色；孔口幼时白色至淡粉色，成熟后粉色至污粉色，受伤后不变色；菌柄长50~120 mm，粗15~30 mm，中生，近圆柱形，无菌环，表面近光滑，褐色，但顶端具有淡紫色调；菌肉白色，受伤后不变色；基部菌丝白色。

微观特征　担孢子8.0~9.0×3.0~4.0 μm，近纺锤形或椭圆形，稍厚壁，浅黄褐色至黄褐色，光滑；侧生囊状体60~85×10~14 μm，近纺锤形，浅黄色或黄褐色；缘生囊状体35~48×5.0~10.0 μm，纺锤形或披针形，浅黄色或黄褐色；菌盖表皮平伏型，菌丝直径5.0~8.0 μm，无色至浅黄色；锁状联合缺失。

区域内生境　夏秋季单生或散生于以壳斗科为主的林中地上。

国内分布　华东，华中，西南。

第八章
牛肝菌

江西粉孢牛肝菌

新苦粉孢牛肝菌

421

大津粉孢牛肝菌

**

Tylopilus otsuensis Hongo, Mem. Fac. lib. Arts Educ. Shiga Univ., Nat. Sci. 16: 60 (1966)

宏观形态　菌盖宽 35~95 mm，近半球形至平展，表面具微绒毛，橄榄绿色，边缘颜色略浅；菌肉白色，受伤后变红褐色；菌管在菌柄周围下陷，粉色至污粉色；孔口幼时白色至淡粉色，成熟后粉色至污粉色，受伤后变为浅红色；菌柄长 65~110 mm，粗 10~30 mm，近圆柱形，向下变细，表面橄榄绿色至橄榄黄色，被粉末状鳞片；菌肉白色，受伤后逐渐变红褐色；基部菌丝白色。

微观特征　担孢子 5.5~6.5×4.0~4.5 μm，近椭圆形或卵形，稍厚壁，光滑，黄褐色；缘生囊状体和侧生囊状体 40~55×9.0~12.0 μm，近纺锤形至腹鼓形，透明、黄色至黄褐色；菌盖表皮念珠型，菌丝直径 5.0~16.0 μm，无色至浅黄褐色；锁状联合缺失。

区域内生境　夏秋季单生或群生于以壳斗科植物为主的林中地上。

国内分布　华东，华南，华中，西南。

亚小绒盖牛肝菌

*

Xerocomus subparvus Xue T. Zhu & Zhu L. Yang, Fungal Diversity 81: 181 (2016)

宏观形态　菌盖宽 18~37 mm，凸镜形至平展，表面被细绒毛，棕色至黄棕色；菌肉白色至淡黄色，伤后变色不明显或缓慢变为淡蓝色；菌管直生，黄色，伤后缓慢变蓝；孔口 0.5~1 孔/mm，圆形至多角形；菌柄长 20~35 mm，粗 3.0~5.0 mm，中生，柱状，淡黄褐色至淡灰褐色，顶端淡黄色，具纵向条纹；菌柄菌肉上部淡黄色，伤后缓慢变为蓝色，下部淡褐色或淡红褐色，伤不变色。

微观特征　担孢子 9.6~11.0×3.9~4.6 μm，近梭形，稍厚壁，光滑，橄榄色；侧生囊状体 55~84×9.6~14.0 μm，披针状，近纺锤形或棒状，薄壁，无色；缘生囊状体 60~81×8.9~12.0 μm，类侧生囊状体，顶端偶见分枝；菌盖表皮毛皮型，菌丝淡黄色；锁状联合缺失。

区域内生境　夏季散生于阔叶林地上。

国内分布　华东，华南，西南。

第八章
牛肝菌

大津粉孢牛肝菌

亚小绒盖牛肝菌

橙黄臧氏牛肝菌

Zangia citrina Yan C. Li & Zhu L. Yang, Fungal Diversity 49: 132 (2011)

宏观形态 菌盖宽 13~47 mm，扁球形至平展，橙黄色至淡黄色，湿时稍黏；菌肉白色至污白色，伤不变色；菌管长 9.0~10.0 mm，近菌柄处内凹，粉色至灰粉色，伤不变色或颜色变深呈棕色；孔口 1~2 孔/mm，多角形，与菌管同色，伤不变色或变为棕色；菌柄长 30~83 mm，粗 6.0~8.2 mm，柱状，向基部渐粗，中实，污白色，基部亮黄色；菌柄菌肉黄色至亮黄色，伤后缓慢变为蓝色或变色不明显。

微观特征 担孢子 12~13×4.6~5.1 μm，圆柱形至近梭形，稍厚壁，光滑，黄褐色；侧生囊状体 19~55×4.4~12.0 μm，近梭形、披针形至腹鼓状，顶端渐尖，薄壁，无色；缘生囊状体类侧生囊状体；菌盖表皮黏丝念珠型，上表皮与下表皮由菌丝组成，中表皮由球形至不规则膨大细胞组成；锁状联合缺失。

区域内生境 夏季散生于阔叶林或针阔混交林地上。

国内分布 华东，华南。

橙黄臧氏牛肝菌

第九章

地衣型真菌

仙人掌绵腹衣

Anzia opuntiella Müll. Arg., Flora, Regensburg 64 (7): 112 (1881)

宏观形态 地衣体宽 80~90 mm，叶状，紧密附着于基物；裂片重复二叉仙人掌状分叉，地衣体中部裂片局部膨大，宽 0.6~3.0 mm，裂片顶端钝圆形；上表面向上凸起，浅绿色至棕绿色，无粉芽和裂芽；下表面覆盖连续的黑色至深棕色绵腹组织，边缘有白色裸露带；假根单一黑色，稀疏，生长于绵腹组织中部；子囊盘直径 0.4~5.0 mm，圆盘状，具柄，生于上表面中部，盘面红棕色；分生孢子器黑点状凸起，生于裂片边缘。

微观特征 地衣体上皮层由假薄壁组织构成；藻层藻细胞绿色，圆形至近圆形；下皮层由假薄壁组织构成；子实上层黄褐色，子实层无色，子实下层无色至浅黄褐色；子囊 50.0×7.5~15.0 μm，囊泡状，顶端圆形膨大，子囊多孢；孢子 10.0×2.5 μm，月牙形弯曲，无色。

区域内生境 林中靠近山路路边地表。

国内分布 华东，华南，华中，西南。

日本斑叶

Cetrelia japonica (Zahlbr.) W. L. Culb. & C. F. Culb., Contr. U. S. Natl. Herb. 34: 511 (1968)

宏观形态 地衣体宽 50~60 mm，叶状，紧密着生于基物上；上表面灰褐色，光滑，具假杯点；假杯点白色，点状至短细杆状；裂片宽圆，宽 4.0~10.0 mm，边缘锯齿状，上卷，无粉芽和裂芽，下表面黑色，边缘褐色，光滑；基部具假根，假根黑色，短，近球形；子囊盘及分生孢子器未见。

微观特征 地衣体上皮层由假栅栏组织构成，厚 8.0~10.0 μm；藻层厚 9.0~12.0 μm，藻细胞绿色，近圆形至圆形，直径为 1.0~3.0 μm；髓层厚 23~41 μm；下皮层由假栅栏组织构成，厚 15~20 μm。

区域内生境 针叶混交林树皮。

国内分布 华东，华南，东北，西南。

仙人掌绵腹衣

日本斑叶

聚筛蕊

Cladia aggregata (Sw.) Nyl., Bull. Soc. linn. Normandie, sér. 2, 4 (2): 167 (1870)

宏观形态 拟果柄灌丛状，假轴式二叉多次分枝，主枝与分枝近圆筒形，中空，直径 0.2~1.4 mm，无杯点；表面浅橄榄色至暗绿褐色，易碎；皮层发育良好，表面平滑而具光泽，散布有椭圆形至圆形筛孔，直径 0.1~0.4 mm；子囊盘和分生孢子器未见。

微观特征 上皮层无色透明，由纵向菌丝构成，似蜡质，厚 25~32 μm；藻层连续，厚 25~37 μm，藻细胞黄绿色至鲜绿色，单细胞，球状，直径 5.0~7.5 μm；髓层中空；偶尔连接下皮层，下皮层无色透明，由纵向菌丝构成，似蜡质，厚约 42 μm。

区域内生境 林中靠近山路路边岩表藓层。

国内分布 华东，华南，华中，西南。

红头石蕊

Cladonia floerkeana (Fr.) Flörke, De Cladoniis, difficillimo Lichenum genere commentatio prima(Rostock): 99 (1828)

宏观形态 初生地衣体鳞芽状，宿存，直径约 3.0 mm，边缘具缺刻；上表面黄绿色，下表面白色；果柄高 10~25 mm，粗 0.7~0.8 mm，从基部至末梢，或基部及末梢子囊盘下颈部皮层发育良好，往往密布鳞芽或缺如，其余部分皮层常脱落以颗粒状粉芽代之，皮层处灰绿色至灰褐色，密布瘤状突起，不分枝或上部具稀疏分枝，末梢渐尖呈钻状或钝圆呈棍棒状，子囊盘直径 1.0~1.2 mm，红色，较大，着生于果柄顶端，单生或数个簇生。

微观特征 囊层被红色，55~67 μm；子实层渗入状，无色，98~151 μm，I+，蓝色；侧丝单一；囊层基浅褐色，122~187 μm，有大量草酸钙晶体；子囊内含有 8 个孢子；子囊孢子 9.5~12.0×4.0~6.0 μm，无色，横隔型，2~3 隔，I-。

区域内生境 山中林地树皮。

国内分布 华东，华南，华中，东北。

第九章
牛肝菌

聚筛蕊

红头石蕊

粗瓦衣

Coccocarpia palmicola (Spreng.) Arv. & D.J. Galloway, Bot. Notiser 132(2): 242 (1979)

宏观形态 地衣体宽 40~70 mm，鳞叶状；上表面灰色至蓝黑色，有同心环纹，无假杯点；裂片宽圆形，紧贴基物，覆瓦状排列，宽 3.0~6.0 mm，边缘浅裂，顶端钝圆；具大量裂芽，呈细长柱状；小裂片数量众多；下表面蓝黑色，具假根，假根黑色，似毛毡状；偶见分生孢子器，黑色鼓包状，着生于地衣体上表面，靠近顶端裂片位置；子囊盘未见。

微观特征 地衣体上皮层由假薄壁组织构成，厚约 15 μm，无色；藻层连续，厚 37~40 μm，藻细胞蓝绿色，单细胞球形，直径 7.5~10.0 μm；髓层横向束状，厚 37~62 μm；无明显下皮层，下表面处呈黑色；假根为多隔菌丝，宽 5.0~7.5 μm。

区域内生境 山中林地树皮。

国内分布 华东，华南，华中，东北，西北，西南。

粉芽粉盘衣

Dibaeis sorediata Kalb & Gierl, Herzogia 9 (3~4): 615 (1993)

宏观形态 地衣体壳状，灰绿色至绿色，连续，表面光滑或有扁平疣状突起，地衣体较薄，呈膜样贴生于基物，出现龟裂；有粉芽堆，粉芽堆成簇出现，头状，具一定高度，直径 0.3~2.0 mm；子囊盘和分生孢子器未见。

微观特征 藻细胞分散于菌丝内，藻细胞圆形，绿色，直径约 5.0 μm。

区域内生境 林中靠近山路路边地表。

国内分布 华东，华南，华中，西南。

第九章 牛肝菌

粗瓦衣

粉芽粉盘衣

武夷裂隙衣

Fissurina wuyinensis K.J. Shi, Z.F. Jia & X. Zhao, Diversity 15 (9): 959 (2023)

宏观形态 地衣体深绿色至橄榄绿色，表面光滑并具有光泽，皮层较薄；子囊盘线状，凸起至贴生，直或弯曲，两端渐尖，单生，少有分叉，线盘 0.8~1.5×0.4~0.5 mm；线盘部分张开状，可见具粉霜的凹陷盘面，盘唇薄，部分与两侧体质边缘分离；盘被不碳化，有晶体，黄褐色至灰褐色。

微观特征 光合共生物为橘色藻属，藻细胞不规则至拉长，6.0~15.0×5.0~9.0 μm；囊层被黑灰色，厚 7.0~16.0 μm；子实层无色，不具油滴，厚 120~130 μm；囊层基浅灰棕色，厚 25~34 μm；侧丝顶端稍加厚或不加厚，光滑；不具类缘丝；子囊棒状，103~138×24~42 μm，8 孢；子囊孢子 25~35×16~19 μm，椭球形，无色，砖壁型，每孢具 6~8/2~4 小室，I+ 深蓝紫色。

区域内生境 山中海拔相对较低的林中树皮。

国内分布 华东。

大哑铃孢

Heterodermia diademata (Taylor) D.D. Awasthi, Geophytology 3: 113 (1973)

宏观形态 地衣体宽 35~55 mm，叶状，常形成莲座状；裂片近二叉和亚羽状分裂，紧密相连或地衣体外周裂片分离，顶端略圆，边缘微缺刻，侧生小裂片，有的裂片边缘有时形成白点状或不连续的白色线状；上表面污灰色至灰白色，平滑，微凸，无粉芽和裂芽；髓层白色；假根与下表面同色，顶端呈暗褐色至黑色，不分枝至不规则或灌木状分枝；子囊盘直径 0.3~5.0 mm，表面生，无柄或具短柄，盘缘稍向内卷，完整或齿裂，有时发育成小裂片，盘面红褐色至黑褐色，盘托光滑；分生孢子器位于裂片近顶端，黑色点状至鼓包状。

微观特征 上皮层由纵向菌丝构成；藻层连续，藻细胞绿色，球形，单细胞；子实上层厚黄褐色，子实层无色，子实下层无色；子囊 87~125×10~15 μm，窄棒状，8 孢；子囊孢子 32×10 μm，褐色，双胞，纺锤形。

区域内生境 山中矮曲林林木树皮。

国内分布 华东，华南，华中，华北，东北，西南。

第九章
牛肝菌

武夷裂隙衣

大哑铃孢

孔叶衣

Menegazzia terebrata (Hoffm.) A. Massal., Neagenea Lich: 1 (1854)

宏观形态 地衣体直径 60~90 mm，叶状，近圆形至不规则扩展；裂片狭叶状，中空，裂片重复二叉分裂，相互紧密靠生；上表面灰白色至灰绿色，具有圆形至椭圆形穿孔，不具粉霜和白斑，具横向皱褶；粉芽堆白色，数量极少，生于裂片边缘，呈凸起状；无裂芽；下表面黑色，皱褶，微具光泽，无假根，下表面常脱落露出白色髓层；子囊盘直径 0.5~10.0 mm，茶渍型，圆盘状，具柄，盘缘光滑，盘面深棕色；分生孢子器未见。

微观特征 地衣体上皮层由假长轴组织构成，浅褐色；藻层连续，藻细胞黄绿色，球形，单细胞；髓层中空；下皮层有假薄壁组织构成，浅黑色；子实上层浅黄褐色，子实层无色；子囊 125×55 μm，宽棒状，2 孢；孢子 37~50×25~37 μm，椭圆形至圆形，无色，单胞。

区域内生境 山中针叶混交林树皮。

国内分布 广布种。

棒大叶梅

***

Parmotrema clavuliferum (Räsänen) Streimann, Biblthca Lichenol.22: 93 (1986)

宏观形态 地衣体宽 50~60 mm，叶状；上表面灰色至灰绿色，有裂纹，易碎；具粉芽堆，白色，头状至枕状；裂片呈波浪状，顶部近圆形，宽 1.0~5.0 mm；裂片边缘具缘毛，黑色，不分枝，长 0.5~2.0 mm；无裂芽；下表面黑色，光滑，周边裸露带浅褐色；具假根，假根黑色，长 1.0~2.0 mm；子囊盘及分生孢子器未见。

微观特征 地衣体上皮层由假栅栏组织构成，厚 20~37 μm；藻层厚 12~16 μm，藻细胞绿色，圆形至椭圆形，直径为 3.5 μm；髓层厚 73~83 μm；下皮层由假薄壁组织构成，厚 14~20 μm。

区域内生境 山中林木树皮。

国内分布 华东。

亚粗星叶衣

Punctelia subrudecta (Nyl.) Krog, Nordic. J. Bot. 2: 291 (1982)

宏观形态 地衣体叶状，不规则形，紧密着生于基物；裂片宽 1.0~3.0 mm，不规则分裂，顶端略圆形，边缘完整或缺刻，浅裂；上表面灰色至灰绿色，略有淡黄褐色斑块，平坦或有裂隙，皱纹，假杯点小圆形斑点状，无裂芽，粉芽堆表面生和边缘生，头状和枕状，边缘有粉芽的裂片抬升，波曲状；髓层白色；下表面米色、淡褐色，皱纹，周边裸露带狭窄，假根与下表面同色，单一不分枝；子囊盘和分生孢子器未见。

微观特征 地衣体上皮层由假薄壁组织构成，厚 9.0~15.0 μm；藻层厚 12~22 μm，藻细胞绿色，圆形至椭圆形，直径为 2.0~5.0 μm；髓层厚 37~43 μm；下皮层由假薄壁组织构成，厚 6.0~10.0 μm。

区域内生境 林中靠近山路路边林木树皮。

国内分布 华东，华南，华中，东北，西北，西南。

圆头珊瑚枝

Stereocaulon piluliferum Th. Fr. De Stereocaulis et Pilophoris Commentatio: 21 (1857)

宏观形态 地衣体枝状，高 20~50 mm，粗 0.2~1.0 mm，稀疏丛生，直立，圆柱形，不规则分枝，近顶端处近伞形分枝，主枝明显；皮层发育不良，表面残存部分斑块，淡白色至淡黄色；质地坚韧；棘枝多，圆柱形，长 1.0~2.0 mm，顶端较尖细，与拟果柄表面同色，大都反复分枝；衣瘿丰富，球形，直径 0.5~2.0 mm，灰色至灰紫色，早期表面平滑，成熟后皱缩不平；子囊盘淡黄色至肉色，着生于拟果柄近顶端，乳突状，中央深褐色至黑色；分生孢子器生于拟果柄近顶端周边，鼓包状，淡黄色，中央有黑色点状孔口。

微观特征 拟果柄圆柱形，中央为实心髓层，外周部分连有皮层和藻层；皮层薄，发育不良，浅黄褐色；藻层连续，藻细胞绿色，单胞，球状；中央髓层；子囊不均一棒状，褐色，未见子囊孢子；分生孢子未见。

区域内生境 林中靠近山路路边岩石表面。

国内分布 广布种。

第九章
牛肝菌

黄假杯点衣

星叶衣

黄假杯点衣

Pseudocyphellaria aurata (Ach.) Vain., Acta Soc. Fauna Flora Fenn. 7 (1): 183 (1890)

宏观形态 地衣体直径 30~60 mm，叶状，莲座状；裂片阔圆，边缘波状，全缘，耳状，具线状的黄色假杯点，转变为枕状的金黄色粉芽堆；上表面鲜绿色，平坦，有不明显的凸凹；下表面淡黄褐色，密生近白色至淡黄褐色的短绒毛，散生黄色的假杯点；假杯点近圆形，点状或不规则；子囊盘近边缘生，略圆形，盘状，无柄；盘面深红褐色，直径达 6.0 mm；老熟子囊盘托缘粉芽化，金黄色；分生孢子器埋生于地衣体中，孔口点状，暗褐色。

微观特征 地衣体上皮层由假薄壁组织构成；藻层藻细胞绿色，近圆形；下皮层由假薄壁组织构成；子实上层红褐色，子实层无色；子囊无色，阔棍棒形，50~62×15 μm，内含 8 孢，子囊孢子 15~25×5.0~7.5 μm，纺锤形，两头尖细，幼时无色，成熟时褐色；分生孢子 3.7×1.2 μm，杆状。

区域内生境 山中林木树皮。

国内分布 华东，华南，华中，东北，西南。

星叶衣

Punctelia borreri (Sm.) Krog, Nordic J. Bot. 2: 291 (1982)

宏观形态 地衣体宽约 40 mm，长约 80 mm，叶状，长椭圆形；裂片不规则分裂，宽 1.0~7.0 mm，顶端略圆，边缘较完整至少数缺刻，裂片间紧密相连；上表面灰色至淡灰绿色，假杯点圆点状，略抬升，无裂芽，粉芽堆表面及边缘生，枕状至头状，粉芽颗粒状，粗糙，着生粉芽的裂片稍抬升弯曲至波曲状；髓层白色；下表面暗褐色至黑色，有皱纹，周边具裸露带，近白色至浅褐色，具光泽；假根暗褐色至黑色，顶端常呈灰白色，单一不分枝；子囊盘和分生孢子器未见。

微观特征 地衣体上皮层由假栅栏组织构成，厚 13~15 μm；藻层厚 12~16 μm，藻细胞绿色，圆形至近圆形，直径为 2.0~4.0 μm；髓层厚 15~25 μm；下皮层由假栅栏组织构成，厚 15~18 μm。

区域内生境 林中靠近山路路边岩石表面。

国内分布 广布种。

第九章
牛肝菌

孔叶衣

棒大叶梅

第九章
牛肝菌

亚粗星叶衣

圆头珊瑚枝

苦木板文衣

Thecaria quassiicola Fée, [as 'quassiaecola'], Essai Crypt. Exot. (Paris): xcii, tab. I, fig. 16 (1825) [1824]

宏观形态 地衣体壳状，赭色或橄榄绿色，表面平滑，有皱褶及裂纹；具假皮层；子囊盘圆形至长圆形，末端钝圆，线盘饱满，贴生于地衣体体表，基部变窄，体质边缘沿盘唇向上延伸到达唇口处，盘唇无黑色碳化的果壳，唇口完全打开，盘面可见明显白色粉霜，两侧盘唇垂直竖起，高 0.5~1.0 mm；盘被完全碳化，两侧果壳外被体质菌丝包被，壳缘被体质边缘完全覆盖，基部碳化区域加厚，并向囊层基及子实下层延伸，子实层与两侧果壳分界明显。

微观特征 子实层，具有明显油滴，I-；囊层被棕色，发育良好；侧丝无色至浅棕色，排列不规则，端部有或无分叉，端部膨大；子囊棒状，含 4~8 孢，孢子为褐色或棕褐色，孢子外围有时可见一层透明光晕，胞室呈砖壁型排列，孢子 55~103×15~23 μm，I+ 棕色或红棕色。

区域内生境 山中海拔相对较低的林中树皮。

国内分布 华东，华南。

牛角松萝

Usnea cornuta Körb., Parerga lichenol. (Breslau) 1: 2 (1859) [1865]

宏观形态 地衣体枝状，高 25~50 mm，分枝粗 0.3~1.0 mm，散生或稀疏丛生，圆柱形，黄绿色至绿色，不规则二叉分枝，次生分枝众多，分枝点常有裂纹；与基物相连的地衣体基部呈红色；质地坚韧，木质化程度较高；密生点状假杯点；子囊盘和分生孢子器未见。

微观特征 分枝圆柱状，外周皮层由假薄壁组织构成，淡黄色，厚 25~50 μm；皮层以下成簇存在藻细胞，藻细胞绿色，单胞，球形，直径约 5.0 μm；中央为轴，轴圆形，实心，直径 100~120 μm。

区域内生境 山中针叶混交林树皮。

国内分布 华东，华南。

第九章
牛肝菌

苦木板文衣

牛角松萝

类莲座韦氏橙衣

Wetmoreana decipioides (Arup) Arup, Søchting & Frödén, Nordic J Bot. 31(1): 66 (2013)

宏观形态　地衣体宽 20~70 mm，细小叶状，圆形或不规则扩展，紧密贴生于岩石基物；裂片 0.5×0.2 mm，狭窄，顶端浅裂，二分或多分分叉，钝圆形；上表面黄色至橙黄色，无光泽，周缘离生，中央有龟裂及疣状突出；覆盖白色粉霜；无粉芽和裂芽；下表面蛛网状至浅褐色；子囊盘及分生孢子器未见。

微观特征　地衣体上皮层由假薄壁组织构成，厚 25~37 μm；藻层连续，厚约 37 μm，藻细胞绿色，球形，单细胞，直径 5.0~7.5 μm；髓层厚 7.5~87.0 μm；下皮层由假薄壁组织构成，厚约 25 μm。

区域内生境　山中路边岩石表面。

国内分布　华东。

类莲座韦氏橙衣

附录1 部分大型真菌形态特征名称图示

在野外调查过程中,常用勾选图示的方法快速准确记录物种的宏观形态。常见伞菌宏观形态见下图。

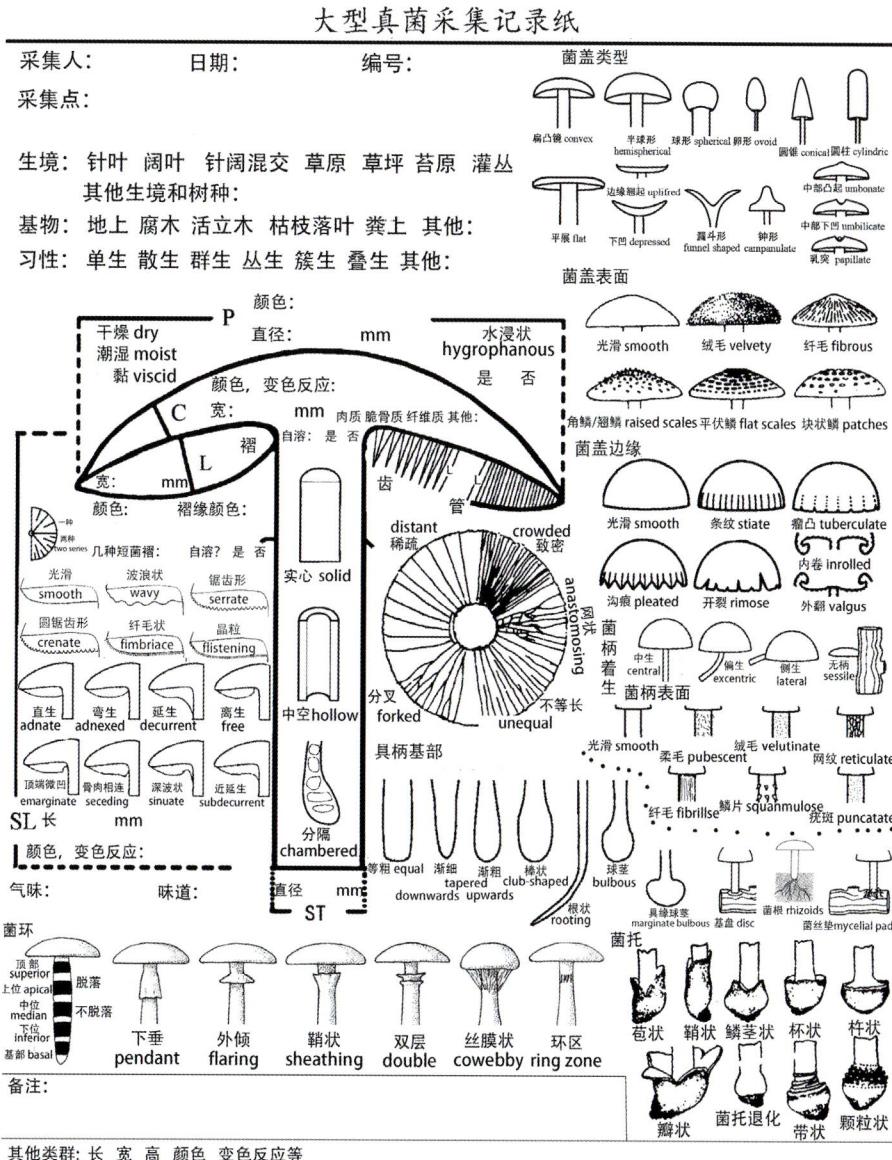

图1 大型真菌宏观形态快速记录纸

想要更系统地了解大型真菌常见分类特征，可以进一步阅读下述内容。

● **子实体**

在高等真菌生殖过程中，形成用于容纳孢子的已组织化了的菌丝体称为子实体。在担子菌中又叫担子果或担子体，在子囊菌中又叫子囊果、子囊体和子座等。对于伞菌的子实体，其宏观形态可分为：菌盖、菌褶、菌柄、菌环和菌托等结构。但并非所有的伞菌种类都具有这些

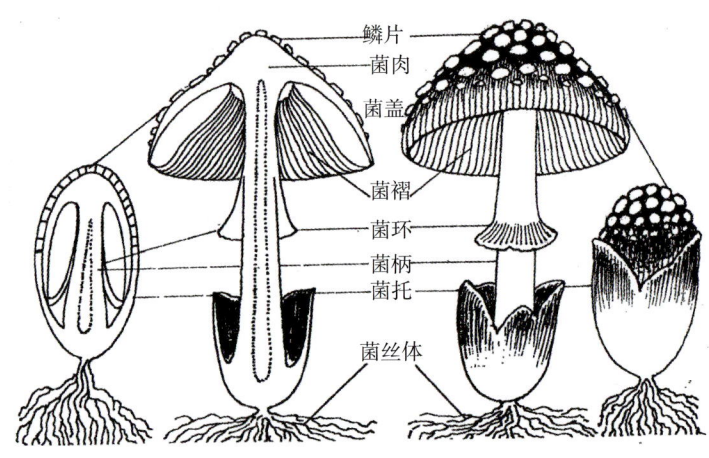

图2 伞菌形态结构示意图（引自《中国大型真菌》）

结构，如草菇属物种有菌托，没有菌环；靴耳属多数物种无菌柄等。因此这些结构的有无、形状和大小等特征是大型真菌分类的重要依据。

● **菌盖**

菌盖是子实体的帽状部分，记录其形状以成熟时为标准，大致有半球形、凸镜形、扁凸镜形、平展、钟形、圆锥形、抛物面形、平截形、中央突起等。菌盖中央部位可分为平展、中突、脐状下凹等。除了要注意菌盖形状及大小，还要观察记录菌盖边缘的特征，如菌盖边缘外翻或内卷；平滑有无条纹，有无撕裂，边缘表皮有无延伸等。菌盖表面有的光滑，有的有皱纹、条纹或龟裂，有的干燥，有的湿润、水浸状、胶黏或黏滑，有的表面具角锥状、疣状、纤毛状、丛毛状鳞片或粉末状鳞片，还有的表面虽光滑，但有隐生花斑或花纹。不少种类子实体鳞片极易脱落或逐渐脱落。

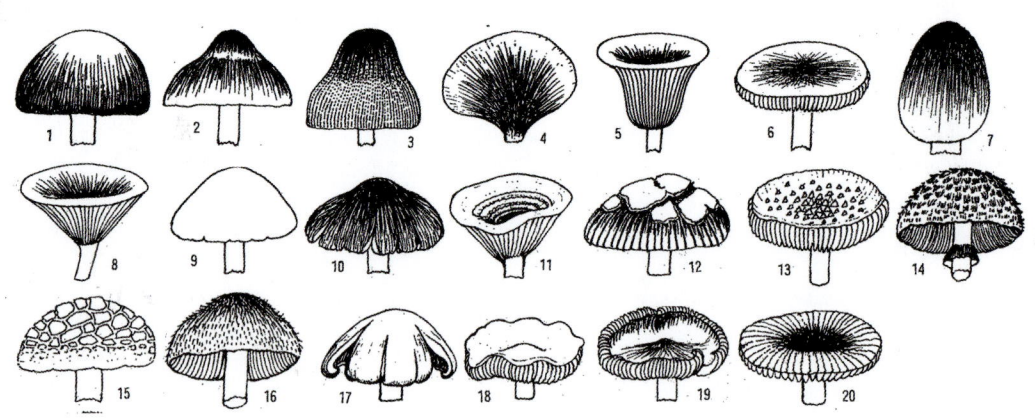

图3 菌盖特征（引自《中国大型真菌》）

1. 半球形；2. 斗笠形；3. 钟形；4. 扇形；5. 杯状；6. 平展；7. 卵圆形；8. 漏斗形；9. 表面光滑；10. 具毛状条纹；11. 具环纹；12. 具块状鳞片；13. 具角锥状鳞片；14. 被纤毛状丛生鳞片；15. 龟裂片状鳞片；16. 具短毛；17. 边缘开裂且内卷；18. 边缘波状；19. 边缘外翻；20. 边缘有条棱

● 菌肉

菌盖表皮层下面是菌盖菌肉。应在子实体新鲜状态下观察菌盖表皮是否与菌肉易分离，如香菇的表皮与菌肉不易分开，而毒红菇的表皮层则可大片地从菌肉撕离下来。菌肉白色或有色，但有的物种菌肉伤后变色。再者如乳菇属和多汁乳菇属，新鲜子实体伤后多会流出乳汁，部分物种乳汁颜色又有变化。菌肉受伤后是否变色，是否有乳汁，乳汁是否变色，同样是分类上的重要特征。

● 菌管和菌褶

菌盖下面辐射状生长的薄片称为菌褶。牛肝菌、多孔菌的菌盖下面生长着向下垂直的管状结构称为菌管。鸡油菌科的喇叭菌和鸡油菌子实层在菌盖下侧面形成皱纹或棱嵴，这种结构有时在外形上无异于伞菌的真正菌褶。但从发育上看，其与真正的菌褶明显不同。菌褶颜色和其与菌柄的着生方式，常可作为属级的分类特征。菌褶与菌柄的着生方式一般常见或基本的类型为离生、弯生、直生或延生。离生，又称为游生，菌褶内端不与菌柄接触；弯生，又称为凹生，菌褶内端与菌柄着生处呈一弯曲；直生，又称为贴生，菌褶内端呈直角状着生于菌柄上；延生，菌褶内端沿菌柄下延。针对菌管主要观察菌管及孔口的颜色、形状，并测量菌管的长度及直径，此外还应注意菌管与菌肉是否容易脱离等特征。

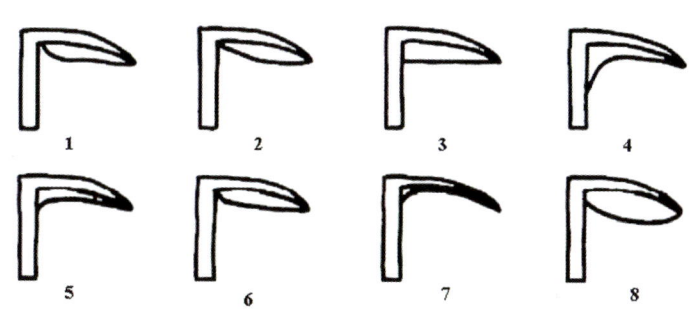

图4　菌褶与菌柄的着生关系（引自 Knudsen et al., 2008）
1. 离生；2. 弯生；3. 直生；4. 延生；5. 具有延生的齿；6. 顶端微凹；7. 弓形；8. 腹鼓状

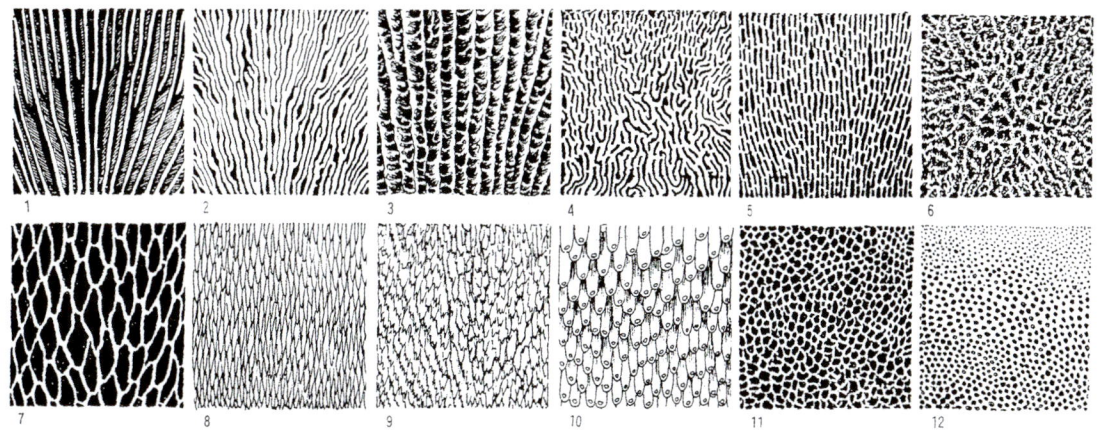

图5　菌管类型示意图（引自《中国大型真菌》）
1. 褶状；2. 褶棱多分叉；3. 褶孔；4. 迷孔状；5. 拟长方形孔口；6. 孔口褶皱；7. 多角形孔口；8. 菱角形孔口；9. 锯齿状；10. 齿状；11. 近圆形孔口；12. 小管状

● 菌柄、菌环和菌托

在伞菌中，有些种类无菌柄或仅具短柄，但多数种类具有圆柱形的菌柄。菌柄的长短、大小、形状、质地及颜色因蘑菇种类不同而有差异，有肉质、纤维质、脆骨质、半革质至革质。与菌盖着生关系，多为中生，即菌柄生菌盖中央；菌柄生于菌盖中央稍偏一些的为偏生；菌柄生菌盖一侧的为侧生。菌柄表面有的光滑，有的具鳞片或条纹。菌柄有圆柱形、棒状、纺锤形等，通常直立，也有弯曲或扭转等；菌柄基部有的膨大呈球形，或下延呈假根状，这些特征在分类鉴定时有一定的意义。菌柄内部松软、中空或中实。有的种类随着子实体的成长可由中实变为中空。

一般认为，菌托是外菌幕遗留在菌柄基部的袋状或环状结构，菌环是内菌幕残留在菌柄上的环状物。蘑菇目中不少种类具菌环，如环柄菇属；或有菌托，如鹅膏属。菌环或菌托存在与否及其形态特征的差异，在分类鉴定上具有重要意义。

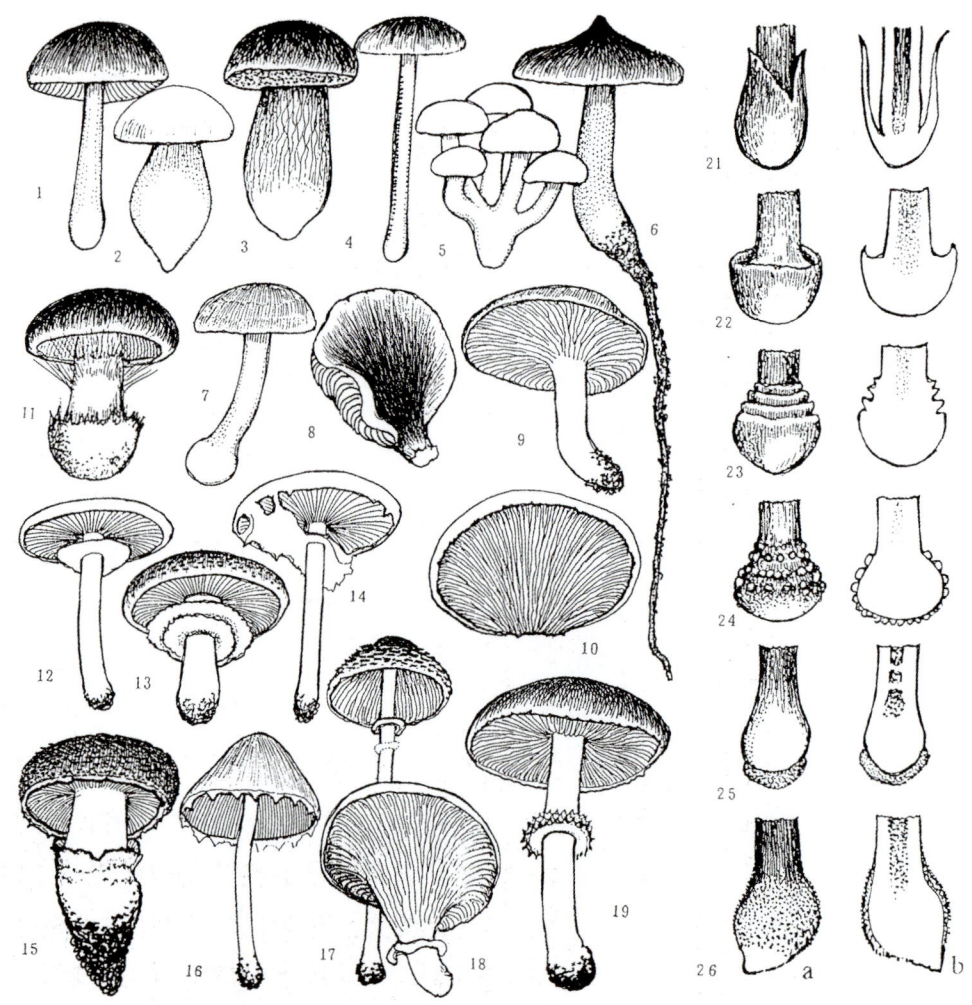

图6 菌柄、菌环、菌托类型示意图（引自《中国大型真菌》）

1~10菌柄：1.棒状；2.纺锤形；3.膨大具网纹；4.柱状；5.分枝；6.基部根状延伸；7.柄中生，基部膨大近球形；8.柄侧生；9.柄偏生；10.无柄。11~19菌环：11.呈蛛网状；12.膜质单层；13.双层；14.易破碎；15.生基部；16.破碎后附菌盖边缘；17.菌环可上下移动；18.较厚；19.呈齿轮状。21~26菌托：21.袋状（苞状）型；22.浅杯型；23.领口型；24.颗粒型；25.小托型；26.粉托型（a.菌托，b.菌托剖面）

● 子实层

子实层是真菌由子囊或担子等组成的可育层，整齐排列成栅栏状。对其内部结构的观察是大型真菌鉴定非常重要的环节。一般说来，担子菌的子实层比子囊菌的要复杂，主要包括担子、担孢子、囊状体等。在伞菌、牛肝菌和多孔菌中，子实层着生于菌褶两侧或菌管周壁上，故菌褶和菌管又称为子实层体。伏革菌的子实层生于平展的子实体上；珊瑚菌的子实体分枝，子实层生于全部分枝的表面；齿菌的子实层生于子实体的齿或刺的表面；在子囊菌中，子实层由子囊和侧丝组成；盘菌属的子实层生于盘状子实体的内表面；羊肚菌属的子实层生于头部凹坑中而棱上缺生；马鞍菌属的子实层生于菌盖表面。

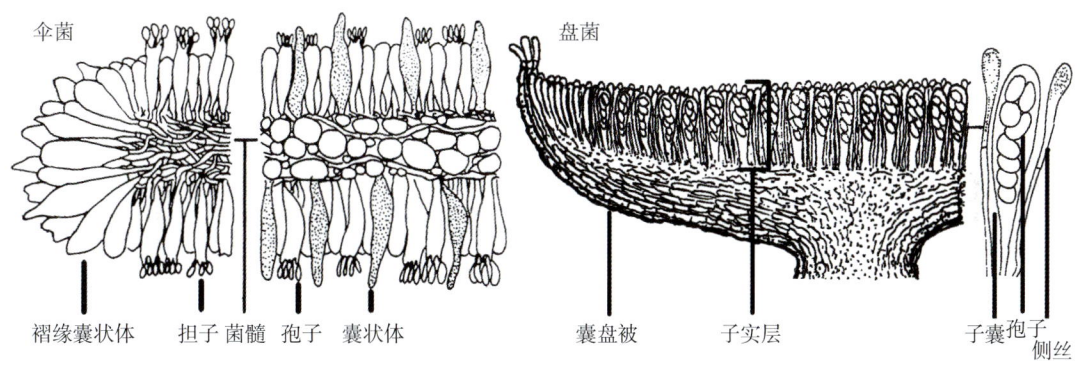

图 7　子实层示意图（引自《蕈菌分类学》）

● 担子、孢子和囊状体

在担子菌中，担子的构造和形状有很大差异，其在属及以上高阶分类单元的划定中是很重要的分类标准。典型的伞菌和牛肝菌担子是单细胞、薄壁，通常产生 4 个担孢子，成熟时担子呈棍棒状至宽棍棒状，幼小时呈纺锤形至窄棍棒状，称为无隔担子，而胶质真菌中担子是多细胞，形状各异，也称为有隔担子，如木耳目物种为横隔担子，银耳目物种为纵隔担子。

孢子的形状、大小、颜色、表面特征和孢壁厚度等是进行分类的重要依据之一。为观察到成熟的、已弹射的孢子，最好从孢子印上取。如未制取孢子印，可将一小块菌褶放在载玻片上，新鲜标本可直接用水作为浮载剂，干标本可用 5% 氢氧化钾或 10% 氨水作为浮载剂进行观察。研究干标本时要比研究新鲜材料时需要观察更多的孢子，因为有些孢子在烘干过程中会萎缩或变形，而且可能观察到一些未成熟的或不正常的孢子。

值得注意的是我们常说的孢子的颜色是指在显微镜下的颜色，孢子印的颜色往往与显微镜下孢子的颜色有较大的差异。一般观察其在水中的颜色即可，同时也要注意一些物种孢子在碱性溶液中的变化。此外还需使用梅尔泽试剂检测孢子是否为淀粉质。

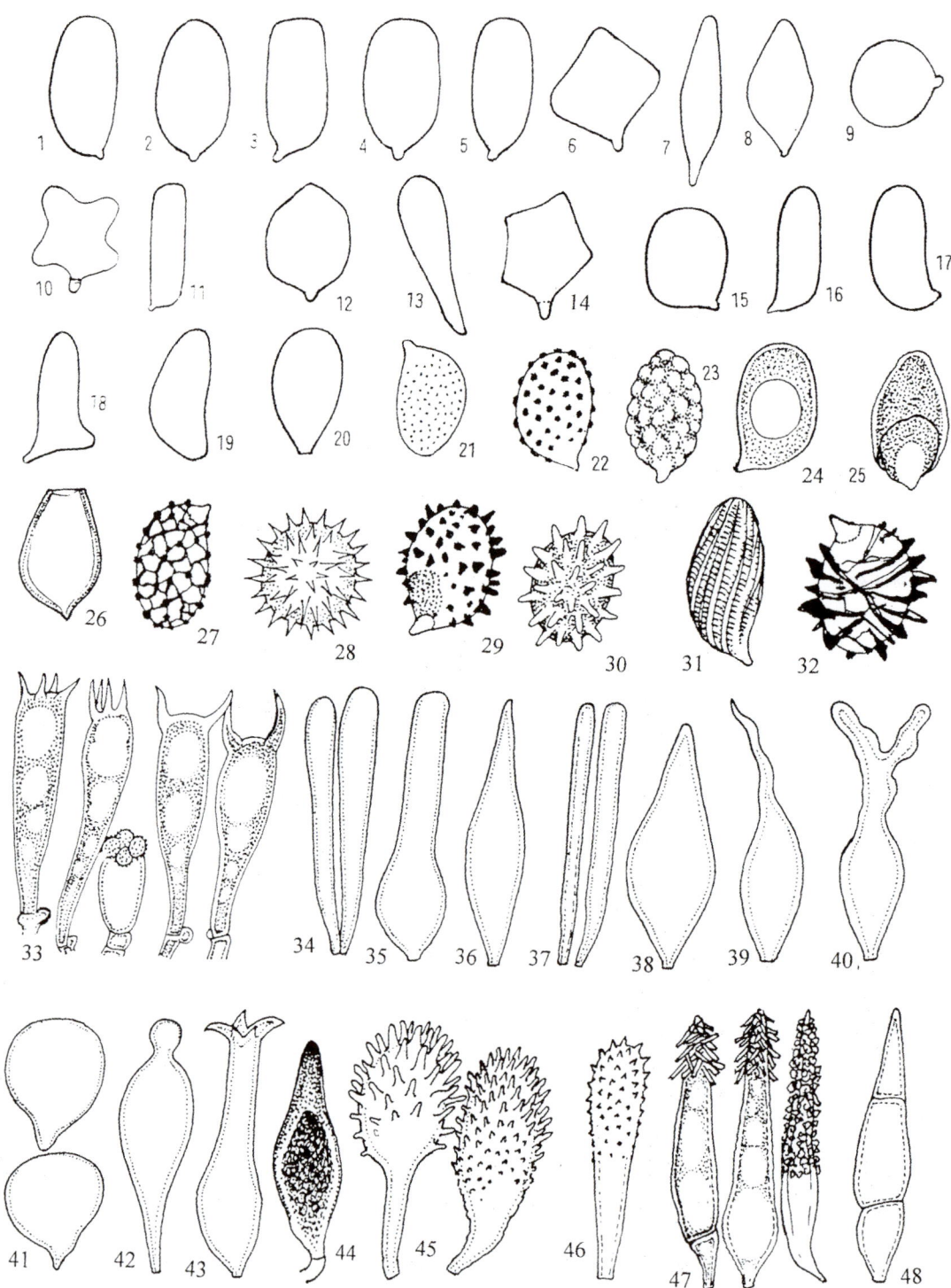

图 8 孢子、担子、囊状体示意图（引自《中国大型真菌》）

1~32 孢子：1. 椭圆形；2. 卵圆形；3. 长方椭圆形；4. 宽椭圆形；5. 长椭圆形；6. 近方形；7. 近梭形；8. 纺锤形；9. 球形；10. 星形；11. 短圆柱形；12. 柠檬形；13. 棒状；14. 角形；15. 近球形；16. 不等边长椭圆形；17. 菜豆种籽形；18. 不正形；19. 近肾脏形；20. 瓜子形；21. 表面粗糙具小点；22. 具小疣；23. 具小瘤；24. 含油滴；25. 具盔状膜；26. 具芽孔；27. 具网纹；28. 具刺；29. 具刺疣；30. 具指状突起；31. 具条纹及横纹；32. 具刺棱。33. 担子具 2~4 小梗。34~48 囊状体：34. 棒状；35. 长颈瓶形；36. 梭形；37. 柱状；38. 纺锤形；39. 顶端尾状；40. 顶端分枝；41. 梨形；42. 囊状顶端头状膨大；43. 顶端角形；44. 厚壁有内含物；45. 具指刺；46. 具短刺；47. 顶端有附属物；48. 有横隔

测量孢子大小时一般测两个数值，即孢子的长度和宽度，一般包括其纹饰，不包括脐侧附胞，但像红菇等孢子纹饰极其大的除外，这些种的纹饰需单独测量。孢子大小的范围及平均大小在物种的鉴定种极为重要，因此在测量时至少要测 20 个成熟孢子，当测得的孢子大小差距过大时需要测 50 个以上的成熟孢子。用数学统计方式表示所测得的数据，如 90% 以上的孢子长度集中在 10~13 μm，最小长度为 9.0 μm，最大为 14.0 μm，该份标本孢子长度应表示为：(9.0~)10~13(~14) μm。在测量孢子的长宽后还可以计算出 Q 值（Q= 长 / 宽）。Q 值是定义孢子形状的重要依据：球形 Q=1.01~1.05；近球形 Q=1.05~1.15；宽椭圆形 Q=1.15~1.30；椭圆形 Q=1.30~1.60；长椭圆形 Q=1.60~2.0；圆柱形 Q=2.0~3.0；杆状 Q＞3.0。

囊状体是子实层上特殊化的菌丝末端细胞，不产生担孢子，即不育细胞。它们一般都比担子大而且形状特殊，不同种之间差异较大。囊状体着生位置不限于菌褶表面，因此又常以其着生位置不同而有不同名称。着生于菌褶两侧面上的称为侧生囊状体（褶侧囊状体），长在菌褶边缘的称为缘生囊状体（褶缘囊状体），着生于菌盖上的称为盖生囊状体，着生于菌柄上的称为柄生囊状体。囊状体的有无及形状、大小常是分类的重要依据。

● **菌肉菌丝和菌盖表皮**

菌丝分为三种类型。生殖菌丝：一般为透明、薄壁的次生菌丝，多数具锁状联合，有分枝和隔膜，是子实体构成的基础；骨架菌丝：正常情况下厚壁到实心，不分枝或偶见分枝，无隔膜，从无色到淡黄褐色，淡红色或其他颜色；缠绕菌丝：厚壁到实心，无隔膜，常分枝，在子实体中起缠绕作用。并非所有的子实体都具有骨架菌丝和缠绕菌丝，骨架菌丝和缠绕菌丝的有无在多孔菌及革菌的分类中具有重要作用。对于伞菌，多数物种仅具有薄壁的生殖菌丝。但其可特化形成两种类型：全部由丝状菌丝组成，即同型菌丝；由丝状菌丝夹杂泡囊状菌丝组成，即异型菌丝，如红菇。

盖皮菌丝是菌盖表面最外层的菌丝，其排列方式也是分类的重要依据。一般常见的盖皮类型有表皮型、毛皮型、上皮型 (等径细胞型) 和膜皮型等。此外还需注意盖皮菌丝细胞是否具有颜色和色素分布位置，一般分为细胞内色素、细胞壁色素及细胞壁外结痂色素。细胞壁外结痂色素较容易观察和识别。对于干标本来说，细胞内色素在水中呈现分布不均匀，在氢氧化钾等碱性溶液中会均匀分散。细胞壁色素在水和碱性溶液中分布都非常均匀。

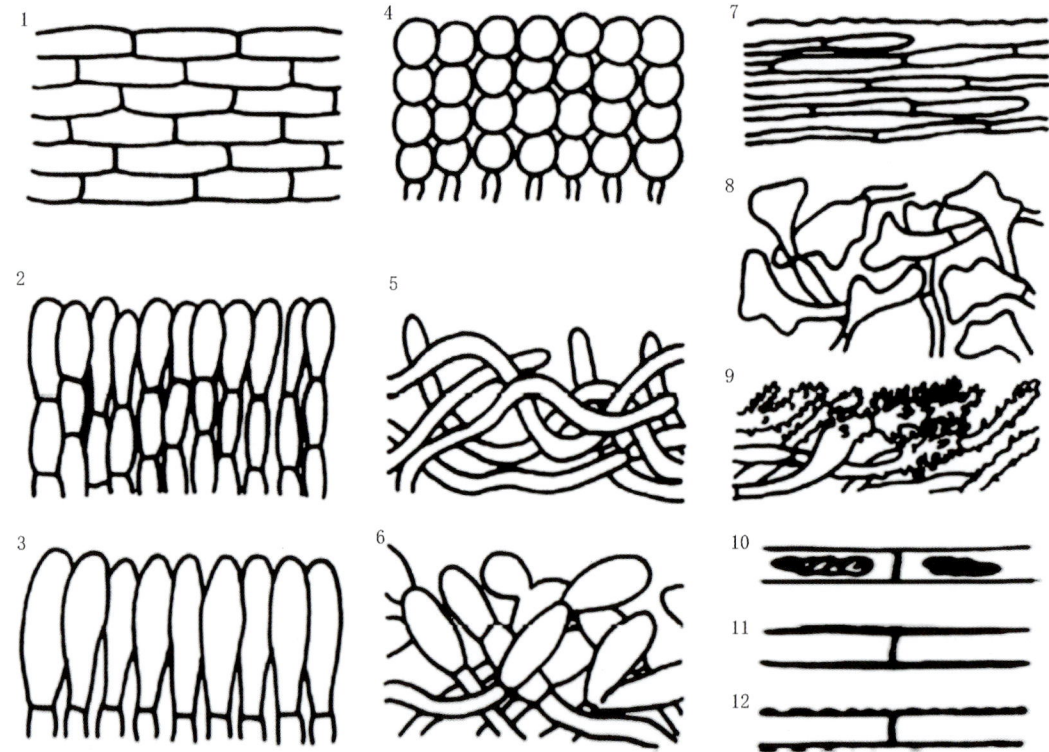

图 9　盖皮类型示意图（引自 Knudsen et al., 2008）
1. 表皮型；2. 毛皮型；3. 膜皮型；4. 上皮型；5. 绒毛型；6 棒状皮型；7 黏表皮型；8. 薄叶山矾皮型；9. 表面具柱突起；10. 细胞内色素；11. 细胞壁色素；12. 细胞外结痂色素

附录2
真菌中文名索引

A

阿地胶囊伏革菌 /118
阿帕锥盖伞 /242
阿氏盔孢伞 /270
暗柄环柄菇 /314
暗褐网柄牛肝菌 /416
暗色胶角耳 /044
暗缘乳菇 /298

B

白蛋巢菌 /070
白膏新小薄孔菌 /142
白黄下皮黑孔菌 /092
白脉鸡油菌 /198
白囊耙齿菌 /130
白小鬼伞 /244
白新棱孔菌 /142
白足裸脚伞 /284
棒大叶梅 /434
薄皮干酪菌 /190
贝拉红菇 /362
被子植物耳壳菌 /102
扁平拟层孔菌 /110
变黄红菇 /366
变色光柄菇 /350
变色栓菌 /184
波状拟金钱菌 /240
伯灵格姆红菇 /362

C

残托鹅膏有环变型 /226
苍白小皮伞 /322

槽盖黄白脆柄菇 /234
草鸡枞鹅膏 /214
蝉花虫草 /004
长孢沃尔夫盘菌 /030
长颈金牛肝菌 /390
长条棱鹅膏 /218
长囊圆孔牛肝菌 /402
车俄金银耳 /050
橙红二头孢盘菌 /010
橙黄臧氏牛肝菌 /424
橙牛肝菌 /398
橙色齿耳 /170
匙盖假花耳 /046
齿缘靴耳 /250
椿象线虫草 /018
纯黄竹荪 /076
刺柄集毛孔菌 /96
刺毛小果皮伞 /358
刺囊射脉菌 /150
丛生粉褶菌 /262
粗糙鳞盖菇 /256
粗瓦衣 /430
脆珊瑚菌 /058

D

大孢小舌菌 /016
大盖兰茂牛肝菌 /410
大盖小皮伞 /322
大黄刺革菌 /128
大津粉孢牛肝菌 /422
大链担耳 /050

大哑铃孢 /432
单隔尖朽菌 /140
单色下皮黑孔菌 /092
单系假薄孔菌 /160
淡黄褐卧孔菌 /110
淡紫锁瑚菌 /060
淡紫紫孢霉 /024
蛋黄色红菇 /376
地生炭角菌 /038
点柄黄红菇 /374
点地梅裸脚伞 /280
淀粉枝瑚菌 /064
貂皮丽蘑 /230
东方叉褶菇 /338
东方脆孔菌 /192
东方耳匙菌 /086
东方褐盖金牛肝菌 /394
东方近裸拟金钱菌 /238
毒环柄菇 /316
独角龙团毛棒虫草 /028
短柄黑斑根孔菌 /154
短担多孔菌 /160
短毛木耳 /042
多环鳞伞 /346
多色裸脚伞 /284
多形油囊蘑 /382
多疣波边革菌 /102
多皱马鞍菌 /012

E

二瓣小蘑菇 /328

451

二裂趋木齿菌 /194
二年残孔菌 /084
二形附毛孔菌 /186

F

方形粉褶菌 /268
非交织刺革菌 /126
非洲雪白拟鬼伞 /246
肺形侧耳 /350
粉被褶孔牛肝菌 /414
粉盖粉褶菌 /266
粉芽粉盘衣 /430
粉褶鹅膏 /216
枫香炭角菌 /036
蜂头线虫草 /022
伏革拟射脉菌 /148
复瓣黑刺革菌 /126

G

干巴菌 /178
干小皮伞 /326
高水紫孢霉 /026
格纹鹅膏 /214
冠状孢红菇 /364
莞岛毛皮伞 /254
光柄径边菇 /286
光栓菌 /182
光硬皮马勃 /080
广西灵芝 /114
贵州绿僵菌 /014

H

褐岸生小菇 /360
褐点粉末牛肝菌 /414
褐红炭褶菌 /230
褐色圆孔牛肝菌 /404
褐扇小孔菌 /138
褐小孔菌 /136
黑柄炭角菌 /036

黑盖蘑菇 /208
红白小皮伞 /326
红柄小蘑菇 /334
红点杵托鹅膏 /212
红盖金牛肝菌 /392
红盖小皮伞 /320
红根红菇 /370
红褐鹅膏 /218
红褐乳菇 /308
红褐小蘑菇 /336
红头石蕊 /428
厚壁褶孔牛肝菌 /412
厚集毛孔菌 /094
厚瓤牛肝菌 /408
厚丝假赖特卧孔菌 /162
忽略乳菇 /306
华粉蓝牛肝菌 /400
华苦口蘑 /380
华南干巴菌 /178
华南集毛菌 /094
华柔斜盖伞 /236
桦褶孔菌 /132
环柄韧伞 /312
环沟拟锁瑚菌 /062
黄白脆柄菇 /232
黄柄小孔菌 /138
黄侧火菇 /348
黄褐韧革菌 /176
黄假杯点衣 /436
黄脚牛肝菌 /404
黄喇叭菌 /202
黄鳞丽丝盖伞 /318
黄绿鸡油菌 /198
黄纤丝蘑菇 /206
灰褐喇叭菌 /200
灰黑湿伞 /290
灰花纹鹅膏 /216

灰孔新小层孔菌 /144
灰绒罗叶腹菌 /078

J

鸡油湿伞 /288
鸡足山乳菇 /302
极细粉褶菌 /266
假格纹鹅膏 /220
假褐云斑鹅膏 /222
假近乌黑粉褶菌 /268
假美味红菇 /368
假黏靴耳 /250
假球囊小蘑菇 /334
假稀褶多汁乳菇 /310
假粘小奥德蘑 /342
尖头线虫草 /020
江西粉孢牛肝菌 /420
江西线虫草 /018
胶质刺银耳 /048
蕉孢炭角菌 /032
角质胶角耳 /044
结晶垫革菌 /168
结晶松肉菌 /132
金龟子白僵菌 /002
金丝趋木革菌 /194
金汁乳菇 /302
近棒状老伞 /274
近东方褐盖鹅膏 /224
近江粉褶菌 /264
近栎叶生假小皮伞 /354
近栗色环柄菇 /314
近菱双孢拟鬼伞 /246
近肾孢垫革菌 /168
近铁色褐孔菌 /112
近网柄黑斑根孔菌 /156
近网纹马勃 /074
近辛格黄白脆柄菇 /232
近烟色墙皮菌 /140

近易碎小蘑菇 /332
近紫柄红菇 /368
景宁蘑菇 /206
九龙江珊瑚菌 /058
巨大侧耳 /348
聚筛蕊 /428

K
卡拉拉裸盖菇 /356
卡玛蜡孔菌 /090
卡斯坦耳壳菌 /104
糠鳞小蘑菇 /330
柯克黄囊伞 /258
柯氏尿囊菌 /328
孔叶衣 /434
苦木板文衣 /440
库夫曼干脐菇 /384
库鲁瓦老伞 /272
盔状毛伞 /234

L
癞拟层孔菌 /156
蓝伏革菌 /162
蓝鳞粉褶菌 /260
类莲座韦氏橙衣 /442
冷杉附毛孔菌 /186
里德湿伞 /290
利奥硬皮地星 /068
栗色金牛肝菌 /390
亮丝扇菇 /344
裂刺孔菌 /124
裂丝盖伞 /354
裂褶菌 /378
林生老伞 /274
灵芝 /114
流苏集毛孔菌 /096
硫色蘑菇 /210
龙谷红菇 /372

龙脑香毛皮伞肉桂色变型 /254
漏斗韧伞 /310
漏斗形拟假芝 /164
潞西褶孔牛肝菌 /412
卵孢奥德蘑 /342
卵孢鹅膏 /220
卵孢趋木齿菌 /196
轮纹韧革菌 /176
轮小皮伞 /324
萝卜味金牛肝菌 /392
裸柄小果皮伞 /356
绿盖裘氏牛肝菌 /398
绿盖粘柄牛肝菌 /400
绿花干巴菌 /180
略薄盘革耳 /106

M
马来隔孢伏革菌 /148
马尾松拟层孔菌 /108
脉褶粉褶菌 /264
蛮高蘑菇 /208
毛木耳 /042
毛足小皮伞 /320
帽形蜂窝菌 /122
梅内胡拟金钱菌 /238
美丽乳菇 /304
勐宋马勃 /072
密集红菇 /364
密鳞新牛肝菌 /410
牡竹干腐菌 /170
木生炭角菌 /032

N
奶油滑孔菌 /100
南比新伪革菌 /340
南方半粗毛柄裸脚伞 /280
南方喙囊乳菇 /300
南方轮纹乳菇 /300

南方原毛平革菌 /150
脑状花耳 /046
嫩白红菇 /366
拟细羽束梗孢 /024
拟杨锐孔菌 /146
牛角松萝 /440

O
欧石楠马勃 /072

P
平凡乳菇 /304
平盖靴耳 /248
平滑边假小孢伞 /352
平滑炭角菌 /034
平丝变色卧孔菌 /154
普洱齿耳 /172
普陀条孢牛肝菌 /394

Q
脐状裸脚伞 /282
启迪轮层炭壳 /008
浅黄赖特卧孔菌 /192
蔷薇暗色银耳 /048
翅鳞蛋黄丝盖伞 /292
翅鳞韧伞 /312
鞘状鸡油菌 /200
琼那盾盘菌 /026
球囊小蘑菇 /330
缺孢肉平革菌 /100
雀斑豪斯克菌 /286

R
热带产丝齿菌 /128
热带垂齿伞 /298
热带角孔菌 /090
日本斑叶 /426
日本蜡蘑 /294
日本奶酪孔菌 /088

日本网孢牛肝菌 /406
绒柄革耳 /346
绒柄拟金钱菌 /240
绒盖粉褶菌 /270
绒毡鹅膏 /226
柔美刺皮耳 /120
肉色锥盖伞 /242
乳白粉褶菌 /262
乳突锥盖伞 /244
锐棘秃马勃 /070
锐角珊瑚菌 /056
润滑锤舌菌 /014

S

萨摩亚银耳 /052
三叉鬼笔 /078
三角小滴孔菌 /158
散生珊瑚菌 /056
森林拟射脉菌 /152
沙橘鹅膏 /212
杉木刺鼻孔菌 /084
珊瑚状猴头 /120
深褐圆孔牛肝菌 /402
束生羽囊菌 /062
双环蘑菇 /204
双色蜡蘑 /294
双型假根毛皮伞 /252
松林乳牛肝菌 /418
蒜味裸脚伞 /278
梭伦小滴孔菌 /158

T

条盖靴耳 /252
铜绿绿杯盘菌 /004
土红粉盖鹅膏 /222
椭圆巨孔菌 /130

W

弯柄蜡蘑 /296

网柄罗氏牛肝菌 /418
网孔环纹炭团菌 /002
网纹丽口菌 /068
网纹马勃 /074
威帕特假小孢伞 /352
微孢小薄孔菌 /086
微扁沃利雅炭皮菌 /030
微灰齿脉菌 /134
微小蘑菇 /332
魏氏集毛孔菌 /098
无节微皮伞 /318
无量山革菌 /180
无毛鳞盖菇 /256
无囊垫革菌 /166
五指山炭角菌 /038
武夷裂隙衣 /432
武夷山线虫草 /022
武夷山小蘑菇 /338

X

稀少裸脚伞变细变种 /282
细齿齿耳 /174
细脚虫草 /006
细脚小蘑菇 /336
细小乳菇 /306
细长棘刚毛菌 /104
狭囊蘑菇 /204
狭长孢灵芝 /116
下垂线虫草 /018
仙人掌绵腹衣 /426
鲜艳乳菇 /308
香味齿孔菌 /136
象头山美牛肝菌 /396
小孢裂伏革菌 /166
小孢扇菇 /344
小蝉线虫草 /020
小淡盘衣 /008
小盖蘑菇 /210

小干酪菌 /190
小果蚁巢伞 /380
小集毛孔菌 /098
小假疣柄牛肝菌 /406
小蜡蘑 /296
小老伞 /272
小晚膜盘菌 /012
小型小皮伞 /324
辛巴红蛋巢菌 /076
新苦粉孢牛肝菌 /420
星叶衣 /436
锈色齿耳 /174
血红菇 /372
血红栓菌 /184

Y

亚粗星叶衣 /438
亚黑紫红菇 /374
亚弯柄灵芝 /118
亚稀褶红菇 /376
亚小绒盖牛肝菌 /422
亚洲靴耳 /248
烟管菌 /088
烟色红菇 /360
叶生黏盖伞 /276
蚁窝线虫草 /016
异刺小菇 /228
易逝无环蜜环菌 /260
易碎白鬼伞 /316
荫蔽地舌菌 /010
银耳 /052
银丝草菇 /382
印度藓菇 /358
硬白孔层孔菌 /146
硬毛栓菌 /182
蛹虫草 /006
有柄灵芝 /112
圆孢亚侧耳 /288

圆头珊瑚枝 /438
鸳鸯小菇 /340
云南硬皮马勃 /080
云芝 /184

Z

窄孢胶陀盘菌 /028
窄孔嗜蓝孢孔菌 /106
张飞网柄牛肝菌 /416
赭白畸孢孔菌 /188
赭白疏伏革菌 /134
赭黄齿耳 /172
赭黄囊伞 /258

赭色裸伞 /278
赭紫硬孔菌 /164
浙江红菇 /378
针刺孔菌 /124
针叶小匙孔菌 /188
芝麻厚瓤牛肝菌 /408
中国囊孔菌 /122
中华鹅膏 /224
中华干蘑 /384
中华丽烛衣 /064
中华拟射脉菌 /152
重孔金牛肝菌 /388

皱波斜盖伞 /236
皱锁瑚菌少皱变种 /060
诸键老伞 /276
竹拟层孔菌 /108
锥鳞白鹅膏 /228
锥鳞金牛肝菌 /388
紫褐黑孔菌 /144
紫褐牛肝菌 /396
紫蜡蘑 /292
紫灵芝 /116
紫疣红菇 /370
棕红炭角菌 /034

附录3
真菌拉丁学名种加词索引

A

abietinum, *Trichaptum*/186
absoluta, *Dibaeis*/008
acanthocystis, *Phlebia*/150
aculeobasidiata, *Eichleriella*/106
acuta, *Clavaria*/056
acystidiatum, *Scytinostroma*/166
adusta, *Bjerkandera*/088
adusta, *Hymenochaete*/126
adusta, *Russula*/360
aeruginosa, *Chlorociboria*/004
affinis, *Microporus*/136
afronivea, *Coprinopsis*/246
aggregata, *Cladia*/428
albocinnamomea, *Cerrena*/092
albovenosus, *Cantharellus*/198
allantoidea, *Xylaria*/032
alliifoetidissimus, *Gymnopus*/278
amethystina, *Laccaria*/292
amyloidea, *Ramaria*/064
androsaceus, *Gymnopus*/280
angiospermarum, *Dacryobolus*/102
angustata, *Hohenbuehelia*/288
angusticystidiatus, *Agaricus*/204
apala, *Conocybe*/242
applanatus, *Crepidotus*/248
arbuscula, *Xylaria*/032
arcularius, *Lentinus*/310
arenluteus, *Amanita*/212
areolatum, *Annulohypoxylon*/002

areolatum, *Calostoma*/068
asetosus, *Pusillomyces*/356
asianum, *Lepidostroma*/064
asiaticus, *Crepidotus*/248
aspellum, *Gloeocystidiellum*/118
aspersa, *Clavaria*/056
asprata, *Cyptotrama*/256
atkinsoniana, *Galerina*/270
atrobrunneolus, *Craterellus*/200
atromarginatus, *Lactarius*/298
aurantilaetum, *Steccherinum*/170
aurata, *Pseudocyphellaria*/436
auricoma, *Leucoinocybe*/318
australis, *Phanerochaete*/150
austrorostratus, *Lactarius*/300
austrosemihirtipes, *Gymnopus*/280
austrosinensis, *Coltricia*/094
austrosinensis, *Thelephora*/178
austrozonarius, *Lactarius*/300
azureosquamulosum, *Entoloma*/260

B

bambusae, *Fomitopsis*/108
bella, *Russula*/362
betulinus, *Lenzites*/132
bicolor, *Laccaria*/294
biennis, *Abortiporus*/084
bifida, *Micropsalliota*/328
biforme, *Trichaptum*/186
birhizomorpha, *Crinipellis*/252
bombycina, *Volvariella*/382

borreri, *Punctelia*/436

brevibasidiosus, *Polyporus*/160

brevistipitatus, *Picipes*/154

brunnea, *Ripartitella*/360

brunneolimbata, *Amanita*/212

brunneopunctatus, *Pulveroboletus*/414

brunneovinosa, *Xylaria*/034

burlinghamiae, *Russula*/362

C

caespitosum, *Entoloma*/262

camaresiana, *Ceriporia*/090

candolleanus, *Candolleomyces*/232

cantharellus, *Hygrocybe*/288

caojizong, *Amanita*/214

cepa, *Scleroderma*/080

cerebriformis, *Dacrymyces*/046

chanhua, *Cordyceps*/004

cheejenii, *Tremella*/050

cheoi, *Hourangia*/408

chichuensis, *Lactarius*/302

childiae, *Daldinia*/008

chinensis, *Hirschioporus*/122

chioneus, *Tyromyces*/190

chromipes, *Harrya*/404

cinerascens, *Lopharia*/134

citrina, *Zangia*/424

claveliferum, *Parmotrema*/434

coeruleum, *Pulcherricium*/162

cokeriana, *Deconica*/258

commune, *Schizophyllum*/378

compacta, *Russula*/364

conicus, *Aureoboletus*/388

conifericola, *Trullella*/188

coralloides, *Hericium*/120

cornea, *Auricularia*/042

cornea, *Calocera*/044

cornuta, *Usnea*/440

coronaspora, *Russula*/364

crassa, *Coltricia*/094

crassihypha, *Pseudowrightoporia*/162

cremeoalbidus, *Neofavolus*/142

crinipes, *Marasmius*/320

crispus, *Clitopilus*/236

cucullata, *Hexagonia*/122

curtisii, *Meiorganum*/328

D

decipioides, *Wetmoreana*/442

delicata, *Heterochaete*/120

dendrocalami, *Serpula*/170

densizonatum, *Ganoderma*/116

dentatus, *Crepidotus*/250

diademata, *Heterodermia*/432

diffissa, *Hydnoporia*/124

dimiticus, *Xylodon*/194

dipterocarpi f. *cinnamomea*, *Crinipellis*/254

disseminatus, *Coprinellus*/244

dregeana, *Phlebiopsis*/152

dujiaolongae, *Tolypocladium*/028

duplicatoporus, *Aureoboletus*/388

duplocingulatus, *Agaricus*/204

E

efibulata, *Mycoaciella*/140

elegans, *Cymatoderma*/102

ellipsoidea, *Jorgewrightia*/130

ellipsospora, *Crepatura*/100

enodis, *Marasmiellus*/318

epiphylla, *Gloiocephala*/276

ericaeum, *Lycoperdon*/072

erminea, *Calocybe*/230

F

fasciculare, *Pterulicium*/062

fimbriata, *Coltricia*/096

flammea, *Pleuroflammula*/348

flavescens, Russula/366

flaviaquosus, Lactarius/302

floerkeana, Cladonia/428

formicarum, Ophiocordyceps/016

formosus, Lactarius/304

fragilis, Clavaria/058

fragilissimus, Leucocoprinus/316

fragrans, Metuloidea/136

fritillaria, Amanita/214

fuciformis, Tremella/052

fuliginea, Amanita/216

fumosipora, Neofomitella/144

funalis, Pusillomyces/358

furfuracea, Micropsalliota/330

fusca, Calocera/044

fuscus, Retiboletus/416

fusiformis, Pseudocolus/078

G

galeatus, Chaetocalathus/234

ganbajun, Thelephora/178

gelatinosum, Pseudohydnum/048

gibbosum, Ganoderma/112

giganteus, Pleurotus/348

gilva, Fuscoporia/110

glabra, Cyptotrama/256

glabripes, Hodophilus/286

glabrorigens, Trametes/182

glaucoflora, Thelephora/180

globocystis, Micropsalliota/330

gracilioides, Paraisaria/024

griseonigricans, Hygrocybe/290

griseovelutina, Rossbeevera/078

grossus, Phylloporus/412

guangxiense, Ganoderma/114

guizhouense, Metarhizium/014

gypsea, Neoantrodiella/142

H

haematocephalus, Marasmius/320

heteracantha, Amparoina/228

hirsuta, Trametes/182

holothuroides, Calvatia/070

hypertropicalis, Lacrymaria/298

I

incarnata, Conocybe/242

incarnatifolia, Amanita/216

inconspicuus, Lactarius/304

incrustatum, Laxitextum/132

incrustatum, Scytinostroma/168

indica, Rickenella/358

infundibulare, Sanguinoderma/164

innexa, Hymenochaete/126

insignis, Russula/362

J

japonica, Butyrea/088

japonica, Cetrelia/426

japonica, Laccaria/294

japonicus, Heimioporus/404

jiangxiensis, Ophiocordyceps/018

jiangxiensis, Tylopilus/420

jingningensis, Agaricus/206

jiulongjiangensis, Clavaria/058

jungneri, Scutellinia/026

K

karstenii, Dacryobolus/104

kauffmanii, Xeromphalina/384

keralensis, Psilocybe/356

kuruvense, Gerronema/272

L

lacteus, Irpex/130

lacticolor, Entoloma/262

lactineus, Cubamyces/100

laeve, Crucibulum/070

laevis, Xylaria/034

leucosticta, Hausknechtia/286

lilacina, Pseudobaeospora/352

lilacinum, Purpureocillium/024

liliputianus, Lactarius/306

lineatus, Physisporinus/154

lingzhi, Ganoderma/114

liquidambaris, Xylaria/036

longicollis, Aureoboletus/390

longicystidiatus, Gyroporus/402

longistriata, Amanita/218

lubrica, Leotia/014

luteofibrillosus, Agaricus/206

luteola, Wrightoporia/192

luteovirens, Cantharellus/198

luteus, Craterellus/202

luteus, Phallus/076

luxfilamentus, Panellus/344

luxiensis, Phylloporus/412

M

macrocarpa, Lanmaoa/410

macrosporum, Microglossum/016

magnum, Sirobasidium/050

malaiensis, Peniophora/148

mangaoensis, Agaricus/208

marroninus, Aureoboletus/390

massoniana, Fomitopsis/108

maximus, Marasmius/322

melanocarpus, Agaricus/208

memnonius, Gyroporus/402

menehune, Collybiopsis/238

mengsongense, Lycoperdon/072

microcarpum, Gerronema/272

microcarpus, Termitomyces/380

microplaca, Whalleya/030

microserotinus, Hymenoscyphus/012

microspermus, Panellus/344

militaris, Cordyceps/006

minor, Micropsalliota/332

minutulus, Tyromyces/190

mirabilis, Lopharia/134

monomitica, Pseudoantrodia/160

multicingulata, Pholiota/346

multipunctatus, Neoboletus/410

N

nambi, Neonothopanus/340

nanospora, Antrodiella/086

neglectus, Lactarius/306

nemorale, Gerronema/274

neofelleus, Tylopilus/420

nigripes, Xylaria/036

nigritum, Anthracophyllum/230

nigritum, Geoglossum/010

nigropunctata, Hourangia/408

nonnullus var. *attenuatus, Gymnopus*/282

nutans, Ophiocordyceps/018

O

oblongispora, Wolfina/030

ochraceoalbus, Lyomyces/134

ochraceoflavum, Stereum/176

ochraceum, Steccherinum/172

ochraceus, Gymnopilus/278

ochroleuca, Truncospora/188

olivaceoalba, Fistulinella/400

omiense, Entoloma/264

omphalinoides, Gymnopus/282

opuntiella, Anzia/426

orbiforme, Ganoderma/116

orientale, Auriscalpium/086

orientalis, Multifurca/338

orientalis, Vitreoporus/192

orientisubnuda, Collybiopsis/238

orsonii, *Amanita*/218

ostrea, *Stereum*/176

otsuensis, *Tylopilus*/422

ovalispora, *Amanita*/220

ovisporus, *Xylodon*/196

oxycephala, *Ophiocordyceps*/020

P

pallidula, *Russula*/366

pallipes, *Gymnopus*/284

palmicola, *Coccocarpia*/430

palustris, *Pilatoporus*/156

papillata, *Conocybe*/244

paramjitii, *Gyroporus*/404

paravioleipes, *Russula*/368

parva, *Laccaria*/296

parvisporum, *Schizocorticium*/166

parvum, *Hemileccinum*/406

pellucidus, *Marasmius*/322

peniophoroides, *Phaeophlebiopsis*/148

perlatum, *Lycoperdon*/074

phlebophyllum, *Entoloma*/264

piluliferum, *Stereocaulon*/438

pinetorum, *Suillus*/418

polycystis, *Typhrasa*/382

praegracile, *Entoloma*/266

prava, *Laccaria*/296

pruinatocutis, *Entoloma*/266

pruinatus, *Phylloporus*/414

pseudodelica, *Russula*/368

pseudodelicatula, *Micropsalliota*/332

pseudofritillaria, *Amanita*/220

pseudoglobocystis, *Micropsalliota*/334

pseudohygrophoroides, *Lactifluus*/310

pseudomollis, *Crepidotus*/250

pseudoporphyria, *Amanita*/222

pseudosubcorvinum, *Entoloma*/268

puerense, *Steccherinum*/172

pulmonarius, *Pleurotus*/350

purpurascens, *Clavulina*/060

purpureoverrucosa, *Russula*/370

pusilla, *Coltriciella*/098

pusilliformis, *Marasmius*/324

putuoensis, *Boletellus*/394

Q

quadratum, *Entoloma*/268

quassiicola, *Thecaria*/440

quercophylloides, *Pseudomarasmius*/354

raphanaceus, *Aureoboletus*/392

raphanipes, *Oudemansiella*/342

reidii, *Hygrocybe*/290

resupinata, *Fomitopsis*/110

reticulata, *Royoungia*/418

rheicolor, *Hymenochaete*/128

rhombisporoides, *Coprinopsis*/246

rimosum, *Pseudosperma*/354

roseipes, *Micropsalliota*/334

roseotincta, *Phaeotremella*/048

rotalis, *Marasmius*/324

rubellus, *Aureoboletus*/392

rubigimaculatum, *Steccherinum*/174

rubrobrunnescens, *Micropsalliota*/336

rubrobrunneus, *Lactarius*/308

rufoaureus, *Crocinoboletus*/398

rufobasalis, *Russula*/370

rufocornea, *Dicephalospora*/010

rufoferruginea, *Amanita*/222

ruforotula, *Marasmius*/326

rugosa, *Helvella*/012

rugosa var. *rugolosa*, *Clavulina*/060

russiceps, *Echinochaete*/104

ryogamimontana, *Cordyceps*/026

ryoocheoninii, *Astraeus*/068

ryukokuensis, *Russula*/372

S

sajor-caju, *Lentinus*/312
samoensis, *Tremella*/052
sanguinea, *Russula*/372
sanguinea, *Trametes*/184
scarabaeidicola, *Beauveria*/002
senecis, *Russula*/374
shingbaensis, *Nidula*/076
siccus, *Marasmius*/326
similis, *Panus*/346
sinense, *Ganoderma*/116
sinensis, *Amanita*/224
sinensis, *Phlebiopsis*/152
sinensis, *Sulzbacheromyces*/064
sinoacerbum, *Tricholoma*/380
sinoapalus, *Clitopilus*/236
sinobadius, *Aureoboletus*/394
sinopudens, *Xerula*/384
sinopulverulentus, *Cyanoboletus*/400
sobolifera, *Ophiocordyceps*/020
soloniensis, *Piptoporellus*/158
sorediata, *Dibaeis*/430
spathularia, *Dacryopinax*/046
spectabilis, *Xylobolus*/194
sphecocephala, *Ophiocordyceps*/022
spraguei, *Niveoporofomes*/146
squarrosolutea, *Inocybe*/292
squarrosulus, *Lentinus*/312
striatus, *Crepidotus*/252
strigosipes, *Coltricia*/096
subadustus, *Murinicarpus*/140
subatropurpurea, *Russula*/374
subcastanea, *Lepiota*/314
subclavatum, *Gerronema*/274
subdictyopus, *Picipes*/156
subferrea, *Fuscoporia*/112
subflexipes, *Ganoderma*/118
submucida, *Oudemansiella*/342
subnigricans, *Russula*/376
suborientifulva, *Amanita*/224
subparvus, *Xerocomus*/422
subperlatum, *Lycoperdon*/074
subpopulinus, *Oxyporus*/146
subrenisporum, *Scytinostroma*/168
subrudecta, *Punctelia*/438
subsingeri, *Candolleomyces*/232
sulcata, *Clavulinopsis*/062
sulcatotuberculosus, *Candolleomyces*/234
sychnopyramis f. *subannulata*, *Amanita*/226

T

tabacinoides, *Hydnoporia*/124
tabescens, *Desarmillaria*/260
takamizusanense, *Purpureocillium*/026
taxa, *Antrodia*/084
tenuipes, *Micropsalliota*/336
tenuipes, *Cordyceps*/006
tenuispora, *Trichaleurina*/028
tenuissimum, *Steccherinum*/174
tenuitubus, *Fomitiporia*/106
terebrata, *Menegazzia*/434
terricola, *Xylaria*/038
thrombophora, *Lepiota*/314
tomentosus, *Entoloma*/270
triqueter, *Piptoporellus*/158
trisulphuratus, *Agaricus*/210
tropica, *Hyphodontia*/128
tropicus, *Cerioporus*/090
tytthocarpus, *Agaricus*/210

U

umbratile, *Geoglossum*/010
umbrina, *Deconica*/258
undulata, *Collybiopsis*/240
unicolor, *Cerrena*/092

V

vaginatus, Cantharellus/200

variabilicolor, Pluteus/350

variicolor, Gymnopus/284

vellerea, Collybiopsis/240

venenata, Lepiota/316

vernicipes, Microporus/138

versicolor, Trametes/184

vestita, Amanita/226

villosula, Auricularia/042

vinctus, Rigidoporus/164

vinosus, Nigroporus/144

violaceofuscus, Boletus/396

virgineoides, Amanita/228

viridula, Chiua/398

vividus, Lactarius/308

W

wandoensis, Crinipellis/254

weii, Coltricia/098

wipapatiae, Pseudobaeospora/352

wuliangshanensis, Thelephora/180

wuyinensis, Fissurina/432

wuyishanensis, Micropsalliota/338

wuyishanensis, Ophiocordyceps/022

wuzhishanensis, Xylaria/038

X

xantha, Russula/376

xanthopus, Microporus/138

xiangtoushanensis, Caloboletus/396

Y

yuezhuoi, Mycena/340

yunnanense, Scleroderma/080

Z

zhangfeii, Retiboletus/416

zhejiangensis, Russula/378

zhujian, Gerronema/276

参考文献

[1] ANTONíN V, RYOO R, KA K-H, et al. Three new species of *Crinipellis* and one new variety of *Moniliophthora* (Basidiomycota, Marasmiaceae) described from the Republic of Korea [J]. Phytotaxa, 2014, 170(2): 86–102.

[2] ANTONíN V, RYOO R, KA K-H. Marasmioid and gymnopoid fungi of the Republic of Korea. 7. *Gymnopus* sect. *Androsacei* [J]. Mycological Progress, 2014, 13: 703–718.

[3] ANTONíN V, RYOO R, SHIN H-D. Marasmioid and gymnopoid fungi of the Republic of Korea. 4. *Marasmius* sect. *Sicci* [J]. Mycological progress, 2012, 11: 615–638.

[4] ARIYAWANSA H A, HYDE K D, JAYASIRI S C, et al. Fungal diversity notes 111–252—taxonomic and phylogenetic contributions to fungal taxa [J]. Fungal diversity, 2015, 75: 27–274.

[5] ARNOLDS E, HAUSKNECHT A. Notulae ad Floram agaricinam neerlandicam—XLI. *Conocybe* and *Pholiotina* [J]. Persoonia-Molecular Phylogeny and Evolution of Fungi, 2003, 18(2): 239–252.

[6] BASEIA I G, MILANEZ A I. *Crucibulum laeve* (Huds.) Kambly in cerrado vegetation of São Paulo, Brazil [J]. Acta Botanica Brasilica, 2001, 15: 13–16.

[7] BHUNJUN C S, NISKANEN T, SUWANNARACH N, et al. The numbers of fungi: are the most speciose genera truly diverse? [J]. Fungal Diversity, 2022, 114(1): 387–462.

[8] BIAN L-S, ZHOU M, YU J. Three new *Coltricia* (Hymenochaetaceae, Basidiomycota) species from China based on morphological characters and molecular evidence [J]. Mycological Progress, 2022, 21(4): 45.

[9] BOONMEE S, WANASINGHE D N, CALABON M S, et al. Fungal diversity notes 1387–1511: Taxonomic and phylogenetic contributions on genera and species of fungal taxa [J]. Fungal Diversity, 2021, 111: 1–335.

[10] BUKHAROVA N V. *Steccherinum aurantilaetum* (Corner) Bernicchia et Gorjón (Basidiomycota) In the Far East of Russia [J]. VL Komarov Memorial Lectures, 2021, 69: 124–129.

[11] CAO J Z, FAN L, LIU B. Notes on the genus *Galiella* in China [J]. Mycologia, 1992, 84(2): 261–263.

[12] CAO T, YU J-R, HU Y-P, et al. *Craterellus atrobrunneolus* sp. nov. from southwestern China [J]. Mycotaxon, 2021, 136(1): 59–71.

[13] CAO T, YU J-R, NGUYỄN T T T, et al. Multiple-marker phylogeny and morphological evidence reveal two new species in Steccherinaceae (Polyporales, Basidiomycota) from Asia [J]. MycoKeys, 2021, 78: 169–186.

[14] CAO Y, WU S-H, DAI Y-C. Species clarification of the prize medicinal *Ganoderma* mushroom "Lingzhi" [J]. Fungal Diversity, 2012, 56(1): 49–62.

[15] CARBONE M, WANG Y, HUANG C. Studies in *Trichaleurina* (Pezizales). Type studies of *Trichaleurina polytricha* and *Urnula philippinarum*. The status of *Sarcosoma javanicum*, *Bulgaria celebica*, and *Trichaleurina tenuispora* sp. nov., with notes on the anamorphic genus *Kumanasamuha* [J]. Ascomycete or, 2013, 5(5): 137–153.

[16] CHAI H, LIANG Z-Q, XUE R, et al. New and noteworthy boletes from subtropical and tropical China [J]. MycoKeys, 2019, 46(3): 55–96.

[17] CHANG T, CHOU W. *Antrodia taxa* sp. nov. and *Perenniporia celtis* sp. nov. in Taiwan [J]. Mycological research, 1999, 103(5): 622–624.

[18] CHEN J, CALLAC P, PARRA L, et al. Study in *Agaricus* subgenus *Minores* and allied clades reveals a new American subgenus and contrasting phylogenetic patterns in Europe and Greater Mekong Subregion [J]. Persoonia-Molecular Phylogeny and Evolution of Fungi, 2017, 38(1): 170–196.

[19] CHEN J, CUI B, DAI Y. Global diversity and molecular systematics of *Wrightoporia* s.l. (Russulales, Basidiomycota) [J]. Persoonia-Molecular Phylogeny and Evolution of Fungi, 2016, 37(1): 21–36.

[20] CHEN Q, YUAN Y. A new species of *Fuscoporia* (Hymenochaetales, Basidiomycota) from southern China [J]. Mycosphere, 2017, 8(6): 1238–1245.

[21] CHEN Y, AN M, LIANG J, et al. Morphological characteristics and molecular evidence reveal four new species of *Russula* subg. *Brevipedum* from China [J]. Journal of Fungi, 2022, 9(1): 61.

[22] CHEW A L, DESJARDIN D E, TAN Y-S, et al. Bioluminescent fungi from Peninsular Malaysia—a taxonomic and phylogenetic overview [J]. Fungal diversity, 2015, 70: 149–87.

[23] CHO H J, PARK M S, LEE H, et al. A systematic revision of the ectomycorrhizal genus *Laccaria* from Korea [J]. Mycologia, 2018, 110(5): 948–961.

[24] CHUANKID B, VADTHANARAT S, THONGBAI B, et al. *Retiboletus* (Boletaceae) in northern Thailand: one novel species and two first records [J]. Mycoscience, 2021, 62(5): 297–306.

[25] CORTEZ V, BASEIA I, SILVEIRA R. *Gasteroid mycobiota* of Rio Grande do Sul, Brazil: *Lycoperdon* and *Vascellum* [J]. Mycosphere, 2013, 4(4): 745–758.

[26] CROUS P W, LUANGSA-ARD J, WINGFIELD M, et al. Fungal Planet description sheets: 785–867 [J]. Persoonia-Molecular Phylogeny and Evolution of Fungi, 2018, 41(1): 238–417.

[27] CUI B-K, HUANG M-Y, DAI Y-C. A new species of *Oxyporus* (Basidiomycota, Aphyllophorales) from northwest China [J]. Mycotaxon, 2006, 96: 207–210.

[28] CUI Y-Y, CAI Q, TANG L-P, et al. The family Amanitaceae: molecular phylogeny, higher-rank taxonomy and the species in China [J]. Fungal Diversity, 2018, 91: 5–230.

[29] DAS K, CHAKRABORTY D, VIZZINI A. Morphological and phylogenetic evidences unveil a novel species of *Gyroporus* (Gyroporaceae, Boletales) from Indian Himalaya [J]. Nordic Journal of Botany, 2017, 35(6): 669–675.

[30] DAS K, GHOSH A, BHATT R P, et al. Fungal biodiversity profiles 41–50 [J]. Cryptogamie, Mycologie, 2017, 38(4): 527–547.

[31] DAS K, ZHAO R L. *Nidula shingbaensis* sp. nov., a new Bird's nest fungus from India [J]. Mycotaxon, 2013, 125(1): 53–58.

[32] DE LIRA C R S, ALVARENGA R L M, SOARES A, et al. Phylogeny of *Megasporoporia* s. lat. and related genera of Poyporaceae: New genera, new species and new combinations [J]. Mycosphere, 2021, 12(1): 1262–1289.

[33] DESJARDIN D E, HEMMES D E, PERRY B A. A ruby-colored *Pseudobaeospora* species is described as new from material collected on the island of Hawaii [J]. Mycologia, 2014, 106(3): 456–463.

[34] DESJARDIN D, PERRY B. Dark-spored species of Agaricineae from Republic of São Tomé and Príncipe, West Africa [J]. Mycosphere, 2016, 7(3): 359–391.

[35] EKANAYAKA A, HYDE K, GENTEKAKI E, et al. Preliminary classification of Leotiomycetes [J]. Mycosphere, 2019, 10(1): 310–489.

[36] EXETER R L, NORVELL L, CAZARES E. *Ramaria* of the pacific northwestern United States [M]. United States: Bureau of Land Management, 2006.

[37] FANG J-Y, WU G, ZHAO K. *Aureoboletus rubellus*, a new species of bolete from Jiangxi Province, China [J]. Phytotaxa, 2019, 420(1): 72–78.

[38] GUZMáN-DáVALOS L, PRADEEP C, VRINDA K, et al. A new stipitate species of *Crepidotus* from India and Thailand, with notes on other tropical species [J]. Mycologia, 2017, 109(5): 804–814.

[39] HALLING R E, NUHN M, OSMUNDSON T, et al. Affinities of the *Boletus chromapes* group to *Royoungia* and the description of two new genera, *Harrya* and *Australopilus* [J]. Australian Systematic Botany, 2012, 25(6): 418–431.

[40] HAMPE K D H, VERBEKEN A. *Lactarius* subgenus *Russularia* (Russulaceae) in South-East Asia: 3. new diversity in Thailand and Vietnam [J]. Phytotaxa, 2015, 207(3): 215–241.

[41] HAN M-L, CHEN Y-Y, SHEN L-L, et al. Taxonomy and phylogeny of the brown-rot fungi: *Fomitopsis* and its related genera [J]. Fungal Diversity, 2016, 80: 343–373.

[42] HAPUARACHCHI K, KARUNARATHNA S, RASPé O, et al. High diversity of *Ganoderma* and *Amauroderma* (Ganodermataceae, Polyporales) in Hainan Island, China [J]. 2018, 9(5): 931–982.

[43] HASHEMI S, KHODAPARAST S, ZARE R, et al. Contribution to the identification of *Xylaria* species in Iran [J]. Rostaniha, 2014, 15(2): 153–166.

[44] HAUSKNECHT A, NAGY L. Notes on some taxa of *Conocybe* (Bolbitiaceae, Agaricales) from Hungary [J]. Österr Z Pilzk, 2007, 16: 147–156.

[45] HAWKESWOOD T, SOMMUNG B, SOMMUNG A. First record of the Scaly Tangerine Fungus, *Cystoagaricus trisulphuratus* (Berk.) Singer, 1947 (Basidiomycota: Psathyrellaceae)

from Sisaket Province, Thailand [J]. Calodema, 2021, 941: 1–3.

[46] HE M-Q, CHEN J, ZHAO R-L. Two new records of *Agaricus* from Southwest China [J]. Mycotaxon, 2016, 131(4): 871–880.

[47] HE M-Q, CHEN J, ZHOU J-L, et al. Tropic origins, a dispersal model for saprotrophic mushrooms in *Agaricus* section *Minores* with descriptions of sixteen new species [J]. Scientific reports, 2017, 7(1): 5122.

[48] HE M-Q, CHUANKID B, HYDE K D, et al. A new section and species of *Agaricus* subgenus *Pseudochitonia* from Thailand [J]. MycoKeys, 2018, (40): 53–67.

[49] HE X L, LI T H, JIANG Z D, et al. Four new species of *Entoloma* s.l. (Agaricales) from southern China [J]. Mycological Progress, 2012, 11: 915–925.

[50] HOILAND K. *Gymnopilus purpureosquamulosus* and *G. ochraceus* spp. nov. (Agaricales Basidiomycota): Two New Species From Zimbabwe [J]. Mycotaxon, 1998, 69: 81–85.

[51] HOLEC J, ZEHNáLEK P. Taxonomy of *Hohenbuehelia auriscalpium, H. abietina, H. josserandii*, and one record of *H. tremula* [J]. Czech Mycology, 2020, 72(2): 199–220.

[52] HOSEN M I, LI T-H, LI T, et al. *Tricholoma sinoacerbum*, a bitter species from Guangdong Province of China [J]. Mycoscience, 2016, 57(4): 233–238.

[53] HUANG T, SU L-J, ZENG N-K, et al. Notes on *Amanita* section *Validae* in Hainan Island, China [J]. Frontiers in microbiology, 2023, 13: 1087756.

[54] HYDE K D, NORPHANPHOUN C, ABREU V P, et al. Fungal diversity notes 603–708: taxonomic and phylogenetic notes on genera and species [J]. Fungal Diversity, 2017, 87: 1–235.

[55] JARAMILLO-RIOFRíO A, DECOCK C, SUáREZ J P, et al. Screening of Antibacterial Activity of Some Resupinate Fungi, Reveal *Gloeocystidiellum lojanense* sp. nov. (Russulales) against *E. coli* from Ecuador [J]. Journal of Fungi, 2022, 9(1): 54.

[56] JIAN S-P, BAU T, ZHU X-T, et al. *Clitopilus, Clitocella*, and *Clitopilopsis* in China [J]. Mycologia, 2020, 112(2): 371–399.

[57] JOHNSTON P, PARK D. *Chlorociboria* (Fungi, Helotiales) in New Zealand [J]. New Zealand Journal of Botany, 2005, 43(3): 679–719.

[58] JUNG P E, LEE H, WU S-H, et al. Revision of the taxonomic status of the genus *Gloeoporus* (Polyporales, Basidiomycota) reveals two new species [J]. Mycological Progress, 2018, 17: 855–863.

[59] KARSTEDT F, CAPELARI M. New species and new combinations of *Calliderma* (Entolomataceae, Agaricales) [J]. Mycologia, 2010, 102(1): 163–173.

[60] KASUYA T. Notes on Japanese Lycoperdaceae. 6. First record of *Lycoperdon ericaeum* from Ibaraki prefecture, eastern Honshu, Japan [J]. Japanese Journal of Mycology, 2011, 52(2): 49–53.

[61] KEREKES J, DESJARDIN D. A monograph of the genera *Crinipellis* and *Moniliophthora* from Southeast Asia including a molecular phylogeny of the nrITS region [J]. Fungal Diversity,

2009, 37(101): e152.

[62] KIM C S, JO J W, KWAG Y-N, et al. Two new *Lycoperdon* species collected from Korea: *L. albiperidium* and *L. subperlatum* spp. nov [J]. Phytotaxa, 2016, 260(2): 101–115.

[63] KIM J S, CHO Y, PARK K H, et al. Taxonomic study of *Collybiopsis* (Omphalotaceae, Agaricales) in the Republic of Korea with seven new species [J]. MycoKeys, 2022, 88: 79.

[64] KN A R, PARAMBAN R, MANIMOHAN P. Two new bryophilous agarics from India [J]. Mycoscience, 2014, 56(1): 75–80.

[65] KNUDSEN H, VESTERHOLT J. Funga Nordica: Agaricoid, boletoid and cyphelloid genera 1 ed. [M]. Copenhagen: Nordsvamp, 2008.

[66] KOBAYASHI Y, KATSUREN M, HOJO M, et al. Taxonomic revision of *Termitomyces* species found in Ryukyu Archipelago, Japan, based on phylogenetic analyses with three loci [J]. Mycoscience, 2022, 63(1): 33–38.

[67] KOBAYASHI Y, SHIGENOBU S. *Hygrocybe griseonigricans* (Agaricales) newly recorded in Japan [J]. Japanese Journal of Mycology, 2022, 63(1): 3–10.

[68] KUHNERT E, SIR E B, LAMBERT C, et al. Phylogenetic and chemotaxonomic resolution of the genus *Annulohypoxylon* (Xylariaceae) including four new species [J]. Fungal Diversity, 2017, 85: 1–43.

[69] LATHA K D, NANU S, SHARAFUDHEEN S A, et al. Two new species of *Gerronema* (Agaricales, Basidiomycota) from Kerala State, India [J]. Phytotaxa, 2018, 364(1): 81–91.

[70] LE H T, NUYTINCK J, VERBEKEN A, et al. *Lactarius* in Northern Thailand: 1. *Lactarius* subgenus *Piperites* [J]. Fungal Diversity, 2007, 24(1): 173–224.

[71] LEBEL T, ORIHARA T, MAEKAWA N. The sequestrate genus *Rosbeeva* T. Lebel & Orihara gen. nov. (Boletaceae) from Australasia and Japan: new species and new combinations [J]. Fungal Diversity, 2012, 52: 49–71.

[72] LECHNER B E, WRIGHT J E, ALBERTó E. The genus *Pleurotus* in Argentina [J]. Mycologia, 2004, 96(4): 845–858.

[73] LEZZI T, VIZZINI A, ERCOLE E, et al. Phylogenetic and morphological comparison of *Pluteus variabilicolor* and *P. castri* (Basidiomycota, Agaricales) [J]. IMA fungus, 2014, 5(2): 415–423.

[74] LI C, HYWEL-JONES N, CAO Y, et al. *Tolypocladium dujiaolongae* sp. nov. and its allies [J]. Mycotaxon, 2018, 133(2): 229–241.

[75] LI F, DENG Q-L. Three new species of *Russula* from South China [J]. Mycological Progress, 2018, 17: 1305–1321.

[76] LI F. Two new species of *Laccaria* from South China, with a note on *Hodophilus glaberipes* [J]. Mycological progress, 2020, 19(5): 525–539.

[77] LI H, CUI B, DAI Y. Taxonomy and multi-gene phylogeny of *Datronia* (Polyporales, Basidiomycota) [J]. Persoonia-Molecular Phylogeny and Evolution of Fungi, 2014, 32(1): 170–

182.

[78] LI J-P, ANTONíN V, GATES G, et al. Emending *Gymnopus* sect. *Gymnopus* (Agaricales, Omphalotaceae) by including two new species from southern China [J]. MycoKeys, 2022, 87: 183–204.

[79] LI J-P, LI Y, LI T-H, et al. A preliminary report of *Gymnopus* sect. *Impudicae* (Omphalotaceae) from China [J]. Phytotaxa, 2021, 497(3): 263–276.

[80] LI J-P, SONG B, FENG Z, et al. A new species of *Gymnopus* sect. *Androsacei* (Omphalotaceae, Agaricales) from China [J]. Phytotaxa, 2021, 521(1): 1–14.

[81] LI J-W, ZHENG J-F, SONG Y, et al. Three novel species of *Russula* from southern China based on morphological and molecular evidence [J]. Phytotaxa, 2019, 392(4): 264–276.

[82] LI S N, XU F, JIANG M, et al. Two new toxic yellow *Inocybe* species from China: morphological characteristics, phylogenetic analyses and toxin detection [J]. MycoKeys, 2021, 81: 185–204.

[83] LI T, DENG W-Q, SONG B, et al. Two new species of *Phallus* (Phallaceae) with a white indusium from China [J]. MycoKeys, 2021, 85: 109–125.

[84] LI T, LI T, SONG B, et al. *Thelephora austrosinensis* (Thelephoraceae), a new species close to *T. ganbajun* from southern China [J]. Phytotaxa, 2020, 471(3): 208–220.

[85] LI Y C, FENG B, YANG Z L. Zangia, a new genus of Boletaceae supported by molecular and morphological evidence [J]. Fungal Diversity, 2011, 49: 125–143.

[86] LI Y, XU W-Q, LIU S-L, et al. Species diversity and taxonomy of *Scytinostroma* sensu stricto (Russulales, Basidiomycota) with descriptions of four new species from China [J]. MycoKeys, 2023, 98: 133–152.

[87] LIAN Y-P, TOHTIRJAP A, WU F. Two New Species of *Dacrymyces* (Dacrymycetales, Basidiomycota) from Southwestern China [J]. Diversity, 2022, 14(5): 379.

[88] LIANG J F, YANG Z L, XU D P. A new species of *Lepiota* from China [J]. Mycologia, 2011, 103(4): 820–830.

[89] LIANG J F. Taxonomy and phylogeny in *Lepiota* sect. *Stenosporae* from China [J]. Mycologia, 2016, 108(1): 56–69.

[90] LIU D, YU WANG X, WANG L S, et al. *Sulzbacheromyces sinensis*, an unexpected Basidiolichen, was newly discovered from Korean Peninsula and Philippines, with a phylogenetic reconstruction of Genus *Sulzbacheromyces* [J]. Mycobiology, 2019, 47(2): 191–199.

[91] LIU S, CHEN Y-Y, SUN Y-F, et al. Systematic classification and phylogenetic relationships of the brown-rot fungi within the Polyporales [J]. Fungal diversity, 2023, 118(1): 1–94.

[92] LIU S, HAN M-L, XU T-M, et al. Taxonomy and phylogeny of the *Fomitopsis pinicola* complex with descriptions of six new species from east Asia [J]. Frontiers in Microbiology, 2021, 12: 644979.

[93] LIU S, SONG C-G, XU T-M, et al. Species diversity, molecular phylogeny, and ecological habits of *Fomitopsis* (Polyporales, Basidiomycota) [J]. Frontiers in Microbiology, 2022, 13: 859411.

[94] LIU S-L, NAKASONE K K, HE S-H. *Michenera incrustata* sp. nov. (Peniophoraceae, Russulales) from southern China [J]. Nova Hedwigia, 2019, 108(1–2): 197–206.

[95] LIU X-F, TIBPROMMA S, XU J-C, et al. Taxonomy and phylogeny reveal two new potential edible ectomycorrhizal mushrooms of *Thelephora* from East Asia [J]. Diversity, 2021, 13(12): 646.

[96] LIU Z, NA Q, CHENG X, et al. *Mycena yuezhuoi* sp. nov. (Mycenaceae, Agaricales), a purple species from the peninsula areas of China [J]. Phytotaxa, 2021, 511(2): 148–162.

[97] LOWY B. Flora Neotropica Monograph No.6 Tremellales [M]. New York: Hafner Publishing Company, 1971.

[98] LüCKING R, TRUONG B V, HUONG D T T, et al. Caveats of fungal barcoding: a case study in *Trametes* s. lat. (Basidiomycota: Polyporales) in Vietnam reveals multiple issues with mislabelled reference sequences and calls for third-party annotations [J]. Willdenowia, 2020, 50(3): 383–403.

[99] LUO X, CHEN Y H, ZHAO C L. Morphological and phylogenetic characterization of fungi within Hymenochaetales: introducing two new species from southern China [J]. Nordic Journal of Botany, 2021, 39(12): e03414.

[100] MA T, LING X-F, HYDE K D. Species of *Psilocybe* (Hymenogastraceae) from Yunnan, southwest China [J]. Phytotax, 2016, 284(3): 181–193.

[101] MA X, ZHAO C-L. *Crepatura ellipsospora* gen. et sp. nov. in Phanerochaetaceae (Polyporales, Basidiomycota) bearing a tuberculate hymenial surface [J]. Mycological Progress, 2019, 18: 785–793.

[102] MAINS E B. North American species of *Geoglossum* and *Trichoglossum* [J]. Mycologia, 1954, 46(5): 586–631.

[103] MEDEL R, MORALES O, DEL MORAL R C, et al. New ascomycete records from Guatemala [J]. Mycotaxon, 2013, 124(1): 73–85.

[104] MIETTINEN O, LARSSON K-H, SPIRIN V. *Hydnoporia*, an older name for *Pseudochaete* and *Hymenochaetopsis*, and typification of the genus *Hymenochaete* (Hymenochaetales, Basidiomycota) [J]. Fungal Systematics and Evolution, 2019, 4(1): 77–96.

[105] MIETTINEN O, RYVARDEN L. Polypore genera *Antella*, *Austeria*, *Butyrea*, *Citripora*, *Metuloidea* and *Trulla* (Steccherinaceae, Polyporales) [J]. Annales Botanici Fennici, 2016, 53(3–4): 157–172.

[106] MURRILL W A. The Agaricaceae of tropical North America—II [J]. Mycologia, 1911, 3(2): 79–91.

[107] NA Q, HU Y, ZENG H, et al. Updated taxonomy on *Gerronema* (Porotheleaceae, Agaricales)

with three new taxa and one new record from China [J]. MycoKeys, 2022, 89: 87–120.

[108] NIE C, WANG S-N, TKALČEC Z, et al. *Coprinus leucostictus* Rediscovered after a Century, Epitypified, and Its Generic Position in *Hausknechtia* Resolved by Multigene Phylogenetic Analysis of Psathyrellaceae [J]. Diversity, 2022, 14(9): 699.

[109] PEGLER D, YOUNG T. The genus *Anthracophyllum* (Tricholomataceae Tribe *Collybieae*) [J]. Mycological research, 1989, 93(3): 352–362.

[110] PETERSEN R H, HUGHES K W. Two new genera of gymnopoid/marasmioid euagarics [J]. Mycotaxon, 2020, 135(1): 1–95.

[111] PRYDIUK M P. Some rare and interesting *Conocybe* found in Vyzhnytsia National Nature Park (Ukrainian Carpathians) [J]. Mycobiota, 2014, 4: 1–24.

[112] RAMíREZ-CRUZ V, CORTéS-PéREZ A, BOROVIČKA J, et al. *Deconica cokeriana* (Agaricales, Strophariaceae), a new combination [J]. Mycoscience, 2019, 61(2): 95–100.

[113] REDHEAD S A, BO L. New species and new records of Tricholomataceae (Agaricales) from China [J]. Canadian Journal of Botany, 1982, 60(8): 1479–1486.

[114] REDHEAD S A, GINNS J. *Cyptotrama asprata* (Agaricales) from North America and notes on the five other species of *Cyptotrama* sect. *Xerulina* [J]. Canadian Journal of Botany, 1980, 58(6): 731–740.

[115] RIEBESEHL J, LANGER E. *Hyphodontia* s.l. (Hymenochaetales, Basidiomycota): 35 new combinations and new keys to all 120 current species [J]. Mycological Progress, 2017, 16: 637–666.

[116] ROGERS J D. *Xylaria cubensis* and its anamorph *Xylocoremium flabelliforme*, *Xylaria allantoidea*, and *Xylaria poitei* in continental United States [J]. Mycologia, 1984, 76(5): 912–923.

[117] RYOO R, SOU H, PARK H, et al. *Astraeus ryoocheoninii* sp. nov. from Korea and Japan and phylogenetic relationships within Astraeus [J]. Mycotax, 2017, 132(1): 63–72.

[118] SAHA R, DUTTA A K, ACHARYA K. *Murinicarpus subadustus*: a new record from India, its morphology and phylogeny [J]. Czech Mycol, 2022, 74(1): 103–109.

[119] SENTHILARASU G. The lentinoid fungi (*Lentinus* and *Panus*) from Western ghats, India [J]. IMA fungus, 2015, 6(1): 119–128.

[120] SHAFFER R L. The subsection *compactae* of *Russula* [J]. Brittonia, 1962, 14(3): 254–284.

[121] SHAO S-C, TIAN X-F, LIU P-G. *Cantharellus* in southwestern China: a new species and a new record [J]. Mycotaxon, 2011, 116(1): 437–446.

[122] SHIMONO Y, KASUYA T, HOSAKA K. *Russula ryukokuensis* sp. nov., an outstanding species of the genus *Russula* (Russulaceae) having minute Basidiomata from Japan [J]. Bulletin of the National Museum of Nature and Science Series Botany, 2021, 47(1): 1–12.

[123] SOMRAU A E, DE MADRIGNAC B R, RAMIREZ N A, et al. *Pseudomerulius curtisii* (Basidiomycota, Boletales, Tapinellaceae) en Argentina y Paraguay [J]. Lilloa, 2022,

59(Suplemento): 331–340.

[124] SONG Y, BUYCK B, LI J, et al. Two novel and a forgotten *Russula* species in sect. *Ingratae* (Russulales) from Dinghushan Biosphere Reserve in southern China [J]. Cryptogamie, Mycologie, 2018, 39(3): 341–357.

[125] SOTOME K, AKAGI Y, LEE S S, et al. Taxonomic study of *Favolus* and *Neofavolus* gen. nov. segregated from *Polyporus* (Basidiomycota, Polyporales) [J]. Fungal Diversity, 2013, 58: 245–266.

[126] SUN Y, XING J, HE X, et al. Species diversity, systematic revision and molecular phylogeny of Ganodermataceae (Polyporales, Basidiomycota) with an emphasis on Chinese collections [J]. Studies in Mycology, 2022, 101(1): 287–415.

[127] SUN Y-F, COSTA-REZENDE D, XING J-H, et al. Multi-gene phylogeny and taxonomy of *Amauroderma* s. lat. (Ganodermataceae) [J]. Persoonia-Molecular Phylogeny and Evolution of Fungi, 2020, 44(1): 206–239.

[128] TAKAHASHI H. Four new species of *Crinipellis* and *Marasmius* in eastern Honshu, Japan [J]. Mycoscience, 2002, 43(4): 343–350.

[129] TAKAHASHI H. *Mycena auricoma*, a new species of *Mycena* section *Radiatae* from Japan, and *Mycena spinosissima*, a new record in Japan [J]. Mycoscience, 1999, 40(1): 73–80.

[130] TAMANG J, THAPA A, ACHARYA K. New record of *Pholiota multicingulata* (Strophariaceae) from India based on morphological data and phylogenetic analyses [J]. Studies in Fungi, 2023, 8(1): 1–5.

[131] TAN Y, DESJARDIN D, PERRY B, et al. *Marasmius* sensu stricto in Peninsular Malaysia [J]. Fungal Diversity, 2009, 37: 9–100.

[132] THANAKITPIPATTANA D, TASANATHAI K, MONGKOLSAMRIT S, et al. Fungal pathogens occurring on Orthopterida in Thailand [J]. Persoonia-Molecular Phylogeny and Evolution of Fungi, 2020, 44(1): 140–160.

[133] TIBPROMMA S, HYDE K D, JEEWON R, et al. Fungal diversity notes 491–602: taxonomic and phylogenetic contributions to fungal taxa [J]. Fungal diversity, 2017, 83: 1–261.

[134] VERBEKEN A, HORAK E. *Lactarius* (Basidiomycota) in Papua new Guinea 2. Species in tropical-montane rainforests [J]. Australian Systematic Botany, 2000, 13(5): 649–707.

[135] VINCENOT L, POPA F, LASO F, et al. Out of Asia: biogeography of fungal populations reveals Asian origin of diversification of the *Laccaria amethystina* complex, and two new species of violet *Laccaria* [J]. Fungal biology, 2017, 121(11): 939–955.

[136] VIZZINI A, GELARDI M, PERRONE L, et al. On the status of *Mucidula venosolamellata* and *M. mucida* var. *asiatica* (Physalacriaceae, Agaricales) [J]. Bollettino dell Associazione Micologica ed Ecologica Roman, 2012, 87: 3–18.

[137] WANG C-G, VLASáK J, DAI Y-C. Phylogeny and diversity of *Bjerkandera* (Polyporales, Basidiomycota), including four new species from South America and Asia [J]. MycoKeys,

2021, 79: 149–172.

[138] WANG D-M, WU S-H, YAO Y-J. Clarification of the concept of *Ganoderma orbiforme* with high morphological plasticity [J]. PLoS One, 2014, 9(5): e98733.

[139] WANG P M, YANG Z L. Two new taxa of the *Auriscalpium vulgare* species complex with substrate preferences [J]. Mycological Progress, 2019, 18: 641–652.

[140] WANG S-N, HU Y-P, CHEN J-L, et al. First record of the rare genus *Typhrasa* (Psathyrellaceae, Agaricales) from China with description of two new species [J]. MycoKeys, 2021, 79: 119–128.

[141] WANG X-H, HALLING R E, HOFSTETTER V, et al. Phylogeny, biogeography and taxonomic re-assessment of *Multifurca* (Russulaceae, Russulales) using three-locus data [J]. Plos One, 2018, 13(11): e0205840.

[142] WANG X-H, NUYTINCK J, VERBEKEN A. *Lactarius vividus* sp. nov.(Russulaceae, Russulales), a widely distributed edible mushroom in central and southern China [J]. Phytotaxa, 2015, 231(1): 63–72.

[143] WANG X-H. Fungal biodiversity profiles 71–80 [J]. Cryptogamie, Mycologie, 2018, 39(4): 419–445.

[144] WANNATHES N, DESJARDIN D, HYDE K, et al. A monograph of *Marasmius* Basidiomycota from northern Thailand based on morphological and molecular ITS sequences data [J]. Fungal Diversity, 2009, 37: 209–306.

[145] WANNATHES N, DESJARDIN D, RETNOWATI A, et al. A redescription of *Marasmius pellucidus*, a species widespread in South Asia [J]. Fungal Diversity, 2004, 17: 203–218.

[146] WEI L, LI Y-H, HYDE K D, et al. *Micropsalliota pseudoglobocystis*, a new species from China [J]. Mycotaxon, 2015, 130(2): 555–561.

[147] WILSON A, DESJARDIN D, HORAK E. Agaricales of Indonesia: 5. The genus *Gymnopus* from Java and Bali [J]. Sydowia, 2004, 56(1): 137–210.

[148] WISITRASSAMEEWONG K, PARK M S, LEE H, et al. Taxonomic revision of *Russula* subsection *Amoeninae* from South Korea [J]. MycoKeys, 2020, 75(1): 1–29.

[149] WU F, CHEN J-J, JI X-H, et al. Phylogeny and diversity of the morphologically similar polypore genera *Rigidoporus*, *Physisporinus*, *Oxyporus*, and *Leucophellinus* [J]. Mycologia, 2017, 109(5): 749–765.

[150] WU F, ZHOU L-W, YANG Z-L, et al. Resource diversity of Chinese macrofungi: edible, medicinal and poisonous species [J]. Fungal Diversity, 2019, 98(1): 1–76.

[151] WU G, LI Y-C, ZHU X-T, et al. One hundred noteworthy boletes from China [J]. Fungal Diversity, 2016, 81: 25–188.

[152] WU G-T, CHEN C-C, TZENG H-Y, et al. *Cyptotrama glabra* and *Hymenopellis raphanipes* newly recorded in Taiwan [J]. Fungal Science, 2020, 35: 23–31.

[153] WU S-H, WEI C-L, CHEN Y-P, et al. *Schizocorticium* gen. nov. (Hymenochaetales,

Basidiomycota) with three new species [J]. Mycological Progress, 2021, 20(6): 769–779.

[154] WU S-Y, LI J-J, ZHANG M, et al. *Pseudobaeospora lilacina* sp. nov., the first report of the genus from China [J]. Mycotaxon, 2017, 132(2): 327–335.

[155] WU Y-P, PI Y-H, LONG S-H, et al. Morphology and phylogeny reveal two novel *Xylaria* (Xylariaceae) species from China [J]. Phytotaxa, 2022, 550(2): 130–146.

[156] WU Y-X, DONG J-H, ZHAO C-L. *Steccherinum puerense* and *S. rubigimaculatum* spp. nov. (Steccherinaceae, Polyporales), two new species from southern China [J]. Nova Hedwigia, 2021, 113(1-2): 243–258.

[157] WU Y-X, WU J-R, ZHAO C-L. *Steccherinum tenuissimum* and *S. xanthum* spp. nov. (Polyporales, Basidiomycota): New species from China [J]. Plos one, 2021, 16(1): e0244520.

[158] XIE H-J, TANG L-P, MU M, et al. A contribution to knowledge of *Gyroporus* (Gyroporaceae, Boletales) in China: three new taxa, two previous species, and one ambiguous taxon [J]. Mycological Progress, 2022, 21(1): 71–92.

[159] XU Y-L, LIU S-L, WU S-H, et al. *Dacryobolus angiospermarum* (Polyporales, Basidiomycota), a new brown-rot corticioid species from southern China [J]. Phytotaxa, 2018, 365(2): 189–196.

[160] XU Y-L, TIAN Y, HE S-H. Taxonomy and phylogeny of *Peniophora* sensu lato (Russulales, basidiomycota) [J]. Journal of Fungi, 2023, 9(1): 93.

[161] XUE R, ZHANG X, XU C, et al. The subfamily Xerocomoideae (Boletaceae, Boletales) in China [J]. Studies in Mycology, 2023, 106: 95–197.

[162] YADAV S. A new record and an updated key of lichen genus *Dibaeis* (Icmadophilaceae, Ascomycota) from India [J]. Tropical Plant Research, 2020, 7(3): 689–695.

[163] YAN J-Q, ZENG Z-H, HU Y-P, et al. Taxonomy and multi-gene phylogeny of *Micropsalliota* (Agaricales, Agaricaceae) with description of six new species from China [J]. Frontiers in Microbiology, 2022, 13: 1011794.

[164] YANG S-R, WEI Y-L, YUAN H-S. Molecular phylogeny and morphology reveal four new species of *Thelephora* (Thelephorales, Basidiomycota) from subtropical China, closely related to *T. ganbajun* [J]. Frontiers in Microbiology, 2023, 14: 1109924.

[165] YE L, KARUNARATHNA S C, LI H, et al. A new tropical species of *Lycoperdon* subgenus *Morganella* (Agaricales, Basidiomycota) from Yunnan Province, China [J]. Chiang Mai Journal of Science, 2022, 49(3): 641–653.

[166] YUAN H-S, LU X, DAI Y-C, et al. Fungal diversity notes 1277–1386: taxonomic and phylogenetic contributions to fungal taxa [J]. Fungal Diversity, 2020, 104: 1–266.

[167] YUAN H-S. Molecular phylogenetic evaluation of *Antrodiella* and morphologically allied genera in China [J]. Mycological Progress, 2014, 13: 353–364.

[168] ZENG N-K, CHAI H, LIANG Z-Q, et al. The genus *Heimioporus* in China [J]. Mycologia, 2018, 110(6): 1110–1126.

[169] ZENG N-K, LIANG Z-Q, WU G, et al. The genus *Retiboletus* in China [J]. Mycologia, 2016, 108(2): 363–380.

[170] ZHANG C, XU X-E, LIU J, et al. *Scleroderma yunnanense*, a new species from South China [J]. Mycotaxon, 2013, 125(1): 193–200.

[171] ZHANG M, LI T-H, WANG C-Q, et al. Phylogenetic overview of *Aureoboletus* (Boletaceae, Boletales), with descriptions of six new species from China [J]. MycoKeys, 2019, 61(1): 111–145.

[172] ZHANG M, LI T-H, WEI T-Z, et al. *Ripartitella brunnea*, a new species from subtropical China [J]. Phytotaxa, 2019, 387(3): 255–261.

[173] ZHANG M, LI T-H, XU J, et al. A new violet brown *Aureoboletus* (Boletaceae) from Guangdong of China [J]. Mycoscience, 2015, 56(5): 481–485.

[174] ZHANG M, WANG C-Q, GAN M-S, et al. Diversity of *Cantharellus* (Cantharellales, Basidiomycota) in China with description of some new species and new records [J]. Journal of Fungi, 2022, 8(5): 483.

[175] ZHANG M, WANG C-Q, LI T-H. Two new agaricoid species of the family Clavariaceae (Agaricales, Basidiomycota) from China, representing two newly recorded genera to the country [J]. MycoKeys, 2019, 57(1): 85–100.

[176] ZHANG Q-Y, LIU H-G, BIAN L-S, et al. Two new species of *Scytinostroma* (Russulales, Basidiomycota) in Southwest China [J]. Frontiers in Cellular and Infection Microbiology, 2023, 13: 564.

[177] ZHAO K, WU G, FENG B, et al. Molecular phylogeny of *Caloboletus* (Boletaceae) and a new species in East Asia [J]. Mycological Progress, 2014, 13: 1127–1136.

[178] ZHAO K, ZENG N-K, HAN L-H, et al. *Phylloporus pruinatus*, a new lamellate bolete from subtropical China [J]. Phytotaxa, 2018, 372(3): 212–220.

[179] ZHAO R-L, DESJARDIN D E, SOYTONG K, et al. A monograph of *Micropsalliota* in Northern Thailand based on morphological and molecular data [J]. Fungal Diversity, 2010, 45: 33–79.

[180] ZHAO Y, LIU X-Z, BAI F-Y. Four new species of *Tremella* (Tremellales, Basidiomycota) based on morphology and DNA sequence data [J]. MycoKeys, 2019, 47: 75–95.

[181] ZHAO Y-N, HE S-H, NAKASONE K K, et al. Global phylogeny and taxonomy of the wood-decaying fungal genus *Phlebiopsis* (Polyporales, Basidiomycota) [J]. Frontiers in Microbiology, 2021, 12: 622460.

[182] ZHENG H, ZHUANG W. Four new species of the genus *Hymenoscyphus* (fungi) based on morphology and molecular data [J]. Science China Life Sciences, 2013, 56: 90–100.

[183] ZHONG X R, LI T H, DE JIANG Z, et al. A new yellow species of *Craterellus* (Cantharellales, Hydnaceae) from China [J]. Phytotaxa, 2018, 360(1): 35–44.

[184] ZHOU J-L, SU S-Y, SU H-Y, et al. A description of eleven new species of *Agaricus* sections

[184] *Xanthodermatei* and *Hondenses* collected from Tibet and the surrounding areas [J]. Phytotaxa, 2016, 257(2): 99–121.

[185] ZHOU M, DAI Y, VLASáK J, et al. Updated systematics of *Trichaptum* s.l. (Hymenochaetales, Basidiomycota) [J]. Mycosphere, 2023, 14(1): 815–917.

[186] ZHOU M, WANG C-G, WU Y-D, et al. Two new brown rot polypores from tropical China [J]. MycoKeys, 2021, 82: 173–197.

[187] ZHU X-T, WU G, ZHAO K, et al. *Hourangia*, a new genus of Boletaceae to accommodate *Xerocomus cheoi* and its allied species [J]. Mycological Progress, 2015, 14: 1–10.

[188] ZMITROVICH I V, EZHOV O N, WASSER S P. A survey of species of genus *Trametes* Fr. (higher Basidiomycetes) with estimation of their medicinal source potential [J]. International Journal of Medicinal Mushrooms, 2012, 14(3): 307–319.

[189] 毕志树, 郑国扬, 李崇, 等. 我国鼎湖山小皮伞属的分类研究 [J]. 真菌学报, 1985, 4(1): 41–50.

[190] 边禄森. 中国集毛孔菌属和小集毛孔菌属的系统学研究 [D]. 北京林业大学, 2017.

[191] 蔡箐, 陈作红, 何正蜜, 等. 毒环柄菇——在中国引起蘑菇中毒事件的新物种（英文）[J]. 菌物研究, 2018, 16(02): 63-69.

[192] 曾念开, 将帅. 海南鹦哥岭大型真菌图鉴 [M]. 海口: 海南出版社, 2020.

[193] 陈彬. 中国红菇属异褶亚属分类及系统发育 [D]. 中国林业科学研究院, 2021.

[194] 陈芊. 褐卧孔菌属的分类与系统发育学研究 [D]. 北京林业大学, 2020.

[195] 陈作红, 杨祝良, 图力古尔, 等. 毒蘑菇识别与中毒防治 [M]. 北京: 科学出版社, 2016.

[196] 陈作红, 张平. 湖南大型真菌图鉴 [M]. 湖南: 湖南师范大学出版社, 2019.

[197] 崔宝凯, 戴玉成. 采自福建武夷山的中国多孔菌两新记录种（英文）[J]. 菌物学报, 2008, 27(4): 504–509.

[198] 戴玉成, 崔宝凯. 海南大型木生真菌的多样性 [M]. 北京: 科学出版社, 2010.

[199] 邓树方. 中国南方裸脚伞属分类暨小皮伞科真菌资源初步研究 [D]. 华南农业大学, 2016.

[200] 范黎. 中国真菌志 第五十四卷 马勃目（马勃科 栓皮马勃科）[M]. 北京: 科学出版社, 2019.

[201] 范龙飞. 广义银耳属的分类与系统发育研究 [D]. 北京林业大学, 2021.

[202] 范琪. 昆明地区广义虫草分类与系统发育初步研究 [D]. 云南大学, 2020.

[203] 福建省科学技术厅. 中国福建武夷山生物多样性研究信息平台 [M]. 北京: 科学出版社, 2012.

[204] 郭林. 中国真菌志 第六十四卷 环纹炭团菌属 炭团菌属 炭豆菌属 [M]. 北京: 科学出版社, 2022.

[205] 郭林. 中国真菌志 第五十九卷 炭角菌属 [M]. 北京: 科学出版社, 2019.

[206] 郭正堂. 中国韧革菌（Ⅰ）[J]. 植物研究, 1986, 6(4): 73–92.

[207] 韩美玲. 中国拟层孔菌属及近缘属的分类与系统发育研究 [D]. 北京林业大学, 2016.

[208] 何刚. 中国珊瑚菌科及相关属的分类学研究 [D]. 南京师范大学, 2017.

[209] 黄婷. 海南岛鹅膏科物种资源研究 [D]. 昆明医科大学, 2022.

[210] 霍光华, 颜俊清, 张林平, 等. 江西大型真菌图鉴 [M]. 南昌：江西科学技术出版社, 2020.

[211] 姜宁. 中国栗生子囊菌的分类学研究 [D]. 北京林业大学, 2021.

[212] 李海蛟, 何双辉. 多孔菌三个中国新记录种（英文）[J]. 菌物学报, 2014, 33(05): 967-975.

[213] 李林波. 洛阳市伏牛山系木生真菌物种多样性研究 [D]. 河南农业大学, 2022.

[214] 李泰辉, 宋相金, 宋斌, 等. 车八岭大型真菌图志 [M]. 广州：广东科技出版社, 2017.

[215] 李玉, 李泰辉, 杨祝良, 等. 中国大型菌物资源图鉴 [M]. 河南：中原农业出版社, 2015.

[216] 李玉, 图力古尔. 中国真菌志 第四十五卷 侧耳-香菇型真菌 [M]. 北京：科学出版社, 2014.

[217] 李增智, 栾丰刚, HYWEL-JONES N L, 等. 与蝉花有关的虫草菌生物多样性的研究Ⅱ：重要药用真菌蝉花有性型的发现及命名 [J]. 菌物学报, 2021, 40(1): 95-107.

[218] 梁宗琦, 刘作易, 韩燕峰, 等. 中国虫草图谱 [M]. 贵阳：贵州科技出版社, 2009.

[219] 梁宗琦. 中国真菌志 第三十二卷 虫草属 [M]. 北京：科学出版社, 2007.

[220] 林英任. 中国真菌志 斑痣盘菌目 [M]. 北京：科学出版社, 2012.

[221] 刘波. 中国真菌志 第二卷 银耳目和花耳目 [M]. 北京：科学出版社, 1992.

[222] 刘波. 中国真菌志 第二十三卷 硬皮马勃目 柄灰包目 鬼笔目 轴灰包目 [M]. 北京：科学出版社, 2005.

[223] 刘波. 中国真菌志 第七卷 层腹菌目 黑腹菌目 高腹菌目 [M]. 北京：科学出版社, 1998.

[224] 刘晓亮. 中国层腹菌科几个属的分类学与分子系统学研究 [D]. 吉林农业大学, 2022.

[225] 马海霞. 中国炭角菌科几个属的分类与分子系统学研究 [D]. 吉林农业大学, 2011.

[226] 聂澄丰, 郭慧林, 郑强, 等. 采自福建省的2个毛皮伞属中国新记录种 [J]. 东北林业大学学报, 2023, 51(09): 145-149.

[227] 聂庭. 木耳目刺皮耳属近缘属种的分类与系统发育研究 [D]. 北京林业大学, 2019.

[228] 彭寅斌. 中国银耳目分类摘记之二 [J]. 湖南师范大学自然科学学报, 1984, (04): 41-48.

[229] 田恩静. 中国球盖菇科几个属的分类与分子系统学研究 [D]. 吉林农业大学, 2011.

[230] 图力古尔, 娜琴, 刘丽娜. 中国小菇科真菌图志 [M]. 北京：科学出版社, 2021.

[231] 王岚, 杨祝良, 张丽芳, 等. 狭义干蘑属（蘑菇目）概要及新的系统学处理（英文）[J]. 云南植物研究, 2008, 30(06): 631-644.

[232] 吴承龙. 中国锁瑚菌属的分类及分子系统学研究 [D]. 湖南师范大学, 2020.

[233] 吴兴亮. 中国海南岛大型真菌 [M]. 北京：科学出版社, 2019.

[234] 邢佳慧. 灵芝属的物种多样性、分类与系统发育研究 [D]. 北京林业大学, 2019.

[235] 徐俊, 张林平, 胡少昌. 江西庐山大型真菌图鉴 [M]. 南昌：江西科学技术出版社, 2020.

[236] 许太敏. 云南省无量山国家自然保护区林木腐朽真菌资源与分类研究 [D]. 西南林业大

学, 2020.

[237] 严俊杰, 刘新锐, 谢宝贵, 等. 中国野生发光真菌新记录种 *Neonothopanus nambi* 的分离、鉴定及其形态观察（英文）[J]. 微生物学通报, 2015, 42(09): 1703-1709.

[238] 颜俊清. 中国小脆柄菇属及相关属的分类与分子系统学研究 [D]. 吉林农业大学, 2018.

[239] 颜峻. 中国珊瑚菌属的分类及分子系统学研究 [D]. 湖南师范大学, 2021.

[240] 杨姣. 中国锈革菌属的分类与系统发育研究 [D]. 北京林业大学, 2016.

[241] 杨祝良, 吴刚, 李艳春, 等. 中国西南地区常见食用菌和毒菌 [M]. 北京: 科学出版社, 2021.

[242] 杨祝良. 中国鹅膏科真菌图志 [M]. 北京: 科学出版社, 2015.

[243] 杨祝良. 中国真菌志 第六十三卷 牛肝菌科 (III) [M]. 北京: 科学出版社, 2023.

[244] 杨祝良. 中国真菌志 第五十二卷 环柄菇类 [M]. 北京: 科学出版社, 2019.

[245] 袁发, 宋玉, 李经纬, 等. 锐棘秃马勃 *Calvatia holothurioides*——中国一新记录种 [J]. 云南农业大学学报 (自然科学), 2018, 33(03): 554-557.

[246] 臧穆. 中国真菌志 第二十二卷 牛肝菌科 (I) [M]. 北京: 科学出版社, 2006.

[247] 臧穆. 中国真菌志 第四十四卷 牛肝菌科（Ⅱ）[M]. 北京: 科学出版社, 2013.

[248] 张凯平. 中国角鳞灰鹅膏复合种分类研究 [D]. 北京林业大学, 2020.

[249] 张明, 邓旺秋, 李泰辉, 等. 罗霄山脉大型真菌编目与图鉴 [M]. 北京: 科学出版社, 2023.

[250] 赵瑞琳, 季必浩. 浙江景宁大型真菌图鉴 [M]. 北京: 科学出版社, 2021.

[251] 周彤燊. 中国真菌志 第三十六卷 地星科 鸟巢菌科 [M]. 北京: 科学出版社, 2007.

[252] 周也. 丽蘑属形态分类与分子系统学研究 [D]. 沈阳农业大学, 2022.

[253] 朱力扬, 黄梅, 图力古尔. 中国鬼伞类真菌的分类 [J]. 菌物学报, 2022, 41(06): 878-898.

[254] 庄文颖. 中国真菌志 第八卷 核盘菌科 地舌菌科 [M]. 北京: 科学出版社, 1998.

[255] 庄文颖. 中国真菌志 第二十一卷 晶杯菌科 肉杯菌科 肉盘菌科 [M]. 北京: 科学出版社, 2004.

[256] 庄文颖. 中国真菌志 第四十八卷 火丝菌科 [M]. 北京: 科学出版社, 2014.

[257] 庄文颖. 中国真菌志 第五十六卷 柔膜菌科 [M]. 北京: 科学出版社, 2018.